U0793260

高等职业教育工程造价专业系列教材

施工组织设计与进度管理

丛书总主编　胡六星

主　编　王建茹　阎玮斌

副主编　李翠华　刘　伟

参　编　赵　星　胡　旭

机械工业出版社

本书以最新颁布的国家和行业标准、规范为依据编写而成，全面系统地介绍了施工组织设计与进度管理的基本理论、基本知识和方法：本书的主要内容包括绪论、施工准备工作、流水施工基本原理、施工网络计划技术、单位工程施工组织设计和建筑工程进度管理。通过本书的学习，培养学生综合应用所学的技术与管理方法，具备从事施工项目现场组织与管理的初步能力。

本书可作为工程造价、建筑工程管理、工程监理等专业的教学用书，也可作为工程技术人员和工程管理人员学习施工组织设计与进度管理知识、指导工程组织管理工作的参考用书。

为方便教学，本书配有电子课件，凡使用本书作为教材的教师可登录机工教育服务网 www.cmpedu.com 注册下载。咨询邮箱：cmpgaozhi@sina.com。咨询电话：010-88379375。

图书在版编目（CIP）数据

施工组织设计与进度管理/王建茹，阎玮斌主编．—北京：机械工业出版社，2013.12（2024.7 重印）

高等职业教育工程造价专业系列教材

ISBN 978-7-111-44769-6

Ⅰ．①施… Ⅱ．①王… ②阎… Ⅲ．①建筑工程—施工组织—设计—高等职业教育—教材 ②建筑工程—施工进度计划—施工管理—高等职业教育—教材 Ⅳ．①TU72

中国版本图书馆 CIP 数据核字（2013）第 270740 号

机械工业出版社（北京市百万庄大街 22 号 邮政编码 100037）

策划编辑：李 莉 责任编辑：李 莉 常金锋

版式设计：常天培 责任校对：张 力

封面设计：赵颖喆 责任印制：郜 敏

北京富资园科技发展有限公司印刷

2024 年 7 月第 1 版 • 第 8 次印刷

184mm×260mm • 12 印张 • 277 千字

标准书号：ISBN 978-7-111-44769-6

定价：35.00 元

电话服务

客服电话：010-88361066

010-88379833

010-68326294

网络服务

机 工 官 网：www.cmpbook.com

机 工 官 博：weibo.com/cmp1952

金 书 网：www.golden-book.com

机工教育服务网：www.cmpedu.com

封底无防伪标均为盗版

前　言

本书根据高职高专院校工程造价专业人才培养要求，建筑施工组织岗位的要求和“施工组织设计与进度管理”课程的教学大纲结合编者多年的教学实践编写而成，书中综合了建筑施工组织与进度管理中常用的基本原理、方法、步骤、技术以及成果，并采用了最新版的《工程网络计划技术规程》和新规范、新标准，具有适用性和可操作性，有利于学生自学和指导工程实践。

本书的特点如下：

（1）本书将内容分为六个单元进行组织，每个单元均有知识目标、能力目标和导语，便于学生把控核心内容。

（2）本书针对高职高专人才培养的特点，理论内容以“必需、够用”为原则，既保证全书的系统性和完整性，又体现内容的先进性、实用性、针对性，突出高职高专人才培养的特点。

（3）本书内容紧跟行业形势，把握发展动态，强化实用性和适用性。

本书由辽宁城市建设职业技术学院王建茹、太原理工大学阳泉学院阎玮斌任主编，湖北水利水电职业技术学院李翠华、滨州职业学院建筑工程学院刘伟任副主编，辽宁城市建设职业技术学院赵星、胡旭参与了本书的编写。其中王建茹编写单元一和单元三中的课题 3、4，阎玮斌编写单元四，刘伟编写单元五，李翠华编写单元六，赵星编写单元二，胡旭编写单元三中的课题 1、2。

本书在编写过程中参阅了相关的文献资料，并得到了机械工业出版社的大力支持和鼎力相助，谨此表示致谢。

由于作者水平有限，书中难免有不足之处，恳请广大读者批评指正。

为方便教学，本书配有电子课件、习题解答、模拟试卷，凡使用本书作为教材的教师可登录机械工业出版社教育服务网 www.cmpedu.com 注册下载。咨询邮箱：cmpgaozhi@sina.com。咨询电话：010-88379375。

编　者

目　录

单元一 绪论

知识目标：

- 了解建筑产品及生产施工的特点。
- 了解施工组织设计与进度管理的任务和作用。
- 熟悉施工组织设计与进度管理的基本原则。

能力目标：

- 能够结合建筑产品的生产特点，掌握编制施工组织设计与进度管理的基本原则，明确施工组织设计与进度管理在建设工程施工管理和进度控制中的地位与作用。

导语：

学习本课程一定要注意理论联系实际，要正确处理定性的理论阐述和定量分析的关系，提倡在理解的基础上进行归纳和概括，从而培养独立思考和分析问题的能力。在学完本课程后，应结合生产实习环节，到施工企业阅读几套施工图纸和相应的施工组织设计文件，从而加深对所学知识的理解，提高实际工作的能力。

课题1　施工组织设计与进度管理的研究对象和任务

1.1.1　施工组织设计与进度管理的研究对象

随着社会经济的高速发展和建筑科学技术的不断进步，现代建筑产品的施工生产过程已成为一项多人员、多工种、多专业、多设备、高技术、现代化的综合而复杂的生产活动的系统工程。要做到提高工程质量，缩短施工工期，降低工程成本，实现安全、文明和环保施工，就必须应用科学方法进行施工组织与管理，统筹施工全过程。

建筑施工组织设计与进度管理就是研究建筑产品（一个建筑物或构筑物）在生产施工过程中，如何对生产力的组织问题，即根据拟建工程的性质和规模，施工季节和作业环境，工程施工的复杂性，建筑工人的数量和素质，建筑材料与构件的组织与供应，施工机械的供应、维修和保养，施工现场生产和生活所需临时设施等工作的组织与协调，从经济与技术统一的全局出发，研究工程建设的施工全过程，寻求最合理的统筹安排与系统管理的客观规律的一门管理学科。

1.1.2　施工组织设计与进度管理的任务和作用

1. 施工组织设计与进度管理的任务

根据建筑产品生产的技术经济特点，依据国家基本建设方针和各项建筑技术规范、规程，在生产施工之前根据施工项目及与之配套的其他工程的要求，在人力、资金、材料、机具、施工方法和施工作业环境等主要因素方面进行科学合理的安排，在一定的时间和空间内实现有组织、有计划、有秩序的施工，探索施工过程中的系统管理、进度管理和技术协调，解决施工全局中的纵向和横向的协调一致问题，从而使整个工程的施工活动自始至终处于良好的管理和控制状态，以达到理想的效果，即耗工少、工期短、质量高、成本低、效益高、业主满意。这是施工组织设计与进度管理的最根本任务。

2．施工组织设计与进度管理的作用

施工组织设计与进度管理是施工准备工作的重要组成部分，也是做好施工准备工作的主要依据和重要保证。

施工组织设计与进度管理是对拟建工程施工全过程实行科学管理的重要手段，是编制施工预算和施工计划的主要依据，是建筑企业进行合同管理、工程成本控制以及工程费用索赔的主要依据之一，是建筑企业合理组织施工和加强项目进度管理、进度控制的重要措施。

施工组织设计又是建设单位与施工单位之间履行施工合同、处理关系的主要依据。

1.1.3　施工组织设计与进度管理的基本原则

根据我国建筑业施工长期积累的经验和建筑施工的特点，在编制施工组织设计以及组织项目施工的过程中，一般应遵守以下基本原则：

1）认真贯彻执行党和国家对工程建设的各项方针和政策，认真执行基本建设程序。

2）做好施工项目排队，把有限的资源优先用于重点工程项目上，保证重点，统筹安排，从而获得最佳效果。

3）遵循建筑施工工艺及其技术规律，坚持合理的施工程序和施工顺序，在保证工程质量的前提下，加快工程建设速度，缩短工程工期。

4）采用流水施工方法和网络计划等先进技术，组织有节奏、连续和均衡的施工，科学地安排施工进度计划，保证人力、物力、财力充分发挥作用。

5）科学合理地安排冬期、雨季施工项目，保证施工生产的连续性和均衡性。

6）认真贯彻建筑工业化方针，充分利用现有机械设备，提高施工机械化水平，改善劳动条件，减轻劳动强度，提高劳动生产率。

7）尽可能采用国内外先进的施工技术和科学的施工管理方法，合理地确定施工方案，贯彻执行施工技术规范、操作规程，提高工程质量，确保安全施工，缩短施工工期，降低工程成本。

8）科学地布置施工平面图，尽量减少临时设施；合理储存物资，充分利用当地资源，减少物资运输量。

9）做好现场文明施工和环境保护工作。

课题 2　建筑产品及其施工的特点

1.2.1　建筑产品的特点

建筑产品的使用功能、结构与构造形式等方面的特殊性，以及建筑产品所用的材料的特性，决定了建筑产品具有工业产品所不具备的特殊性，其主要特点如下：

1. 建筑产品的固定性

建筑产品都是在建设单位所选定的地点上建造和使用的，它与选定地点的土地不可分割，从建造开始直至拆除一般均不能移动。这种在空间固定的属性，称为建筑产品的固定性。建筑产品的建造和使用地点在空间上是固定的,这也是建筑产品与一般工业产品最大的区别。

2. 建筑产品的多样性

建筑产品由于要满足各种使用功能的要求，表现出多种多样的建筑风格，同时也受到各地区的自然条件等诸因素的限制，使建筑产品在结构类型、构造形式和材料选用等诸方面各不相同；即使是同一使用功能的建筑产品，也会因所在地区、环境条件的不同而彼此有所区别，体现了建筑产品的多样性。

3. 建筑产品体形庞大

建筑产品与一般工业产品比较，其体形较庞大，建造时需要使用大量的劳动力、材料和机械设备等资源，为了满足其使用功能的需要，必然占据较大的场地与空间，体现了建筑产品的庞大性。

4. 建筑产品的综合性

建筑产品是一个完整的实物体系，它不仅综合了建筑物的艺术风格、建筑功能、结构构造、装饰做法等多方面的技术成就，而且也综合了满足人居和生产要求的工艺设备、采暖通风、供水供电、通信网络、安全监控、卫生设备等各类设施的当代水平，从而体现了建筑产品是一个现代技术结晶的复杂的综合体。

1.2.2 建筑产品施工的特点

由于建筑产品具有固定性、多样性、庞大性和综合性四大主要特点，建筑产品的生产与一般工业产品生产相比较，具有其特殊的特点，具体表现如下：

1. 建筑产品生产的流动性

建筑产品的固定性决定了建筑产品生产的流动性。与一般工业产品相比较，工业产品的生产地点、生产者和生产设备是固定的，产品是在生产线上流动的，而建筑产品的生产则相反，产品是固定的，参与生产施工的人员、机具设备等是随着建筑产品的建造地点、施工部位的改变而不断在平面和空间流动。这就要求事先必须有一个周密的项目管理规划（或施工组织设计），使流动的人员、机具、材料等互相协调配合，使建筑产品按施工程序能有条不紊、连续、均衡地进行。

2. 建筑产品生产的单件性

建筑产品的固定性和多样性，决定了建筑产品生产的单件性。一般的工业生产，是在一定时期内按一定的工艺流程批量生产某一种产品。而建筑产品一般是按照建设单位的要求和规划，根据其使用功能、建设地点进行单独设计和施工，即使同一使用要求，因所在地区、环境条件的不同，建筑产品在结构或构造、建筑材料等方面也有所不同，从而使施工组织和施工方法等也要因地制宜加以修改，从而使各建筑产品生产具有单件性。

3. 建筑产品生产周期长

建筑产品体形庞大的特点决定了建筑产品生产周期长。建筑产品在施工过程中要投入大量的人力、物力和财力，还要受到生产技术、工艺流程和活动空间的限制，使其生产周期少则几个月，多则几年，甚至几十年。

4．建筑施工的灵活性和系统性

建筑产品的复杂性，加上施工的流动性和单件性，受自然条件影响大，高处作业、立体交叉作业、地下作业和临时用工多，协作配合关系较复杂，决定了建筑产品在施工组织与管理中，在平面、立面和工序衔接上，都是要有一定条理、一定规律的一环紧扣一环的系统工程，同时对施工过程中的每一道工序都可以灵活地使用不同的施工机械和施工方法来达到质量良好的既定目标，体现了它的系统性和灵活性。只有抓住这些特性，正确处理其中的相互关系和矛盾，采取有效措施，才能较好地完成工程项目的组织与管理工作。

总之，施工组织设计与进度管理是施工项目管理的重要组成部分，它对统筹建筑施工全过程、推动企业技术进步和优化、提高建筑企业施工项目管理起着核心作用。学习本课程，除了掌握其基本理论之外，还必须重视实践经验的积累。

单元小结

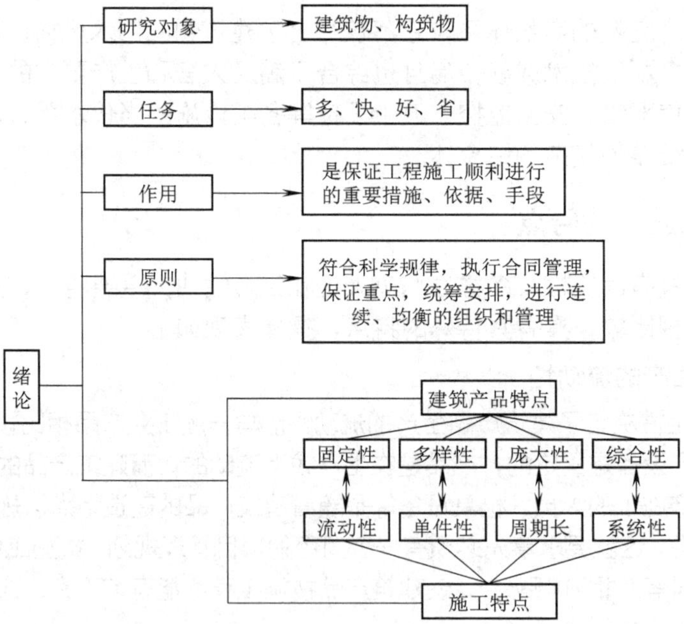

同步测试

1．简述施工组织设计与进度管理的任务和作用。

2．简述建筑产品的特点。

3．简述建筑产品施工的特点。

4．通过学习本单元的内容，如果让你组织一个工程的施工，你准备先做什么？（要求学生讨论，为下一单元的内容做铺垫）

单元二

施工准备工作

知识目标：

- 了解施工准备工作的分类和内容。
- 熟悉调查研究与收集资料、季节性施工准备、开工条件的要求与开工报告。
- 掌握技术资料准备、资源准备、施工现场准备。

能力目标：

- 通过本单元内容的学习，能够承担施工企业现场技术员、材料员等岗位的部分工作。

导语：

××地××工程，由××公司筹建。本地块位于××区，总建筑面积为50566m^2，其中地上建筑面积为40706m^2，地下建筑面积为9860m^2。工期为660个日历天。本工程总用地面积为28682m^2，本工程由主楼、两幢辅楼和人防地下车库组成，其中人防地下车库位置留设后浇带。

本工程结构体系为框架结构。桩基础为预制混凝土管桩，预制混凝土管桩由静力压桩机压入地下，已由专业施工队施工完成。

请同学们考虑如何进行前期的施工准备工作。

课题1 概 述

2.1.1 施工准备工作的重要性

施工准备工作是建筑施工程序的重要阶段，是保证工程顺利进行的基本要求。做好施工准备工作，可降低施工风险，也可提高企业综合经济效益。

（1）施工准备工作是建筑施工程序的重要阶段　随着科学技术的高速发展，现代建筑施工过程已成为一项十分复杂的系统工程，其技术规律和市场经济规律要求工程施工必须严格按照建筑施工程序进行。因此，只有认真做好施工准备工作，才能取得良好的建设效果。

（2）施工准备工作是保证工程顺利进行的基本要求　建筑施工需要组织各种专业建筑工人、大量的施工机具设备进场，种类繁多的建筑材料、制品和构件的生产运输、贮存和供应，而且还要处理各种复杂的技术问题，协调各种协作配合关系，因而需要在施工前做周密的准备，才能使工程顺利开工，并且保证开工后各项施工作业顺利进行。

（3）施工准备工作是降低施工风险的有效措施　由于工程施工的周期长，受外界干扰和自然条件因素的影响较大，因而可能会遇到较多的风险，这些风险包括技术的、安全的、经济的等。只有加强施工准备工作，采取有效的防范控制措施，提高应变能力，有效地转移风险、避免风险，从而降低风险损失。

（4）施工准备工作是提高企业综合经济效益的有力保证　认真做好施工准备工作，对于发挥企业优势，合理配置资源，提高施工速度，保证工程质量，降低成本，增加企业经济效益，赢得企业社会信誉，从而提高企业经济效益和社会效益有重要意义。

大量实践证明，凡是重视和做好施工准备工作，积极为施工项目创造一切施工条件的，该工程就能顺利地完成施工任务；反之，则处处被动，给施工带来麻烦，甚至造成重大的损失。

2.1.2　施工准备工作的分类

1．按施工准备工作的范围不同进行分类

（1）全场性施工准备　它是指以整个建设项目为对象而进行的各项施工准备。其特点是施工准备工作的目的、内容是为整个建设项目服务的，它不仅要为全场性的施工活动创造有利条件，而且要兼顾单位工程施工条件的准备。

（2）单项（单位）工程施工条件准备　它是以一个建筑物或构筑物为对象而进行的施工条件的准备工作。其特点是准备工作的目的、内容是为单项（单位）工程施工服务的，它不仅要为单位工程在开工前做好一切准备，而且要为分部（分项）工程做好施工准备工作。

（3）分部（分项）工程作业条件准备　它是以一个分部（分项）工程或冬雨季施工工程为对象进行的作业条件准备。

2．按拟建工程所处的施工阶段不同分类

（1）开工前的施工准备　它是在拟建工程正式开工前所进行的具有全局性和总体性的施工准备。其目的是为拟建工程正式开工创造必要的施工条件。

（2）各施工阶段前的施工准备　它是在拟建工程开工以后，每个施工阶段正式开工之前所进行的一切施工准备工作。目的是为施工阶段正式开工创造必要的施工条件。如一般框架结构建筑的施工，可以分为地基基础工程、主体结构工程、屋面工程、装饰装修工程等施工阶段，每个施工阶段的施工内容不同，所需要的技术条件、物资条件、组织要求和现场布置等也就不同，因此，在每个施工阶段开始之前，都必须做好相应的施工准备。

综上所述，施工准备工作既要有整体性与阶段性的统一，又要有连续性，同时必须有计划、有步骤，分期、分阶段地进行施工准备工作。

2.1.3　施工准备工作的要求

1．施工准备工作应分阶段、有计划、有步骤、有组织地进行

施工准备工作不仅要在开工前集中进行，而且要贯穿在整个施工过程中。随着工程施工的不断进行，施工准备工作可按工程的具体情况划分为开工前、地基基础工程、主体工程、

屋面与装饰装修工程等时间区段，分期、分阶段、有步骤地进行。

为了保证施工准备工作的按时完成，应编制施工准备工作的工作计划，明确其完成的时间、内容、要求及责任人员，并认真贯彻执行。

2．遵守建设程序，严格执行开工报告制度

依据《建设工程监理规范》（GB 50319—2000）规定，工程项目开工前，施工准备工作各项内容已完成、满足开工条件，施工单位应向监理单位报送工程开工报审表及开工报告、证明文件等，由总监理工程师签发，并报建设单位，在规定的时间内开工。

3．建立施工准备工作责任制及相应的检查制度

由于施工准备工作项目多、范围广，因此必须建立严格的责任制。按施工准备工作计划将责任落实到有关部门和个人，同时明确各级技术负责人在施工准备工作中应负的责任，使各级技术负责人认真做好施工准备工作。

施工准备工作不但要有计划、有分工，而且还要有布置、有检查。实施过程中，应定期进行检查。检查的目的在于督促、发现薄弱环节、不断改进工作。

4．施工准备工作要取得协作单位的支持和配合

由于施工准备工作涉及面广，因此，除了施工单位自身的努力以外，还要取得建设单位、监理单位、设计单位、供应单位等其他协作单位的大力支持，共同做好施工准备工作，以缩短开工前施工准备工作的时间，争取早日开工，开工后密切配合，保持融洽关系，保证整个施工过程顺利进行。

课题 2　调查研究与收集资料

2.2.1　收集原始资料及调查分析

建设工程施工原始资料的调查研究是编制施工组织设计的基础，其对拟订一个先进合理、符合实际的施工组织设计是非常必要的。原始资料的调查主要是对工程条件、工程环境特点和工程条件等施工技术与组织的基础资料进行调查，主要包括以下几个方面的调查分析。

1．对建设单位与设计单位的调查分析

根据工程的复杂程度事先应拟订详细的调查提纲，调查工作应有计划、有目的地进行。

（1）对建设单位调查分析的主要内容

1）建设项目设计任务书、有关文件。

2）建设项目性质、规模、生产能力。

3）生产工艺流程、主要工艺设备名称及来源、供应时间、分批和全部到货时间。

4）建设期限、开工时间、交工先后顺序、竣工投产时间。

5）总概算投资、年度建设计划。

6）施工准备工作的内容、安排、工作进度表等。

调查的目的：进行项目部署；制定主要工程施工方案；规划施工总进度；安排年度施工计划；规划施工总平面图；确定占地范围等。

（2）对设计单位调查分析的主要内容

1）建设项目总平面规划。

2）工程地质勘察资料。

3）水文勘察资料。

4）项目建筑规模，建筑、结构、装修概况，总建筑面积、占地面积。

5）单项（单位）工程个数。

6）设计进度安排。

7）生产工艺设计、特点。

8）地形测量图等。

调查的目的：规划施工总平面图；规划生产施工区、生活区；安排大型临建工程；规划施工总进度；计算平整场地土石方量；确定地基、基础的施工方案等。

2．自然条件调查分析

1）建设地区的气象资料（如气温、降雨、风等）。

2）工程地形地质。

3）工程水文地质（如地下水、地面河流等）。

4）场地周围环境。

5）地上障碍物和地下隐蔽物等。

调查的目的：根据气象资料做好防暑降温、冬雨季施工措施以及高空作业及吊装措施；根据地形、水文资料，合理布置施工总平面图，选择土方施工方法，采取地下工程施工措施等。

2.2.2 收集相关信息资料及调查分析

1．技术经济条件的调查分析

1）地方建筑材料生产企业情况，主要是钢筋混凝土构件、钢结构、门窗、水泥制品的加工条件等。

2）地方资源情况，即砖、砂、石等的供应情况。

3）三大材料（即钢材、木材和水泥）、特殊材料、装饰材料的调查。

4）地区交通运输条件，包括铁路、公路、水路、航运等运输条件。

5）机械设备供应情况，包括大型运输车辆、起重设备及其他机械施工设备的供应条件。

6）市政、公共服务设施，包括给水与排水、供电与通信、热力及燃料供应情况等。

7）社会劳动力和生活设施情况，包括可提供的劳动力和其他服务项目、房屋设施情况、周围环境等。

8）环境保护与防治公害的标准。

9）参加施工的各单位的能力调查，包括工人、管理人员、施工机械情况，施工经验、经济指标等。

调查的目的：落实地方物资准备工作和供应计划，选择施工运输方式，拟定施工运输计划，选择给水、排水、供电、供气方式，明确施工力量、技术素质，规划施工任务分配、安排等。

2．其他相关信息与资料的收集

1）现行的由国家有关部门制定的标准、技术规范、规程及有关技术规定等，如《建筑工程施工质量验收统一标准》（GB 50300—2001）、《建筑施工安全检查标准》（JGJ 59—2011）、《建筑工程项目管理规范》（GB/T 50326—2006）、《建设工程文件归档整理规范》（GB/T 50328—2001）、《建筑工程冬期施工规程》（JGJ 104—2011）及各专业工程施工技术规范等。

2）企业现有的施工定额、施工手册、类似工程的技术资料及平时施工实践活动中所积累的资料等。

调查的目的：为进行施工准备工作和编制施工组织设计提供有价值的参考。

2.2.3　考察施工现场

考察施工现场的主要内容包括：施工用地范围、是否有周转用地、现场地形、可利用的建筑物及设施、交通道路情况、附近建筑物的情况、水与电源情况等。其目的是为工程项目合理规划和布置施工平面图，以及为安排施工进度计划和选择施工方案提供依据。

课题 3　技术资料准备

技术资料准备即通常所说的“内业”工作，它是施工准备的核心，指导着现场施工准备工作。其主要内容包括：熟悉图纸及组织图纸会审，编制施工预算，编制施工组织设计等。

2.3.1　熟悉图纸及组织图纸会审

1．熟悉图纸阶段

（1）熟悉图纸工作的组织　由施工单位该工程项目经理部组织有关工程技术人员认真熟悉图纸，了解设计意图与建设单位要求以及施工应达到的技术标准，明确工程流程。

（2）熟悉图纸的要求

1）先粗后细，就是先看平面图、立面图、剖面图，再看细部做法。

2）先小后大，就是先看小样图，后看大样图。

3）先建筑后结构，并把建筑图与结构图互相对照。

4）先一般后特殊，就是先看一般的部位和要求，后看特殊的部位和要求。

5）图纸与说明结合。

6）土建与安装结合。

7）图纸要求与实际情况结合。

2．自审图纸阶段

（1）自审图纸的组织　由施工项目经理部组织各工种人员对本工种的有关图纸进行审

查，掌握和了解图纸中的细节；在此基础上，总承包单位内部的土建与水、暖、电等专业，共同核对图纸；最后，总承包单位与分包单位（如桩基施工、装饰工程施工、设备安装施工等）在各自审查图纸的基础上，共同核对图纸中的差错及协商有关施工配合问题。

（2）自审图纸的要求

1）审查拟建工程的地点，建筑总平面图同国家、城市或地区规划是否一致，以及建筑物或构筑物的设计功能和使用要求是否符合环卫、消防及城市美化方面的要求。

2）审查建筑、结构、设备安装等设计图纸是否完整齐全，手续是否完备；设计是否符合国家有关的经济和技术政策、规范规定；审查图纸是否相符，有无“错、漏、碰、缺”，内部结构和工艺设备有无矛盾。

3）审查地基及基础设计与实际情况是否相符，结构性能是否满足要求；建筑物或构筑物与原地下构筑物及管线之间有无矛盾；深基础的防水方案是否可靠，材料、设备能否解决。

4）明确拟建工程的结构形式和特点，复核主要承重结构的强度、刚度和稳定性是否满足要求。审查设计图纸中的形体复杂、施工难度大和技术要求高的分部分项工程或采用新材料、新技术、新工艺，施工单位对此有无困难，选用的材料、构配件、设备等能否解决。

5）明确建设期限，分期分批投产或交付使用的顺序和时间，以及工程所用的主要材料、设备的数量、规格、来源和供应日期。

6）明确建设单位、设计单位和施工单位等之间的协作、配合关系，以及建设单位可以提供的施工条件。

7）审查设计是否考虑了施工的需要，各种结构的承载力、刚度和稳定性是否满足设置内爬、附着、固定式塔式起重机等的要求。

3．图纸会审阶段

（1）图纸会审的组织　一般工程由建设单位组织并主持会议，设计单位交底，施工单位、监理单位参加。重点工程或大型复杂工程，如有必要可邀请各主管部门、消防等协作单位参加，会审的程序是：设计单位做设计交底，施工单位对图纸提出问题，有关单位发表意见，与会者讨论、研究、协商，逐条解决问题并达成共识，组织会审的单位汇总成文，各单位会签，形成图纸会审纪要，见表 2-1。图纸会审纪要作为与施工图纸具有同等法律效力的技术文件使用。

（2）图纸会审的要求　监理单位、施工单位应将各自提出的图纸问题及意见，按专业整理、汇总后报建设单位，由建设单位提交设计单位做交底准备。

图纸会审纪要应由建设单位、设计单位、监理单位和施工单位的项目相关负责人签字确认，不得擅自在会审纪要上涂改、变更其内容。

由于设计图纸本身差错，与实际情况不符，施工条件变化，原材料规格、品种、质量不符合设计要求及提出合理化建议等原因，需要修改设计图纸时，要办理设计变更文件。设计变更是施工图的补充、修改的记载，办理要及时，内容要详实，必要时应附图，并逐条注明应修改图纸的图号。

设计变更通知单（表 2-2）应由设计专业负责人以及建设单位、监理单位和施工单位的相关负责人签字确认。

表 2-1　图纸会审纪要

<table>
<tr><td>工程名称</td><td colspan="4"></td></tr>
<tr><td>建设单位</td><td colspan="2"></td><td>设计单位</td><td></td></tr>
<tr><td>施工单位</td><td colspan="2"></td><td>监理单位</td><td></td></tr>
<tr><td colspan="2">图纸名称及图号</td><td colspan="2">主要内容</td><td>结论意见</td></tr>
<tr><td colspan="2"></td><td colspan="2"></td><td></td></tr>
<tr><td colspan="3">建设单位签章
项目负责人：　　　　年　　月　　日</td><td colspan="2">设计单位签章
项目负责人：　　　　年　　月　　日</td></tr>
<tr><td colspan="3">施工单位签章
技术负责人：　　　　年　　月　　日</td><td colspan="2">监理单位签章
总监理工程师：　　　　年　　月　　日</td></tr>
</table>

第　　页（共　　页）

表 2-2　设计变更通知单

工程名称		变更单编号	
建设单位		施工单位	
设计单位		相关图号	

变更内容及简图:

设计人:　　　　　　　　年　　月　　日

设计单位意见: 签字（公章）: 年　　月　　日	建设单位签收: 签字（公章）: 年　　月　　日

施工图审批机构意见:

签字（公章）:　　　　　　　　年　　月　　日

第　　页（共　　页）

2.3.2 编制施工预算

施工预算是施工单位根据施工合同价款、施工图纸、施工组织设计或施工方案、施工定额等文件编制的企业内部的经济文件，是企业内部经济核算和班组承包的依据，它直接受施工合同中合同价款的控制，是施工前的一项重要准备工作。它是施工企业内部控制各项成本支出、考核用工、签发施工任务书、限额领料，基层进行经济核算、进行经济活动分析的依据。在施工过程中，要按施工预算严格控制各项指标，以促进降低工程成本和提高施工管理水平。

2.3.3 编制施工组织设计

施工组织设计是根据拟建工程的工程规模、结构特点和建设单位的要求，编制的指导工程项目施工全过程的综合性文件，是编制施工预算的依据，是施工准备工作的主要技术文件。它是在投标文件中施工组织设计的基础上，结合所收集的原始资料和相关信息资料，根据图纸及会审纪要，按照编制施工组织设计的基本原则，综合建设单位、监理单位、设计单位的具体要求进行编制的，以保证工程多、快、好、省、安全、顺利地完成。

施工单位必须在约定的时间内完成中标后施工组织设计的编制与自审工作，并填写施工组织设计报审表，报送项目监理机构。总监理工程师应在约定的时间内，组织专业监理工程师审查，提出审查意见后，由总监理工程师审定批准。需要施工单位修改时，由总监理工程师签发书面意见，退回施工单位修改后再报审，总监理工程师应重新审定，已审定的施工组织设计由项目监理机构报送建设单位。施工单位应按审定的施工组织设计文件组织施工，如需对其内容做较大变更，应在实施前将变更书面内容报送项目监理机构重新审定。对规模大、结构复杂或属新结构、特种结构的工程，专业监理工程师提出审查意见后，由总监理工程师签发审查意见，必要时与建设单位协商，组织有关专家会审。

课题4 资源准备

施工资源准备是指施工中必需的劳动力的准备和物资资源的准备。

2.4.1 劳动力的准备

工程项目完成的好坏，在很大程度上取决于承担这一项工程的施工人员的素质。现场施工人员包括项目施工组织机构的管理者和具体施工操作者两大部分。这些人员的选择和组合，将直接关系到工程质量、施工进度、施工安全、环境保护及施工成本。因此，施工现场人员的准备是项目开工前施工准备的一项重要内容。

1．项目组织机构建设

对于实行项目管理的工程，建立项目组织机构就是建立项目经理部。施工项目经理部是由项目经理在企业的支持下组建并领导，对项目进行管理的组织机构，负责项目全过程的管理工作。组建施工项目经理部应遵循以下原则：

1）根据工程规模、结构特点和复杂程度，确定施工组织机构的领导名额和人选。

2）坚持合理分工与密切协作相结合的原则。

3）把有施工经验、有创新精神、工作效率高的人员选入领导机构。

4）认真执行因事设职、因职选人的原则。

对于一般单位工程可设一名工地负责人，再配施工员、质检员、安全员及材料员等。对于大型单位工程或群体项目，则需配备一套班子，包括技术、材料、计划等管理人员。

2．组织精干的施工队伍

施工队伍的建设要认真考虑专业、工种的合理配合，技工和普工的比例要满足实际工作的需要。施工班组应根据工程的特点、现有的劳动力组织情况及施工组织设计的劳动力需要量计划来确定，建立混合施工班组或是专业施工班组。组建施工队伍，要坚持合理、精干的原则。

施工队伍的数量、进场时间、退场时间，都应根据劳动力需用计划来确定，并随着施工进度及时予以调整，防止误工和窝工。

3．做好分包安排

对于本单位难以承担的一些专业项目，如深基坑开挖和支护、大型结构安装和设备安装等项目，应及早做好分包工作或劳务安排，与有关单位协商，签订分包合同或劳务合同，以保证工程按计划进行。

4．做好技术、安全交底和岗前培训工作

施工前，要对施工队伍进行劳动纪律、施工质量和施工安全等方面的教育，要求施工人员必须做到遵守劳动时间，坚守工作岗位，遵守操作规程，保证产品质量，保证施工工期及安全生产，服从调动，爱护公物。同时，企业还应做好职工、技术人员的培训和技术更新工作，只有不断提高职工、技术人员的业务技术水平，才能从根本上保证建筑工程质量，不断提高企业的竞争力。此外，对于某些采用新材料、新结构、新工艺、新技术的工程，施工前应对相关的管理人员和操作工人进行培训，培训合格后再上岗操作，这也是施工准备工作的内容之一。

2.4.2 物资资源的准备

施工物资资源准备是指施工中必需的劳动手段（施工机械、工具、临时设施）和劳动对象（材料、配件、构件）等的准备。它是一项复杂而又细致的工作，一般应考虑以下几个方面的内容。

1．建筑材料的准备

建筑材料的准备是根据施工进度计划和工料分析，编制材料需要量计划，按照使用要求及材料储备定额和消耗定额，按材料的名称、规格、使用时间进行备料、供料、确定仓库和场地堆放面积，并组织运输。

根据施工进度要求，建筑材料应分批分期进场，并严格按照施工平面布置图的位置进行堆放，以减少二次搬运且应堆放整齐，标明标牌，以免混淆。此外，应做好防水、防潮以及易碎材料的保护工作。

严格验收、核对材料的数量和规格，不得使用无出厂合格证或质量保证书的原材料，并做好材料的试验和检验工作。

2．预制构件和商品混凝土的准备

工程项目施工中需要大量的预制构件、门窗、金属构件、水泥制品及卫生洁具等。这些构件、配件应根据施工预算提供的名称、规格、质量和数量，确定加工方案和供应方式以及进场后存放的地点，编制出需求量计划。

对于采用商品混凝土的工程，应先与生产单位签订供货合同，注明品种、规格、数量、需要时间和送货地点等。

3．施工机具的准备

施工选定的各种土方机械、砂浆搅拌设备、垂直及水平运输机械及吊装机械、动力机具、钢筋加工设备、木工机械、焊接设备、打夯机、抽水设备等应根据施工方案和施工进度，确定施工机械的类型、数量、进场时间及进场后的安装或存放地点。需租赁机械时，应提前签约。

4．模板和脚手架的准备

模板和脚手架是施工现场使用量大、堆放时占地面积较大的周转材料。模板及其配件规格多、数量大，因此，对其堆放场地要求比较高，一定要按施工平面图的布置位置分规格、型号整齐码放，并要采取防潮、防水措施。对于拆下的模板和脚手架应注意维修和保养。

课题 5　施工现场准备

施工现场准备即通常所说的室外准备，它是为拟建工程的施工创造有利的施工条件的保证。其主要内容包括建立测量控制网、“七通一平”、搭设临时设施三大部分。

2.5.1　施工现场准备工作的内容及各方职责

施工现场准备工作由两方面组成，一是建设单位施工现场准备工作，二是施工单位施工现场准备工作。

1．建设单位施工现场准备工作

建设单位应按合同条款中约定的内容和时间完成以下工作：

1）办理土地征用、拆迁补偿、平整场地等工作，使施工场地具备施工的条件，在开工后继续负责解决以上事项的遗留问题。

2）将施工所需的水、电、电信线路从施工场地外部接至专用条款约定的地点，保证施工期间的需要。

3）开通施工场地与城乡公共道路通道，以及专用条款约定的施工场地内主要道路，满足施工运输需要，保证施工期间道路畅通。

4）向承包人提供施工场地的工程地质与地下管线资料，并对资料的真实准确性负责。

5）办理施工许可证及其他施工所需证件、批件和临时用地、停水、停电、中断道路交通、爆破作业等申请批准手续（证明承包人自身资质证件除外）。

6）确定水准点和坐标控制点，并以书面形式交给承包人，进行现场交验。

7）协调处理施工场地周围地下管线及邻近建筑物、构筑物（包括文物保护建筑）、古树名木的保护工作，承担相关费用。

上述施工现场准备工作，承发包双方也可以在合同专用条款内约定交由施工单位完成，其费用由建设单位承担。

2．施工单位施工现场准备工作

施工单位应按合同条款中约定的内容和施工组织设计的要求完成以下工作：

1）根据工程的需要，提供和维修非夜间施工使用的照明、围栏设施，并负责其安全保卫。

2）按专用条款约定数量和要求，向发包人提供施工场地的办公及生活用房及设施，由发包人承担其发生的费用。

3）遵守政府有关主管部门对施工场地的交通、施工噪声、环境保护及安全生产等管理规定，按规定办理相关手续，以书面形式通知发包人，发包人承担由此发生的相关费用，因承包人责任造成的罚款除外。

4）按专用条款的约定做好施工场地地下管线及邻近建筑物、构筑物（包括文物保护建筑）、古树名木的保护工作。

5）保证施工场地清洁，符合环境卫生管理的有关规定。

6）建立测量控制网。

7）工程用地范围内"七通一平"，其中平整场地工作应由建设单位承担，但建设单位也可要求由施工单位完成，但费用仍由建设单位承担。

8）搭设现场生产和生活临时设施。

2.5.2 建立测量控制网

为了使建筑物或构筑物的平面位置和高程符合设计要求，施工前应按总平面图，设置永久性的经纬坐标桩及水平坐标桩，建立工程测量控制网，以便于建筑物在施工前进行定位放线。

测量放线的任务是把图纸上所设计好的建筑物、构筑物及管线等通过测量手段"搬"到地面上，并用各种标志表现出来，作为施工的依据。其工作的进行，一般是在土方开挖之前，在施工场地内设置坐标控制网和高程控制点。这些网、点的设置应视工程范围的大小和控制的精度而定。在测量放线前，应做好以下几项准备工作。

1）熟悉所用的测量仪器和工具，并进行检验和校正。

2）认真熟悉施工图纸。通过设计交底，了解工程全貌和设计意图，掌握现场情况和定位条件，主要轴线尺寸之间的相互关系，地上、地下的标高以及测量精度要求。在熟悉施工图纸过程中，应仔细核对图纸尺寸。

3）建设单位提供的由城市规划勘测部门给定的建筑红线，在法律上起着建筑边界用地的作用。在使用红线桩前要进行校核，施工过程中要保护好桩位，水准点也同样要校核和保护。红线和水准点经校测发现问题，应提请建设单位处理。

根据设计图纸和施工方案，制订切实可行的测量、放线方案，主要包括平面控制、标高控制、±0.000 以下施测、±0.000 以上施测、沉降观测和竣工测量等项目。建筑物定位放线是确定整个工程平面位置的关键环节，施测中必须保证精度，杜绝错误。建筑物定位、放线，一般通过设计图中平面控制轴线来确定。测定并经自检合格后提交有关部门和建设单位或监理人员验线。沿红线建的建筑物放线后，还要由城市规划部门验线，以防止建筑物压红线或超红线，为正常顺利地施工创造条件。

2.5.3 保证“七通一平”

在工程用地范围内，接通施工用水、用电、道路、电信及燃气，施工现场排水及排污畅通和平整场地的工作简称为“七通一平”。

1．给水与排水通

施工现场的通水包括给水和排水两个方面。水是施工现场生产、生活和消防不可缺少的。通水应按施工总平面图的规划进行安排，接通施工用水、生活用水和消防用水的管线，尽量与永久性给水线路结合，既要满足生产用水的需要和使用方便，还要尽量缩短管线。施工现场的排水也十分重要，尤其是在雨季，如场地排水不畅，会影响施工和运输的顺利进行，因此要做好排水工作。

2．电及电信通

电是施工现场的主要动力来源，施工现场用电包括施工生产用电和生活用电。开工前，应按施工组织设计要求布设线路，接通电力和电信设施。若拟建工程在城市或工业区，则电源首先应考虑从国家电力系统或建设单位已有的电源上获得。如供电系统不能满足施工生产、生活用电的需要，则应考虑在现场建立发电系统，以保证施工的连续顺利进行。

3．路通

工程施工需要使用大量的物资，道路是组织施工物资运输的动脉，为保证施工物资能早日进场，必须按施工总平面图的要求，在开工前修通道路。为节省工程费用和材料，最好安排永久性道路先施工，如果修筑永久性道路的进度赶不上施工需要，则可以先铺设临时施工道路。

4．蒸汽及燃气通

施工中如需要通蒸汽、燃气，则应按施工组织设计的要求进行安排，以保证施工的顺利进行。

5．排污通

施工现场的污水排放，直接影响到城市的环境卫生，根据环境保护的要求，有些污水不能直接排放，需进行处理以后方可排放。因此，必须做好现场的排污准备工作。

6. 平整场地

障碍物清除后，按照建筑施工总平面图规定的标高，计算出填挖土方工程量，设计土方调配方案，进行场地平整工作。如果工程项目规模较大，可以根据施工总进度计划分段进行，先完成一期开工工程用地范围内的场地平整工作，再依次进行后续的平整场地工作。

2.5.4 搭设临时设施

施工现场临时设施应按照施工总平面图的布置要求来建造，必要时，应报请规划、市政、消防、交通、环保等有关部门审查批准。现场生活和生产用的临时设施，包括各种仓库、混凝土搅拌站、预制构件场、各种生产作业棚、办公用房、宿舍、食堂、文化生活设施等，均应按批准的施工组织设计规定的数量、标准、面积、位置等要求修建。在考虑施工现场临时设施的搭设时，应尽量利用原有建筑物，尽可能减少临时设施的数量，以便节约用地，节省投资。为了施工方便和安全，对于指定的施工用地的周界，应用围栏围挡起来，围挡的形式和材料及高度应符合市容管理的有关规定和要求。在主要入口设立工程概况牌、文明施工制度牌、消防保卫制度牌、环境保护制度牌和施工现场平面图等。

课题 6　季节性施工准备

2.6.1 冬期施工准备工作

建筑工程施工绝大部分工作是露天作业，受气候影响比较大，因此，在冬期、雨期施工时，必须从具体条件出发，正确选择施工方法，做好季节性施工准备工作，以保证工程按期、保质、安全地完成，取得较好的技术经济效益。

1. 组织措施

1）进行冬期施工的工程项目，在进入冬季以前应结合工程实际情况及施工经验等组织编制冬期施工方案，可依据《建筑工程冬期施工规程》（JGJ/T 104—2011）。编制的原则是：确保工程质量，经济合理，使增加的费用为最少；所需的热源和材料有可靠的来源，并尽量减少能源消耗；确保能缩短工期。冬期施工方案应包括以下几方面的内容：施工程序，施工方法，现场布置，设备、材料、能源、工具的供应计划，安全防火措施，测温制度和质量检查制度等。方案确定后，要组织有关人员学习，并向班组进行交底。

2）合理安排施工进度计划。冬期施工条件差，技术要求高，费用增加，因此，要合理安排施工进度计划，尽量安排既能保证施工质量又使费用增加不多的项目在冬期施工，如室内装饰装修等工程。费用增加较多又不易保证质量的项目则不宜安排在冬期施工，如屋面防水等工程。

3）组织人员培训。进入冬期施工前，对掺外加剂人员、测温及保温人员、锅炉司炉工和火炉管理人员，应专门组织进行业务培训，学习其工作范围内的有关知识，明确职责，经考试合格后，方准上岗工作。

4）及时了解天气变化情况，防止寒流突然袭击。

5）安排专人测量施工期间的室外气温、暖棚内气温、砂浆温度、混凝土温度并做好记录。

2．图纸准备

凡进行冬期施工的工程项目，必须复核施工图纸，查对其是否能适应冬期施工要求。如不适合冬期施工要求的工程项目(或部位),应及时向建设单位及设计单位提出修改设计要求。

3．现场准备

1）根据实物工程量提前组织有关机具、外加剂和保温材料、测温材料进场。

2）搭建加热用锅炉房、搅拌站，敷设管道，对锅炉进行试火试压，对各种加热的材料、设备要检查其安全可靠性。

3）计算变压器容量，接通电源。

4）对工地临时给水排水管道及石灰膏等材料做好保温防冻工作，防止道路积水结冰，及时清扫积雪，保证运输顺利。

5）做好冬期施工混凝土、砂浆及掺外加剂的试配试验工作，提出施工配合比。

6）做好室内施工项目的保温，如先完成供热系统，安装好门窗及玻璃等，以保证室内其他项目能顺利施工。

4．安全与防火

1）冬期施工时，要采取防滑措施。

2）大雪后必须将架子上的积雪清扫干净，并检查马道平台，如有松动、下沉现象，必须及时处理。

3）施工时如接触汽源、热水，要防止烫伤；使用氯化钙、漂白粉时，要防止腐蚀皮肤。

4）亚硝酸钠有毒，要严加保管，防止误食中毒。

5）对现场火源要加强管理，使用天然气、煤气时，要防止爆炸；使用焦炭炉、煤炉或天然气、煤气时，应注意通风换气，防止煤气中毒。

6）电源开关、控制箱等设施要加锁，并设专人负责管理，防止漏电、触电。

2.6.2　雨期施工准备工作

雨期施工主要是以预防为主，采用防雨措施及加强排水手段以确保雨期施工不受影响，保证其能够正常进行。

1．合理安排雨期施工

在施工组织设计中要充分考虑雨期对施工的影响。一般情况下，为避免雨期窝工造成的损失，在雨期到来之前，应争取提前完成不宜在雨期施工的任务，如基础、地下工程、土方工程、室外及屋面工程等，可多留些室内工作在雨期施工。根据“晴外、雨内”的原则，雨天尽量缩短室外作业，加强劳动力调配，组织合理的施工工序，利用各种条件减少防雨措施的资金消耗，加快施工进度，保证工程质量。

2．加强施工管理，做好雨期施工的安全教育工作

要认真编制雨期施工技术措施，如雨期前后的沉降观测措施，保证防水层雨期施工质量的措施，保证混凝土配合比、浇筑质量的措施，钢筋除锈的措施等。组织雨期施工技术、安全教育，严格岗位责任，学习并执行雨期施工的操作规范及技术要点，确保工程的质量和安全。

3．做好施工场地的防洪排涝工作

根据工程所处的地形要对施工场地的排水系统进行合理的疏通，以保证水流畅通，不积水，防止相邻地区地面雨水倒排入场内，并备好抽水设备，防止场地积水和地沟、基槽、地下室等浸水，对工程施工造成损失。现场内的主要行车道两旁也要做好排水沟，以保证雨期道路运输畅通。

4．做好物资的储存及防护工作

雨期到来前，应多储存物资，减少雨期运输量，以节约费用。要准备必要的防雨器材，对于怕雨淋的物资要采取防雨措施，防止物资淋雨浸水而变质，库房四周要有排水沟渠，仓库要做好地面防潮和屋面防漏的工作。

5．做好机具设备等防护工作

雨期施工期间，对现场的各种设施、机具要加强检查，特别是脚手架、垂直运输设施等，要采取防倒塌、防雷击、防漏电等一系列技术措施，各种机电设施、机具设备等的电闸、电箱要采取防雨、防潮措施，并安装接地保护装置。

课题 7　施工准备工作计划与开工令

2.7.1　施工准备工作计划

为了落实各项施工准备工作，加强检查和监督，必须根据各项施工准备的内容、时间和人员，编制出施工准备工作计划，见表 2-3。

表 2-3　施工准备工作计划

序号	施工准备工作	简要内容	要求	负责单位	负责人	配合单位	起止时间		备注
							月、日	月、日	

由于各项施工准备工作之间是相互依存的关系，不是独立的，而是互相补充、互相配合的。为了提高施工准备工作的质量，加快施工准备工作的速度，除用表格编制施工准备工作计划外，还可采用编制施工准备工作网络计划的方法，以确定各项准备工作之间的逻辑关系，找出关键线路，并在网络计划图上进行施工准备工期的调整，尽量缩短准备工作的时间，使各项工作有领导、有组织、有计划，分期分批地进行。

依据《建设工程监理规范》（GB 50319—2000），总监理工程师应组织专业监理工程师审查施工单位报送的开工报审表及相关资料，同时具备以下条件的，由总监理工程师签署审查意见，报建设单位批准后，总监理工程师签发开工令。

1）设计交底和图纸会审已完成。

2）施工组织设计已由总监理工程师签认。

3）施工单位现场质量、安全生产管理体系已建立，管理及施工人员已到位，施工机械具备使用条件，主要工程材料已落实。

4）进场道路及水、电、通信等已满足开工要求。

2.7.2 开工令

1．开工报审表

开工报审表可采用《建设工程监理规范》（GB 50319—2000）中规定的基本表式，见表 2-4。

表 2-4 开工报审表

工程名称：________________ 编号：________

致：________________（建设单位） ________________（项目监理机构） 我方承担的________工程，已完成相关准备工作，具备开工条件，特此申请于____年____月____日开工，请予以审批。 附件：证明文件资料 施工单位（盖章）__________ 项目经理（签字）__________ 年 月 日
审查意见： 项目监理机构（盖章）__________ 总监理工程师（签字）__________ 年 月 日
审批意见： 建设单位（盖章）__________ 建设单位代表（签字）__________ 年 月 日

注：本表一式三份，项目监理机构、建设单位、施工单位各一份。

2．开工令

开工令基本表式见表 2-5。

表 2-5　开工令

工程名称：　　　　　　　　　　　　　　　　　　　　　　　　编号：________

致：____________________（施工单位） 经审查，本工程已具备施工合同约定的开工条件，现同意你方开始施工，开工日期为____年____月____日。 附件：开工报审表 项目监理机构（盖章）____________ 总监理工程师（签字、加盖执业印章）____________ 年　月　日

注：本表一式三份，项目监理机构、建设单位、施工单位各一份。

单元小结

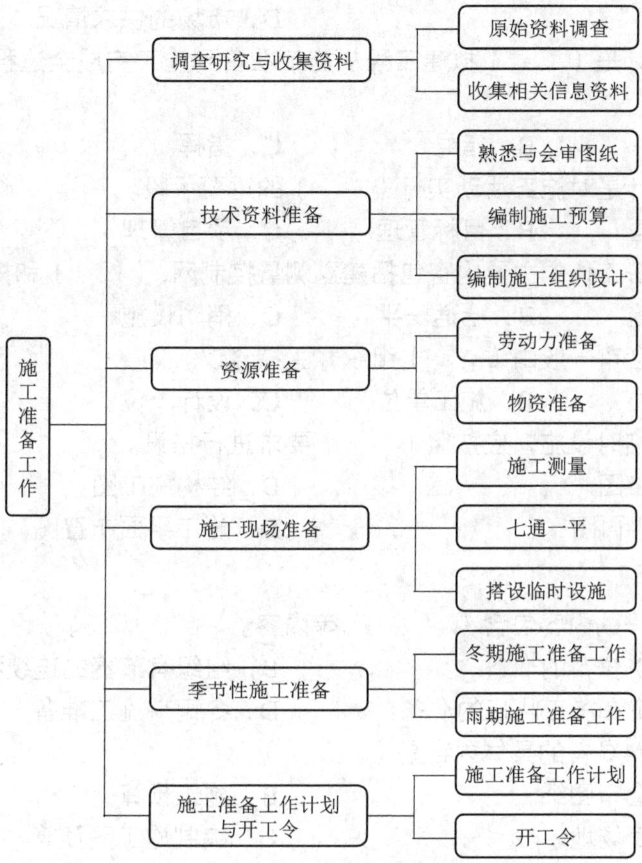

同步测试

一、填空题

1．施工准备工作按拟建工程所处的施工阶段不同分为__________和__________。

2．通常所说的“内业”工作是指__________，它是施工准备的核心，指导着现场施工准备工作。

3．施工资源准备是指施工中必需的__________和__________。

4．在工程用地范围内，接通施工__________、__________、__________、__________、__________、__________和__________的工作简称为“七通一平”。

5．施工现场准备工作由两个方面组成，一是由________应完成的施工现场准备工作，二是由________应完成的施工现场准备工作。

二、单选题

1．勘察工作的内容不包括以下哪项内容（　　）。

A．审查图纸　　B．工程测量　　C．水文地质勘察　　D．工程地质勘察

2．施工组织中，编制资源需要量计划的直接依据是（　　）。

A．工程量清单　　B．施工进度计划

C．施工图　　D．市场的供求情况

3．施工组织设计是（　　）拟建工程从施工准备到施工完成全过程的技术经济综合性的设计文件。

A．领导　　B．指导　　C．指挥　　D．控制

4．施工组织设计是对施工活动实行（　　）的重要手段。

A．计划管理　　B．目标管理　　C．项目管理　　D．科学管理

5．施工现场准备工作的主要内容包括建立测量控制网、（　　）和搭设临时设施。

A．安全设施　　B．七通一平　　C．消防设施　　D．生活设施

6．施工图纸的会审一般由（　　）组织并主持会议。

A．建设单位　　B．施工单位　　C．设计单位　　D．监理单位

7．现场搭设的临时设施，应按照（　　）要求进行搭设。

A．建筑施工图　　B．结构施工图

C．施工总平面图　　D．施工平面布置图

三、多选题

1．施工准备工作的内容包含（　　）等内容。

A．技术经济资料的准备　　B．组织有节奏的连续和均衡施工

C．施工物资和施工队伍的准备　　D．冬雨期施工准备

2．技术经济资料准备的具体内容是（　　）。

A．熟悉和会审图纸　　B．施工预算

C．平整施工场地　　D．编制施工图预算

3．冬期施工准备工作的具体内容是（　　）。

A．编制施工图预算　　B．合理安排冬期施工项目

C．落实各种热源供应和管理　　D．做好保温防冻工作

4．施工准备工作按其范围不同分为（　　）。

A．全场性施工准备　　B．单位工程施工条件准备

C．分部分项工程作业条件准备　　D．开工前的施工准备

四、简答题

1．施工准备工作的重要性是什么?

2．简述施工准备工作的分类和主要内容。

3．原始资料的调查包括哪些方面?

4．资源准备包括哪些方面?

5．施工现场准备包括哪些方面?

6．如何做好冬期施工准备工作?

7．如何做好雨期施工准备工作?

单元三

流水施工基本原理

知识目标：

- 熟悉组织施工的方式。
- 熟悉流水施工的概念。
- 掌握流水施工主要参数确定的方法。
- 掌握流水施工的组织方法和计工期的计算方法。

能力目标：

- 能够从组织方式上识别依次施工、平行施工、流水施工的不同。
- 能以有节奏流水、无节奏流水为主，掌握流水施工参数的确定方法。
- 能对简单施工过程组织流水施工，并能绘制流水施工进度图。

导语：

某房地产开发商拟建10幢同类型住宅楼，现组织施工，如果组织依次施工，工期太长；如果组织平行施工，虽然工期大幅缩短，但劳动班组、施工机具、设备、材料等会成倍增加，造成组织安排和施工管理困难，增加施工成本。那么，采用哪种施工组织方式能在工期既合理，又不会成倍增加劳动班组、施工机具、设备、材料等的情况下，更科学、更合理地完成工程任务呢？本单元就将解决此问题。

课题1　组织施工的方式与特点

流水施工方法是最直观的组织施工的一种科学方法，是组织生产的最高形式。在建筑安装工程施工中，流水施工与工业企业生产中采用的流水线很相似，不同的是，工业生产中各个零部件在流水线上是流动的，生产者是固定的；而在建筑施工中建筑产品是固定的，而施工生产者和设备在建筑物上是流动的。所以与一般工业生产相比较，其具有不同的特点和要求。

3.1.1　组织施工的方式与特点比较

一个项目组织施工时，首先遇到的是组织施工的方式问题，对于不同的工程施工情况应采用不同的组织方式。如何组织各施工班组在各施工过程中的先后顺序或平行搭接施工，是组织施工中的一个基本的问题。一般可以采用依次施工、平行施工和流水施工三种方式，现将这三种施工方式的特点和效果举例分析如下：

1．依次施工的组织方式

依次施工组织方式是将施工项目的整个施工过程划分为若干个施工工程，按照一定的施工顺序，前一个施工工程完工后，再开始后一个施工工程，依次类推；或前一个施工项目完成后，再开始后一个施工项目的施工。它是一种最基本、最原始的施工组织方式。

【例 3-1】有四段相同的某建筑工程的基础工程，均划分为挖土方、垫层、砌基础、回填土四个施工过程，每个施工过程安排一个施工队，采用一班制。其中，每段挖土方施工队由 15 人组成，作业时间 3 天；垫层施工队由 30 人组成，作业时间 1 天；砌基础施工队由 25 人组成，作业时间 4 天；回填土施工队由 10 人组成，作业时间 1 天。按照依次施工组织方式施工，进度计划安排如图 3-1、图 3-2 所示。

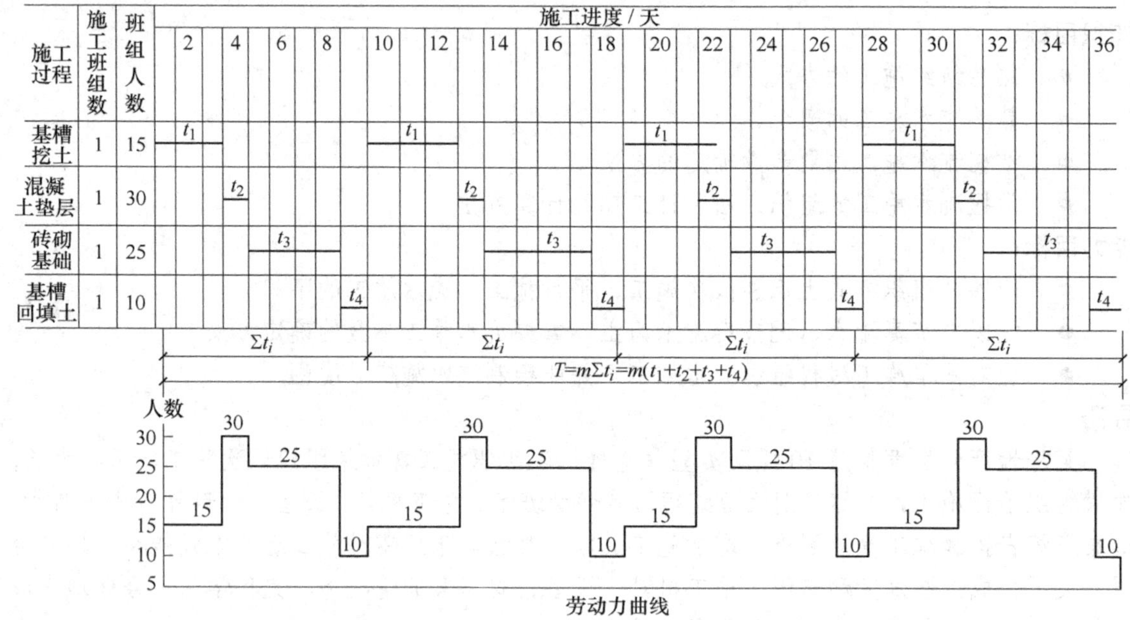

图 3-1　某工程依次施工进度计划（一）

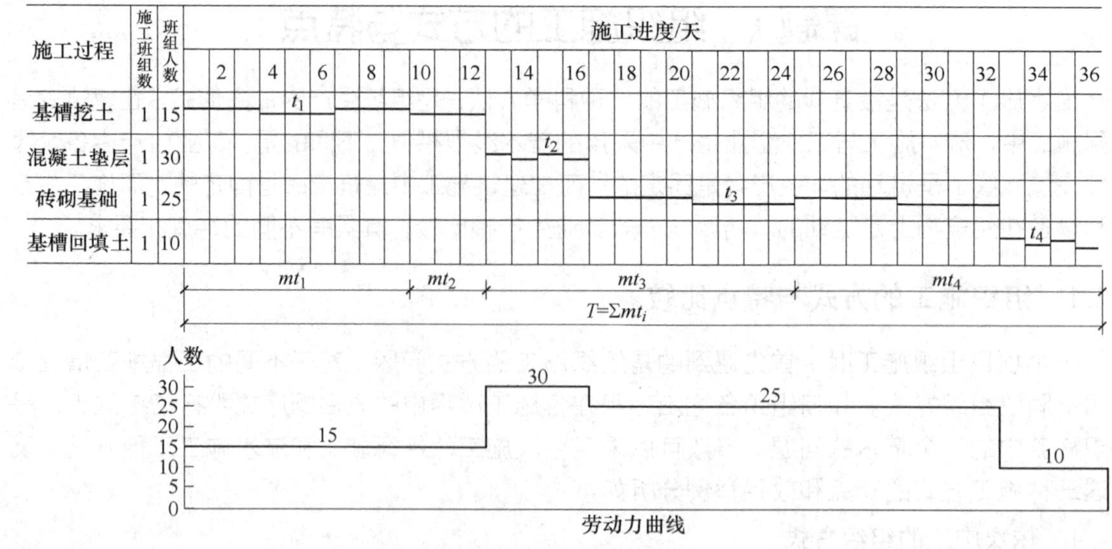

图 3-2　某工程依次施工进度计划（二）

由图 3-1、图 3-2 可以看出，采用依次施工完成此项任务需 36 天，高峰期人数 30 人，其具有的特点是。

1）由于没有充分地利用工作面去争取时间，施工工期长（约为其他方式的 2～4 倍）。

2）每天投入的劳动力较少，设备少、材料消耗少，组织单一，施工现场管理简单，便于组织和安排。

3）施工队施工及材料供应无法保持连续和均衡，工人有窝工的现象。

4）施工队不能专业化生产，不利于提高工程质量和提高劳动生产率。

因此，依次施工的组织方式只能适用于简单的小型工程。

2．平行施工的组织方式

平行施工是在施工任务紧迫、工作面允许以及资源供应充足的条件下，可以组织几个相同的工作队，在同一时间、不同的空间上进行施工，使全部工程任务的各施工段同时开工、同时施工、同时完工的一种施工组织方式。

在例 3-1 中，如果采用平行施工组织方式，其施工进度计划如图 3-3 所示。

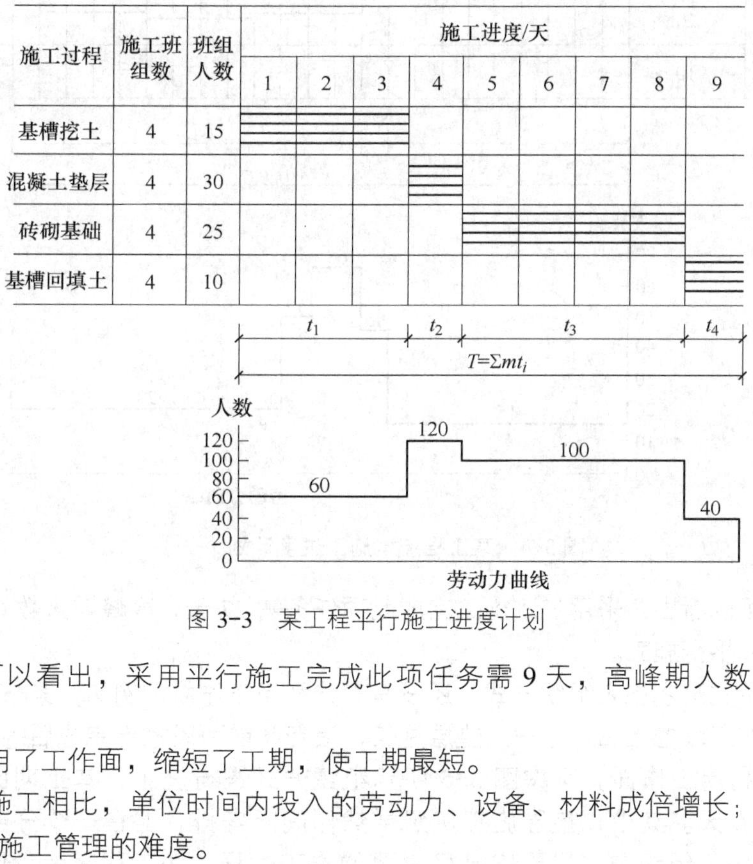

图 3-3　某工程平行施工进度计划

由图 3-3 可以看出，采用平行施工完成此项任务需 9 天，高峰期人数 120 人，其特点是：

1）充分利用了工作面，缩短了工期，使工期最短。

2）与依次施工相比，单位时间内投入的劳动力、设备、材料成倍增长；增加了资源供应的组织安排和施工管理的难度。

3）施工班组及工人不能连续作业。

4）施工班组不能专业化生产，不利于改进工人的操作方法和施工机具，不利于提高工程质量和提高劳动生产率。

因此，平行施工一般适用于工期要求紧，大规模的建筑群及分批分期组织施工的工程任务。该方式只有在各方面的资源供应有保障的前提下，才是合理的。

3．流水施工的组织方式

流水施工组织方式就是将拟建工程从施工工艺的角度划分成若干个施工过程，组成与施工过程数相一致的施工班组，同时将拟建工程从平面或空间角度划分成若干个施工段，按一定的时间间隔依次投入施工，使同一施工过程的施工班组保持连续、均衡施工，不同的施工过程的施工班组尽可能平行搭接施工。

在例 3-1 中，采用流水施工组织方式，其施工进度计划如图 3-4 所示。

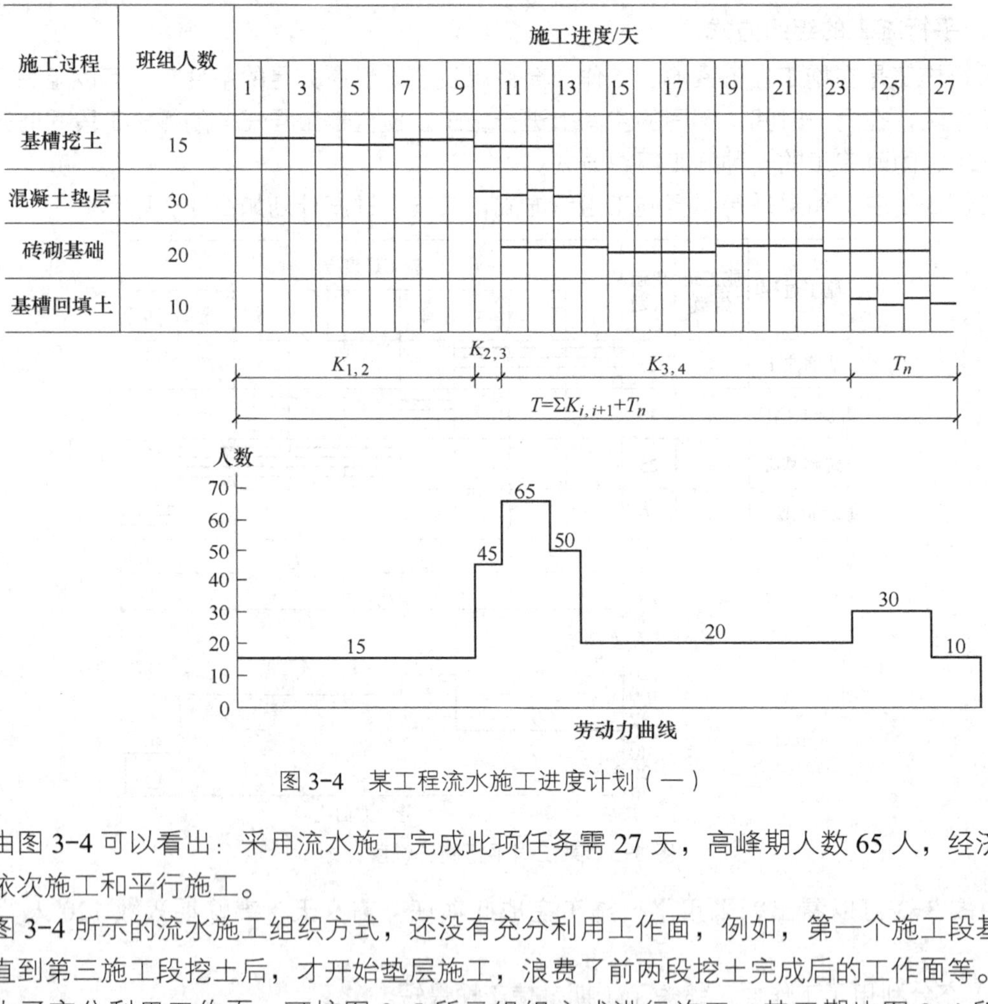

图 3-4　某工程流水施工进度计划（一）

由图 3-4 可以看出：采用流水施工完成此项任务需 27 天，高峰期人数 65 人，经济效益高于依次施工和平行施工。

图 3-4 所示的流水施工组织方式，还没有充分利用工作面，例如，第一个施工段基槽挖土，直到第三施工段挖土后，才开始垫层施工，浪费了前两段挖土完成后的工作面等。

为了充分利用工作面，可按图 3-5 所示组织方式进行施工，其工期比图 3-4 所示流水施工减少了 6 天。其中，垫层施工班组虽然作间断安排，但在一个分部工程若干个施工过程的流水施工组织中，只要安排好主要的施工过程，即工程量大、作业持续时间较长者（本例为挖土、砖砌基础），组织它们连续、均衡地流水施工；而非主要的施工过程，只要有利于缩短工期，可安排其间断施工，这种组织方式仍认为是流水施工的组织方式。

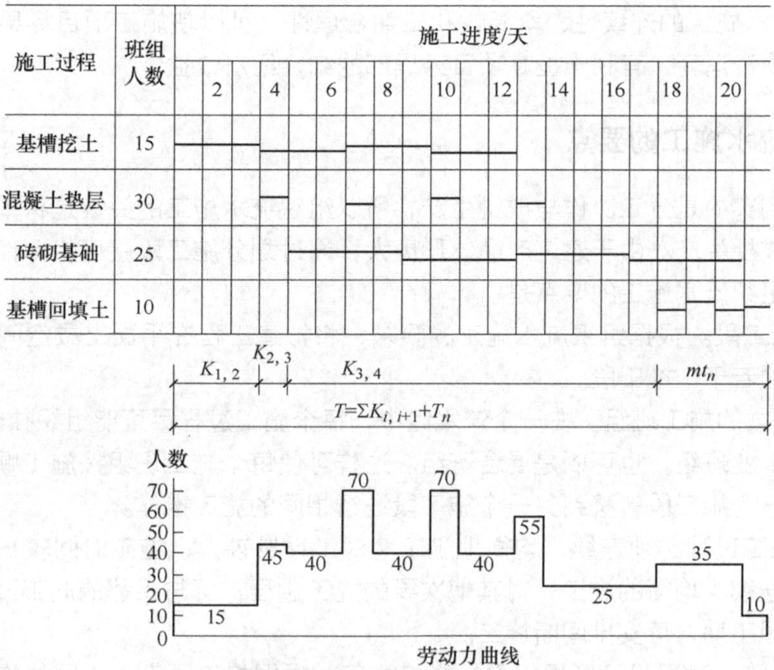

图 3-5 某工程流水施工进度计划（二）

总之，流水施工组织方式具有的特点是：

1）工期合理，在投入相同的劳动力时比依次施工工期短。

2）各施工过程投入的劳动力比平行施工少，消耗物资少。

3）各施工班组的施工和物资的消耗具有连续性和均衡性，材料组织与供应也均匀。

4）由于连续、均衡的施工，使施工班组无窝工现象，工作面也能充分利用。

5）实现了专业化施工，提高了质量和生产效率。

因此，流水施工是一种简单易行的科学施工组织方法，它充分体现了分工协作的现代化大生产的特点，成为工程施工组织的首选。由于流水施工图的施工进度线采用的是横向进度线，是横道图计划的形式，所以，流水施工图也称为横道图计划。然而，流水施工也不能停留在横道图计划中，还应广泛地与网络计划相结合，以便使网络计划更具活力。

3.1.2 流水施工的技术经济效益

由于流水施工在工艺划分、时间排列和空间布置上的科学性和统筹性的安排，必然会给相应的项目经理部带来显著的技术经济效益，具体归纳为以下几点：

1）便于改善劳动组织，改进操作方法和施工机具，有利于提高劳动生产率；专业化的生产可提高工人的技术水平，使工程质量相应提高。

2）工人技术水平和劳动生产率的提高，又减少用工量和施工临时工程建造量，降低工程成本，提高利润水平。

3）可以保证施工机械和劳动力的充分、合理利用。

4）由于流水施工的连续性、均衡性和工期合理性，可以使施工项目尽早竣工，减少现场管理费用和物资消耗，有利于提高项目经理部的综合经济效益。

3.1.3 组织流水施工的要点

流水施工的实质是分工协作与成批生产，所以组织流水施工的关键是将单件产品变成多件产品，以便成批生产。由于建筑产品体形庞大，通过划分施工段就可将单件产品变成假想的多件产品。组织流水施工的要点是：

1）划分施工段。根据组织流水施工的要求，将拟建工程在平面上或空间上，划分为工程量大致相等的若干个施工段。

2）组织独立的施工班组。在一个流水组中，每个施工过程尽可能组织独立的施工班组。其形式可以是专业班组，也可以是混合班组。这样可使每个施工班组按施工顺序，依次、连续、均衡地从一个施工段转移到另一个施工段进行相同的施工操作。

3）主要施工过程必须连续、均衡地施工。对工程量较大、施工时间较长的主要施工过程，必须组织连续、均衡的施工；对其他次要的施工过程，可与相邻的施工过程合并，如不能合并，为缩短工期，可安排间断施工。

4）不同的施工过程尽可能组织平行搭接施工。根据施工顺序，不同的施工过程，在有工作面的条件下，除必要的技术和组织间歇时间外，应尽可能组织平行搭接施工。

3.1.4 流水施工的分类

为了进一步提高企业的施工管理水平和技术经济效益，有必要对流水施工进行分类，其分类方法可以按不同的流水施工特征来划分。

1．按施工工程的组织范围分类

根据流水施工组织的范围划分，流水施工通常可划分为细部流水、专业流水、工程项目流水和综合流水。

1）细部流水施工（也称分项工程流水施工）。细部流水施工是指组织一个施工过程的流水施工。例如现浇钢筋混凝土施工过程的安装模板、绑扎钢筋、浇筑混凝土等多工种组成的流水施工，它是组织工程流水施工中范围最小的流水施工。

2）专业流水施工（也称分部工程流水施工）。专业流水施工是在一个分部工程内部、各分项工程之间组织的流水施工。例如基础工程的流水施工、主体工程的流水施工等，它是组织工程项目流水施工的基础。

3）工程项目流水施工（也称单位工程流水施工）。工程项目流水施工是一个单位工程内部、各分部工程之间组织起来的流水施工，例如一幢住宅楼组织的流水施工，它是专业流水施工的扩大和组合，是建立在专业流水施工基础上的。

4）综合流水施工（也称群体流水施工）。综合流水施工是在一个个的工程项目流水之间组织起来的流水施工。例如一个住宅小区建设、一所学院建设等所组织的流水施工，它是工程项目流水的扩大，是为完成建筑群而组织起来的全部工程项目流水施工的总和。

流水施工分级如图 3-6 所示。

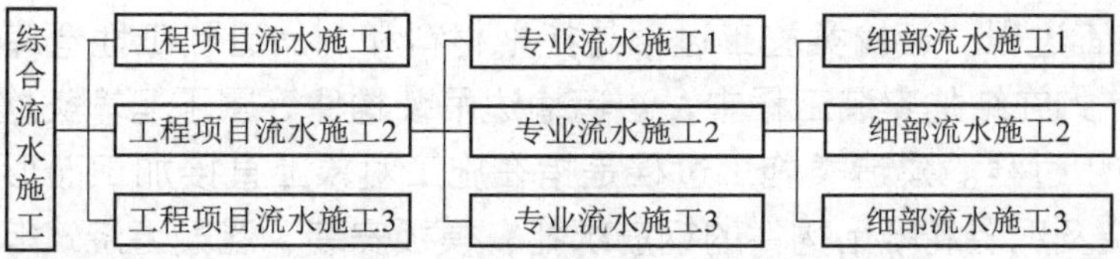

图 3-6　流水施工分级示意图

2．按施工过程的流水节拍特征分类

根据组织流水施工的节拍特征，流水施工可划分为有节拍流水施工和无节拍流水施工方式，如图 3-7 所示。其具体的组织方式将在本单元课题 3 中讲解。

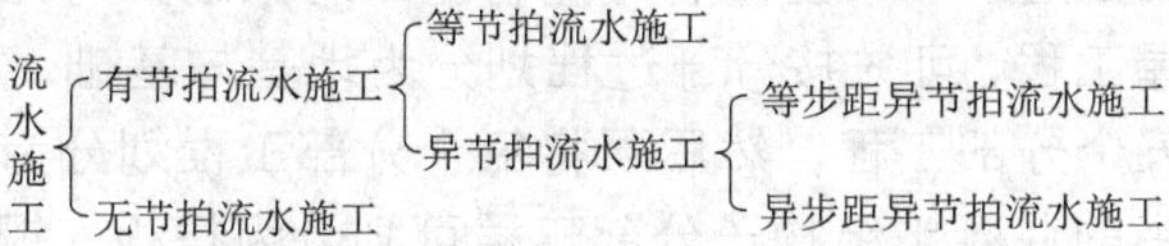

图 3-7　流水施工组织方式示意图

3.1.5　进度计划的表达方式

施工进度计划的表达方式主要有横道图和网络图两种，如图 3-8 所示。

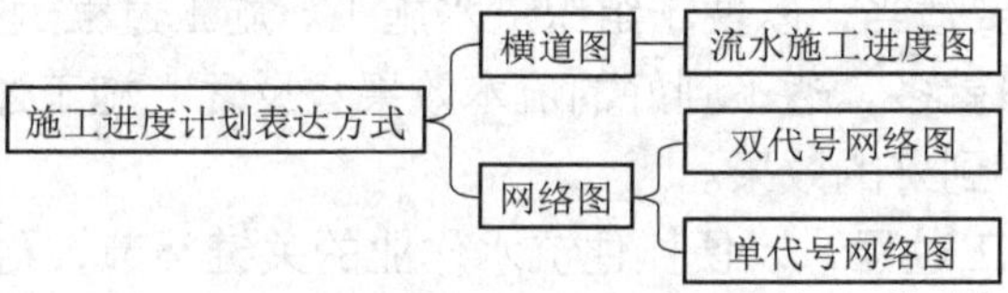

图 3-8　进度计划的表达方式

课题 2　流水施工的主要参数

流水施工首先是在研究工程项目特点和施工条件的基础上，通过一系列流水参数计算来实现的，这些用以表达流水施工在工艺流程、时间安排和空间布置中各种数量关系的参数，称为流水施工的参数。

流水施工的参数按其性质不同，一般可分为工艺参数、时间参数和空间参数三种。

3.2.1　工艺参数

在组织流水施工时，用以表达流水施工在施工工艺上开展顺序及其特征的参数，称为工艺参数，工艺参数包括施工过程数和流水强度两种。

1．施工过程数

施工过程数是指参与一组流水施工的施工过程数目，以符号“n”表示。

（1）划分施工过程的方法

1）制造类施工过程。制造类施工过程是指预先加工和制造建筑半成品、构配件等的施工过程，如砂浆的配制和钢筋的加工等属于制造类施工过程。

2）运输类施工过程。运输类施工过程是指把材料和制品运到工地仓库或再转运到现场使用地点的过程，如在结构安装工程中，边运输边吊装构件等属于运输类施工过程。

3）建造类施工过程。建造类施工过程是指在施工对象上直接加工而形成建筑产品的过程，如墙体的砌筑及现浇混凝土构件的钢筋绑扎、模板安装、混凝土浇筑等属于建造类施工过程。

对于制造类施工过程和运输类施工过程，当不占用施工对象的空间，不影响总工期时，则不列入施工进度计划表中，否则要列入。对于建造类施工过程既占用施工对象的空间，又影响总工期，所以施工过程主要按建造类划分。

如果对一个单位工程组织流水施工，可先将施工对象划分为几个分部工程。如对钢筋混凝土框架结构房屋工程，可先按分部过程划分为地基与基础、主体结构、围护结构、屋面、建筑装饰装修五个分部工程，然后再将每个分部工程划分为若干个施工过程，主体结构这一分部工程中的混凝土结构子分部工程可划分为模板、钢筋、混凝土等几个施工过程。

（2）划分施工过程应考虑的因素

1）施工过程数与拟建工程的复杂程度、结构类型及施工方法等有关。对复杂的工程施工过程应划分得细些，简单工程则要粗些。

2）施工过程的数量要适当，以便于组织流水施工。施工过程过少，也就是划分得过粗，相应地需要划分的流水段就多，达不到好的流水效果；反之，施工过程过多，需要的专业队（组）就多，这样也达不到好的效果。

3）要先找出主导施工过程，以便抓住流水作业的关键环节，再配合制造类和运输类施工过程。主导施工过程是对工期影响最大的或对整个流水施工起决定性作用的施工过程，如工程量大、需要配备大型施工机械的施工过程。

施工过程既可以是工序，也可以是分部分项工程或是单位工程，应根据进度计划的粗细具体确定。

2．流水强度

流水强度是指每一个施工过程在单位时间内所完成的工程量。流水强度一般以符号“V_i”表示，主要由投入的施工机械（或工人数）和施工机械的产量定额（或专业队的平均产量定额）决定。

（1）机械操作流水强度　机械施工的流水强度可按以下公式计算，即

$$V_i = \sum_{i=1}^{x} R_i \cdot S_i \tag{3-1}$$

式中　V_i——某施工过程 i 的机械操作流水程度；

R_i——投入施工过程 i 的某种施工机械台数；

S_i——投入施工过程 i 的某种施工机械产量定额；

x——投入施工过程 i 的施工机械种类数。

（2）人工操作流水强度　人工操作流水强度可按以下公式计算，即

$$V_i = R_r \cdot S_r \tag{3-2}$$

式中　V_i——某施工过程 i 的人工操作流水强度；

R_r——投入施工过程 i 的专业工作队工人数；

S_r——投入施工过程 i 的专业工作队平均产量定额；

r——专业队数。

3.2.2　时间参数

在组织流水施工时，用以表达流水施工在时间排列上所处状态的参数，称为时间参数。它包括流水节拍、流水步距、平行搭接时间、技术与组织管理间歇时间和工期五种。

1．流水节拍

（1）流水节拍的概念　流水节拍是指在组织流水施工时，某个专业工作队在一个施工段上完成相应的施工任务所需要的工作延续时间，以符号“t”表示，它是流水施工的基本参数之一。

影响流水节拍数值大小的因素主要有：项目施工时所采用的施工方法，各施工段投入的劳动力人数或施工机械台数、工作班次的数目，以及该施工段工程量的多少。

（2）流水节拍的计算方法　流水节拍在数值上应为半个班的整倍数，其数值的确定可按以下几种方法进行。

1）定额计算法。根据各施工段的工程量及能够投入的资源量（工人数、机械台班数和材料量等），按下式计算。

$$t_i = \frac{Q_i}{S_i \cdot R_i \cdot N_i} = \frac{P_i}{R_i \cdot N_i} \quad （3-3）$$

或

$$t_i = \frac{Q_i \cdot H_i}{R_i \cdot N_i} = \frac{P_i}{R_i \cdot N_i} \quad （3-4）$$

式中　t_i——某专业工作队在第 i 施工段的流水节拍；

Q_i——某专业工作队在第 i 施工段要完成的工程量；

S_i——某专业工作队的计划产量定额；

H_i——某专业工作队的计划时间定额；

R_i——某专业工作队投入的工作人数或机械台数；

N_i——某专业工作队的工作班次；

P_i——某专业工作队在第 i 施工段需要的劳动量（工日数）或机械台班数量（台班数），可按下式计算。

$$P_i = \frac{Q_i}{S_i} = Q_i \cdot H_i \quad （3-5）$$

在式（3-3）和式（3-4）中，S_i 和 H_i 最好是本项目经理部的平均先进水平。

2）经验估算法。它是根据以往的施工经验进行估算。一般为了提高其准确程度，往往先估算出该流水节拍的最长、最短和正常（即最可能）三种时间，然后据此求出期望时间作为某专业工作队在某施工段上的流水节拍。因此，本法也称为三种时间估算法。一般按下式计算：

$$t_i = \frac{a + 4c + b}{6} \quad (3\text{-}6)$$

式中 t_i——某施工过程在某施工段上的流水节拍；

a——某施工过程在某施工段上的最短估算时间；

b——某施工过程在某施工段上的最长估算时间；

c——某施工过程在某施工段上的正常估算时间。

这种方法多适用于采用新工艺、新方法和新材料等没有定额可循的工程项目。

3）工期计算法。对某些在规定日期内必须完成的工程项目，往往采用倒排进度法，具体步骤如下：①根据计划工期倒排进度，确定某施工过程的工作持续时间；②确定某施工过程在每一个施工段上的流水节拍。若同一施工过程的流水节拍不等，则用估算法；若流水节拍相等，则按下式计算：

$$t_i = \frac{T_j}{m_j} \quad (3\text{-}7)$$

式中 t_i——某施工过程在第 i 个施工段上的流水节拍；

T_j——某施工过程 j 的工作持续时间；

m_j——某施工过程 j 划分的施工段数。

（3）确定流水节拍应考虑的因素　流水节拍虽已按上述三种方法计算出来，但还应考虑以下几个因素对其作个别调整。

1）流水节拍的取值要考虑专业工作队的人数，要符合该施工过程的最少人数组合。

2）流水节拍的取值要考虑到最小工作面的要求，保证专业工作队有足够的施工操作空间，保证操作人员的安全，并能充分发挥专业队的工作效率。

3）流水节拍的取值要考虑施工机械设备的负荷能力、提供的数量以及操作场所的安全和质量要求。

4）流水节拍的取值要考虑施工技术条件的要求，如大体积混凝土浇筑工程，为确保工程质量，须连续施工时，应按照三班制工作的条件确定流水节拍值。

5）流水节拍的取值首先要考虑主要的、工程量大的施工过程的节拍值，其次再确定其他相关施工过程的流水节拍值。

6）流水节拍值一般取整数，必要时可保留 0.5 天的小数值。

2．流水步距

（1）流水步距的概念　在组织流水施工时，流水步距是指相邻两个专业工作队先后进入流水的最小时间间隔，用符号“$K_{i,i+1}$”表示（i 表示前一个施工过程，i+1 表示后一个施工过程），它是流水施工的重要参数之一。

（2）确定流水步距应考虑的因素

1）流水步距要满足相邻两个专业工作队在施工顺序上的相互制约关系，没有前一个施工过程尚未全部完成，而后一个施工过程提前介入的现象。

2）流水步距要保证各专业工作队都能连续作业，使它们的开工、完工时间完全相衔接。

3）流水步距要保证相邻两个专业工作队在开工时间上最大限度地、合理地搭接。

4）流水步距要保证工程质量、满足安全生产以及成品保护的需要。

（3）确定流水步距的方法　计算流水步距的方法很多，本书介绍“取大差法”，它是由前苏联专家潘特考夫斯基提出的，也称“潘氏方法”。此法通常在计算有节奏、无节奏的专业流水施工中较为简捷、准确。其计算步骤如下：

第一步：求累加数列，累加各施工段上的流水节拍，形成累加数列。

第二步：错位相减，相邻两个施工过程的累加数列错位相减。

第三步：取差值较大者作为相邻的两个施工过程的流水步距。

【例 3-2】某项目由三个施工过程组成，分别由 A、B、C 三个专业工作队完成，在平面上划分成 4 个施工段，每个专业工作队在各施工段上的流水节拍见表 3-1，试确定相邻专业工作队之间的流水步距。

表 3-1　各专业工作队的流水节拍　（单位：天）

专业队	施工段 1	施工段 2	施工段 3	施工段 4
A	2	4	3	2
B	2	3	3	2
C	4	2	2	2

【解】根据潘氏方法进行计算。

1）求各专业工作队的累加数列。

A　　2，6，9，11

B　　2，5，8，10

C　　4，6，8，10

2）错位相减，相邻两个专业队的累计相加数列错位相减。

A 与 B:

$$\begin{array}{r} 2\quad 6\quad 9\quad 11\quad 0 \\ -\ \ 0\quad 2\quad 5\quad 8\quad 10 \\ \hline 2\quad 4\quad 4\quad 3\quad -10 \end{array}$$

B 与 C:

$$\begin{array}{r} 2\quad 5\quad 8\quad 10\quad 0 \\ -\ \ 0\quad 4\quad 6\quad 8\quad 10 \\ \hline 2\quad 1\quad 2\quad 2\quad -10 \end{array}$$

3）求流水步距，取差值较大者作为相邻的两个施工过程的流水步距。

$$K_{A,B} = \max\{2,4,4,3,-10\} = 4$$

可见，其最大差值为 4，故 A、B 两相邻施工过程的流水步距为 4 天。

同理：

$$K_{B,C} = \max\{2,1,2,2,-10\} = 2$$

求得 B、C 两相邻施工过程的流水步距为 2 天。

3．平行搭接时间

在组织流水施工时，有时为了缩短工期，在工作面允许的条件下，如果前一个专业工作队完成部分施工任务后，能够为后一个专业工作队提供工作面，使后者提前进入前一个施工段，两者在同一施工段上平行搭接施工，这个搭接的时间就是平行搭接时间，通常用符号“$C_{i,i+1}$”表示。

4．技术与组织管理间歇时间

在组织流水施工时，除要考虑相邻专业工作队之间的流水步距外，有时还要考虑合理的工艺等待间歇时间，如混凝土浇筑后的养护时间、砂浆抹面和油漆面的干燥时间等，这个等待时间是由建筑材料或现浇构件性质决定的间歇时间，称为技术间歇时间。由于施工技术或施工组织的原因，造成的在流水步距以外增加的间歇时间，如墙体砌筑前的墙身位置弹线、施工机械转移、回填土前地下管道检查验收等间歇时间，称为组织间歇时间。技术与组织管理间歇时间通常用符号“$Z_{i,i+1}$”表示。

5．工期

工期是指完成一个工程项目或一个流水施工所需的时间，它是各流水步距之和加上最后投入施工的专业队的每段作业时间之和，一般采用下式计算完成一个流水组的工期。

$$T=\sum K_{i,i+1}+T_n+\sum Z_{i,i+1}-\sum C_{i,i+1} \tag{3-8}$$

式中　T——流水施工工期；

$\sum K_{i,i+1}$——流水施工中各流水步距之和；

T_n——流水施工中最后一个施工过程的持续时间；

$Z_{i,i+1}$——第 i 个施工过程与第 $i+1$ 个施工过程之间的技术与组织间歇时间；

$C_{i,i+1}$——第 i 个施工过程与第 $i+1$ 个施工过程之间的平行搭接时间。

3.2.3　空间参数

空间参数是指在组织流水施工时，用以表达流水施工在空间（横向和纵向）上开展状态的参数，包括工作面、施工段数和施工层。

1．工作面

工作面是指某一个专业工种的工人在从事施工项目产品施工生产过程中，必须具备的活动空间。这个活动空间称为工作面，以符号“A”表示。工作面的大小，可根据相应工种的工人在单位时间内的产量定额、工作操作规程和安全要求等确定。工作面确定的合理与否，直接影响到专业工种工人的劳动生产效率，因此，必须认真对待，合理确定。常用工种的工作面可以参考表 3-2 确定。

表 3-2　常用工种工作面参考数据

工作项目	技工作业面	说明
砖基础	（7～8）m/人	以 1 砖半计，2 砖乘以 0.8，3 砖乘以 0.55
砌砖墙	（8～10）m/人	以 1 砖计，1 砖半乘以 0.71，2 砖乘以 0.57

（续）

工作项目	技工作业面	说明
混凝土柱、墙基础	$8m^3$/人	以 60cm 计
混凝土设备基础	$7m^3$/人	以 40cm 计
现浇钢筋混凝土柱	（2.5～3）m^2/人	机拌、机捣
现浇钢筋混凝土梁	$3.20m^3$/人	机拌、机捣
现浇钢筋混凝土墙	$5m^3$/人	机拌、机捣
现浇钢筋混凝土楼板	$5.3m^3$/人	机拌、机捣
预制钢筋混凝土柱	$3.6m^3$/人	机拌、机捣
预制钢筋混凝土梁	$3.6m^3$/人	机拌、机捣
预制钢筋混凝土屋架	$2.7m^3$/人	机拌、机捣
预制钢筋混凝土平板、空心板	$1.91m^3$/人	机拌、机捣
预制钢筋混凝土大型屋面板	$2.62m^3$/人	机拌、机捣
混凝土地坪及面层	$40m^2$/人	机拌、机捣
外墙抹灰	$16m^2$/人	
内墙抹灰	$18.5m^2$/人	
卷材屋面	$18.5m^2$/人	可供地下防水参考
防水水泥砂浆屋面	$16m^2$/人	
门窗安装	$11m^2$/人	

2．施工段数

施工段数是指施工项目为了组织流水施工，将施工项目在平面上划分成几个劳动量大致相等的施工区段的数目，以符号“m”表示。

施工段数是流水施工的主要参数之一，划分施工段的目的在于能使不同工种的专业工作队都有自己的工作面，以满足不同的专业工作队能够在施工项目的不同工作面上同时进行施工，为流水创造条件，从而达到充分利用空间、缩短工期的目的。为使施工段划分得合理，一般应遵循以下原则。

1）施工段数目要适宜，以满足合理组织流水施工的要求为准。施工段的数目不宜过多，过多可能延长工期，或使工作面狭窄；过少无法组织流水施工，使劳动力或施工机械窝工。

2）以主导施工过程为主来划分。主导施工过程是指对总工期起控制作用且相互制约的施工过程，如框架结构的房屋以钢筋混凝土工程为主导施工过程，砖混结构的房屋以砌墙工程和楼板安装为主导施工过程等。

3）尽量使同一专业工作队在各施工段上的劳动量大致相等，相差幅度在 10%～15%之间，以便组织专业工作队有节奏、连续、均衡地施工。

4）各施工段要有足够的工作面，使各施工段所能容纳的劳动力人数（或机械台班数）满足劳动组织优化要求。

5）为保证工程项目结构的完整性，尽可能以沉降缝、伸缩缝、防震缝、单元分界或门窗洞口处等结构界限部位来划分。

6）对于多层建筑物，既要在平面上划分施工段，也要在竖向上划分施工层。各层应有相等的段数和上下垂直对应的分段界限，保证专业工作队在施工段和施工层之间，有组织、有节奏、均衡和连续地进行流水施工。

3．施工层

施工层是指在组织多层建筑物的竖向流水施工时，将建筑物在垂直方向上划分的施工层（段），以符号“j”表示。

对于多层或高层建筑物，通常以建筑物的结构层作为施工层，但对于层高较高的结构层，为方便组织施工也可以按一定施工高度划分为一层，如砌筑工程可按一步架高（约 1.2～1.5m）为一个施工层。

对于划分施工层和施工段的工程，每一施工层的段数 m 应满足下式：

$$m \geqslant n + \frac{\sum Z_1}{K} + \frac{\sum Z_2}{K} \tag{3-9}$$

式中 m——分施工层时，每层施工段数目；

n——流水施工的施工过程数或专业工作队数；

$\sum Z_1$——各施工过程之间间歇的时间之和（包括技术性和组织性间歇）；

$\sum Z_2$——楼层间歇时间（包括技术性和组织性间歇）；

K——流水步距。

若施工对象的层数有 j 层，则总施工段为：

$$m_{总} = j \cdot m \tag{3-10}$$

每层施工段数目 m 与施工过程数目 n 的关系对分层流水施工的效果影响很大。只有按式（3-9）确定施工段数目，才能保证专业施工队不但能在本层各施工段连续、均衡地施工，而且还能保持转入下一个施工层的施工段也能连续、均衡地施工，它们的关系有如下三种情况。

1）当 $m > n$ 时，专业施工队能连续施工，但工作面会出现空闲。例如，某二层现浇钢筋混凝土房屋，在平面上划分为四个施工段，即 m=4。自然层在竖向上划分为两个施工层。每层的施工过程为：支模板、绑扎钢筋、浇筑混凝土，即 n=3。各个施工段上的持续时间（即流水节拍）均为 4 天。组织流水施工如图 3-9 所示。

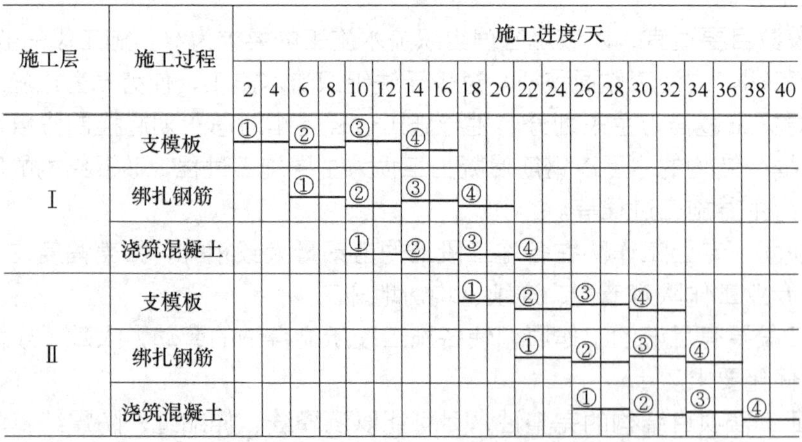

图 3-9 当 $m > n$ 时的进度安排

（图中Ⅰ、Ⅱ表示楼层，①、②、③、④表示施工段）

由图 3-9 可以看出，浇筑完第一层的混凝土后不能立即投入上一层的支模板，出现施工段闲置的现象，但有一定的闲置并非都有害，它可以弥补某些施工过程必要的间歇时间，如混凝土养护、备料、楼层弹线等工作，或意外的拖延时间（如雨天）。

2）当 $m=n$ 时，专业施工队能连续施工，施工段没有闲置，为理想的流水施工方案，唯一不足的是管理者没有回旋的余地，一旦遇到偶然情况，只有窝工了。例如，将上例中的施工项目在平面上划分为三个施工段，即 $m=3$，其他条件不变，组织的流水施工如图 3-10 所示。

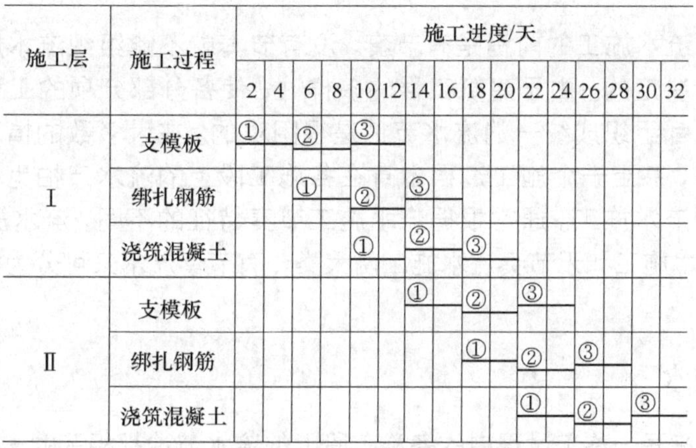

图 3-10　当 $m=n$ 时的进度安排

（图中Ⅰ、Ⅱ表示楼层，①、②、③表示施工段）

3）当 $m<n$ 时，专业施工队不能连续施工，出现窝工现象。例如，将上例中的施工项目在平面上划分为两个施工段，即 $m=2$，其他条件不变，组织的流水施工如图 3-11 所示。

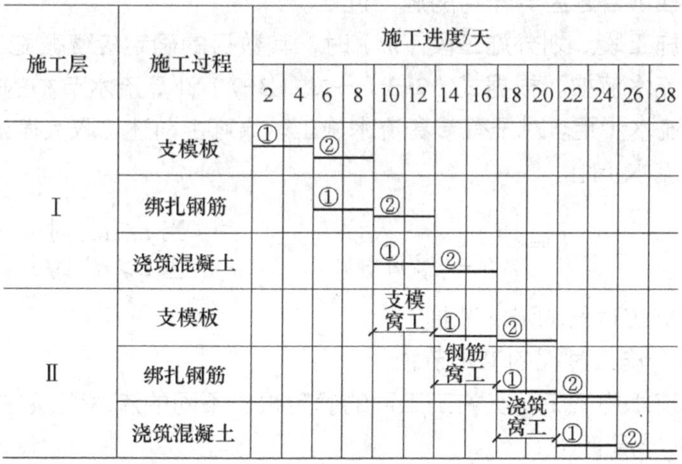

图 3-11　当 $m<n$ 时的进度安排

（图中Ⅰ、Ⅱ表示楼层，①、②表示施工段）

由图 3-11 可以看出，虽然施工段上未出现停歇，但专业施工队不能及时进入下一层施工段施工而轮流出现窝工现象，因此，采用这种方法对一个建筑物组织流水施工是不适宜的，但在建筑群中可与一些建筑物组织项目工程流水。

综上所述，每层的施工段数必须大于等于其施工过程数，即：

$$m \geqslant n \tag{3-11}$$

应当指出，当无施工层时，如单层建筑物、基础工程等，则施工段数与施工过程数不受公式（3-11）的限制。

课题 3　流水施工的基本组织方式及特征

组织建筑工程流水施工的前提是有节奏，没有节奏就不能组织流水施工，而流水施工的节奏是由节拍所决定的。由于建筑工程的多样性，使各分部分项的工程量差异较大，要使所有的流水施工都组织成统一的流水节拍是很困难的。在大多数的情况下，各施工过程的流水节拍不相等，甚至一个施工过程本身在各施工段上的流水节拍也不相等，因此形成了不同节奏特征的流水施工。通常根据流水施工节奏特征的不同，流水施工的基本组织方式可分为有节奏流水施工和无节奏流水施工两大类，有节奏流水又可分为等节奏流水和异节奏流水。

3.3.1　有节奏流水

有节奏流水是指同一施工过程中的各施工段上的流水节拍都相等的一种流水施工方式。当各施工段劳动量大致相等时，即可组织有节奏流水施工，其特征为：t_i=常数。

根据不同施工过程之间的流水节拍是否相等，有节奏流水又可分为等节奏流水和异节奏流水。组织有节奏流水施工的一般步骤为：

第一步：划分施工过程。确定施工流水线及所包含的施工过程（n）和施工顺序，并通过分析，找出对工程项目起主导作用的施工过程。

第二步：划分施工段。划分施工段（m）时，其数目的确定应遵循施工段划分的原则。

第三步：计算流水节拍。根据式（3-3）～式（3-7）计算流水节拍的数值。

第四步：确定流水步距。对于有节奏流水施工，除可由前述“取大差法”计算流水步距，还可采用下式计算流水步距。

$$K_{i,i+1}=\begin{cases} t_i & （当\ t_i \leqslant t_{i+1}\ 时） \\ (t_i-t_{i+1})m+t_{i+1} & （当\ t_i > t_{i+1}\ 时） \end{cases} \tag{3-12}$$

式中　t_i——第 i 个施工过程的流水节拍；

t_{i+1}——第 i+1 个施工过程的流水节拍。

第五步：计算流水施工工期。施工工期的确定根据不同的流水组织方式可由计算工期的基本公式（3-8）推导演变。

1．等节奏流水施工

等节奏流水施工也称为全等节拍流水或固定节拍流水，是指所有的施工过程在各施工段上的流水节拍都相等，是一种比较简单、理想的流水组织方式。一般适用于工程规模较小，建筑结构比较简单，施工过程不多的建筑物，常用于组织一个分部工程的流水施工。

（1）等节奏流水施工的特征

1）各施工过程在各施工段上的流水节拍彼此相等。如有 n 个施工过程，则：$t_1=t_2=\cdots=t_{n-1}=t_n$=常数。

2）流水步距彼此相等，且等于流水节拍值，即：$K_{i,i+1}=K=t$。

3）专业施工队数（n_1）等于施工过程数（n）。

4）专业施工队能够连续、均衡地施工，没有闲置的施工段，流水施工在空间和时间上都能连续。

（2）主要流水参数的确定

1）流水步距等于流水节拍，即：$K_{i,i+1}=K=t$。

2）施工段数 m 的确定：

① 当无层间关系时，施工段数（m）按划分施工段的要求确定即可。

② 当有层间关系时，为保证各施工过程的专业工作队都能连续、均衡地施工，必须使 $m \geqslant n$。当 $m<n$ 时，每层内施工过程窝工数为 $m-n$，若施工过程节拍值为 t，则每层的窝工时间 w 为：

$$w=(m-n)t=(m-n)K \tag{3-13}$$

若同一施工层中技术与组织间歇之和为 $\sum Z_1$，楼层间的技术与组织间歇为 $\sum Z_2$，为保证施工专业队能连续施工，则应使（$m-n$）$K=\sum Z_1+\sum Z_2$。

由此可得出每层的施工段数的最小值，即：

$$m_{\min}=n+\frac{\sum Z_1}{K}+\frac{\sum Z_2}{K} \tag{3-14}$$

3）流水施工工期计算：

① 当无层间关系时，因为 $\sum K_{i,i+1}=(n-1)t$，$T_n=mt$，$K=t$，所以工期计算公式为：

$$T=(m+n-1)K+\sum Z_{i,i+1}-\sum C_{i,i+1} \tag{3-15}$$

② 当有层间关系时，工期按下式计算：

$$T=(m\cdot j+n-1)K+\sum Z_1-\sum C_1 \tag{3-16}$$

式中　$\sum Z_1$ ——同一施工层中技术与组织间歇时间之和；

$\sum C_1$ ——同一施工层中平行搭接时间之和。

【例 3-3】某分部工程组织流水施工，划分为 A、B、C、D 四个施工过程，每个施工过程分五个流水施工段，各施工过程的流水节拍均为 4 天，试组织等节奏流水施工。

【解】已知：$m=5, n=4, t=4$ 天, $Z_{i,i+1}=0, C_{i,i+1}=0$。

1）确定流水步距，由等节奏流水施工的特征可知：

$$K=t=4\text{天}$$

2）计算工期：

$$T=(m+n-1)K+\sum Z_{i,i+1}-\sum C_{i,i+1}=(5+4-1)\times 4+0-0=32\text{天}$$

3）用横道图绘制流水进度计划图，如图 3-12 所示。

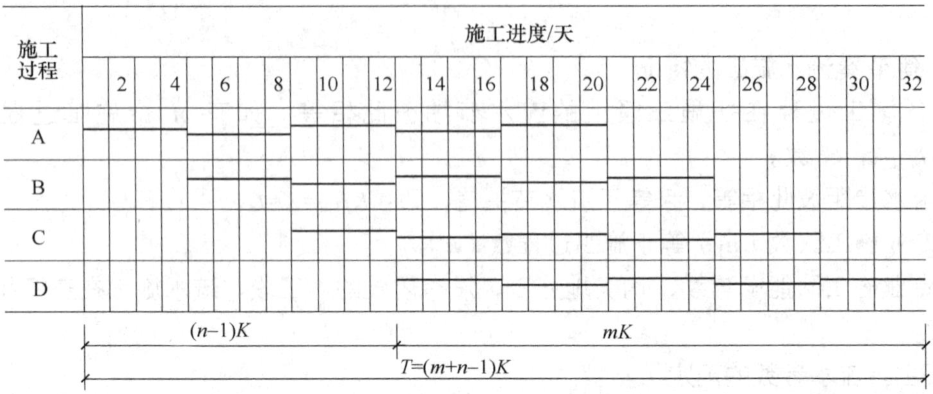

图 3-12　某分部工程等节奏流水施工进度计划

【例 3-4】某分部工程组织流水施工，由 A、B、C、D 四个施工过程组成，划分为两个施工层，各施工过程的流水节拍均为 4 天，其中施工过程 B 与 C 之间有 2 天的技术间歇时间，层间技术间歇时间为 2 天，试确定施工段数、计算工期，并绘制流水施工进度图。

【解】已知：n=4，t= 4 天，$Z_{B,C}$ = 2 天，Z_2 = 2 天，j = 2。

1）确定流水步距。由等节奏流水施工的特征可知：

$$K_{A,B}=K_{B,C}=K_{C,D}=K=t=4\text{天}$$

2）确定施工段数。本工程分两个施工层，由公式（3-14）确定施工段数。

$$m=n+\frac{\sum Z_1}{K}+\frac{\sum Z_2}{K}=4+\frac{2}{4}+\frac{2}{4}=5\text{段}$$

3）计算流水施工工期。由公式（3-16）得：

$$T=(m\cdot j+n-1)\ K+\sum Z_1-\sum C_1$$

$$=(5\times 2+4-1)\times 4+2-0=54\text{天}$$

4）用横道图绘制流水施工进度图，如图 3-13 所示。

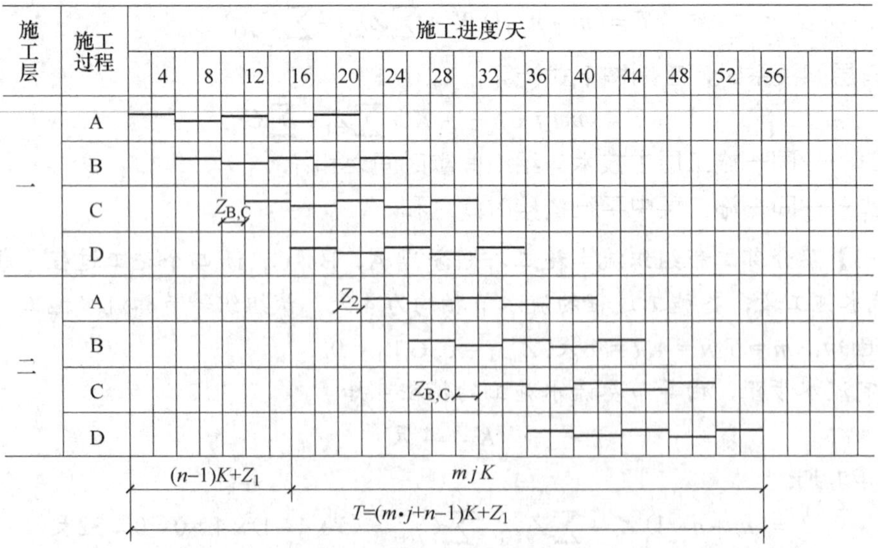

图 3-13　某工程两层结构等节奏流水施工进度计划

等节奏流水施工的组织要点是：①划分施工过程时，应将劳动量小的施工过程合并到相邻施工过程中去，使各流水节拍相等；②先确定主要施工过程的施工班组人数，并计算其流水节拍；③根据已定的流水节拍，确定其他施工过程的专业工作队人数及其组成。

2．异节奏流水施工

异节奏流水施工是指同一施工过程在各施工段上的流水节拍都相等，但不同施工过程之间的流水节拍不完全相等的流水施工方式。异节奏流水又可分为异步距异节拍流水（也称分别流水）和等步距异节拍流水（也称成倍节拍流水）两种。

（1）异步距异节拍流水施工　异步距异节拍流水施工也称为分别流水，适用于施工段大小相等的分部分项工程和单位工程的流水施工，它在进度安排上比等节奏流水施工更为灵活，实际应用范围较广泛。

1）异步距异节拍流水施工的特征。

① 同一施工过程流水节拍相等，而不同施工过程之间的流水节拍不全相等。

② 各个施工过程之间的流水步距因流水节拍的不同而不同。

③ 各专业施工队能够在施工段上连续、均衡地作业，但有的施工段之间可能有空闲。

④ 专业施工队数（n_1）等于施工过程数（n）。

2）主要流水参数的确定。

① 流水步距的确定。流水步距可由前述的“取大差法”求得，也可用式（3-12）求得。

② 流水施工工期计算。因为 $T_n = mt_n$，流水施工工期可按下式计算：

$$T = \sum K_{i,i+1} + mt_n + \sum Z_{i,i+1} - \sum C_{i,i+1} \tag{3-17}$$

式中　t_n——最后一个施工过程的流水节拍值。

【例 3-5】 某分部工程组织流水施工，由 A、B、C、D 四个施工过程组成，划分为三个施工段，各施工过程的流水节拍分别为 $t_A = 2$ 天，$t_B = 4$ 天，$t_C = 5$ 天，$t_D = 3$ 天，其中，施工过程 B 与 C 之间有 2 天的技术间歇时间，施工过程 C 与 D 有 1 天的搭接时间，试确定各施工过程之间的流水步距、计算工期和绘制流水施工进度图。

【解】 已知：$n = 4$，$m = 3$，$Z_{B,C} = 2$ 天，$C_{C,D} = 1$ 天。

1）确定流水步距。根据上述条件及式（3-12），各流水步距计算如下：

因为　$t_A < t_B$

所以　$K_{A,B} = t_A = 2$ 天

因为　$t_B < t_C$

所以　$K_{B,C} = t_B = 4$ 天

因为　$t_C > t_D$

所以　$K_{C,D} = (t_C - t_D)m + t_D = (5-3)\times 3 + 3 = 9$ 天

2）计算流水施工工期。由公式（3-17）求得：

$$T = \sum K_{i,i+1} + mt_n + \sum Z_{i,i+1} - \sum C_{i,i+1} = (2+4+9) + 3\times 3 + 2 - 1 = 25\text{天}$$

3）用横道图绘制流水施工进度图，如图 3-14 所示。

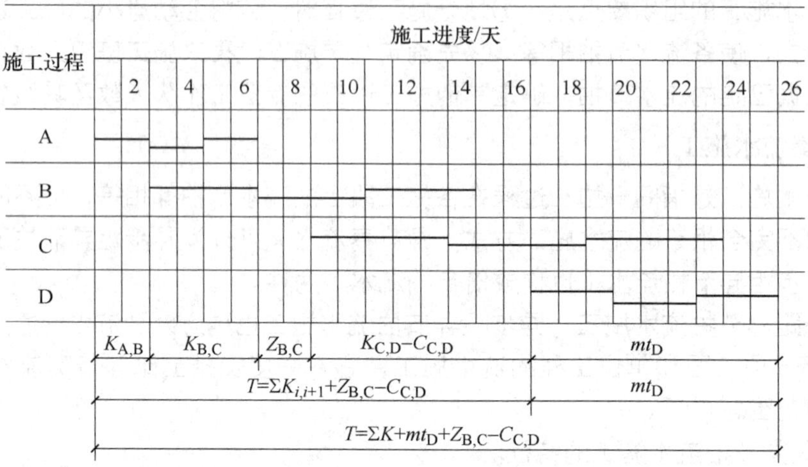

图 3-14　某工程异步距异节奏流水施工进度计划

（2）等步距异节拍流水施工　等步距异节拍流水施工也称成倍节拍流水施工，是异节奏流水施工的一种特殊情况，是指同一施工过程在各个施工段上的流水节拍相等，不同施工过程之间的流水节拍不完全相等，但各个施工过程之间的流水节拍存在整数倍关系的流水施工方式，即形成由两个或以上的施工专业队在同一个施工过程的不同施工段上连续、均衡的流水作业，加快了施工进度，从而形成等步距异节拍流水（成倍节拍流水）的施工组织方式。其施工方式比较适用于线性工程（如道路、管道等），也适用于房屋建筑的施工组织。

1）等步距异节拍流水施工的特征。

① 同一施工过程流水节拍相等，不同施工过程之间的流水节拍存在整数倍（或公约数）关系。

② 各个施工过程之间的流水步距彼此相等，且等于流水节拍值的最大公约数。

③ 各专业施工队能够在施工段上连续、均衡地作业，施工段没有空闲。

④ 专业施工队数（n_1）大于施工过程数（n）。

2）主要流水参数的确定。

① 流水步距的确定：

$$K_{i,i+1}=K_b \tag{3-18}$$

式中　K_b——成倍节拍流水步距，取流水节拍的最大公约数。

② 每个施工过程的施工专业队数的确定：

$$b_i=\frac{t_i}{K_b} \tag{3-19}$$

$$N=\sum b_i \tag{3-20}$$

式中　b_i——某施工过程所需施工专业队数；

N——施工专业队总数目。

③ 施工段数目（m）的确定。无层间关系时，可按划分施工段的基本要求确定施工段数

目（m）；有层间关系时，每层最小施工段数目可按下式确定：

$$m = N + \frac{\sum Z_1}{K_b} + \frac{\sum Z_2}{K_b} \quad (3\text{-}21)$$

④ 流水施工工期的计算。无层间关系时，由公式（3-19）得：$t_n = b_n \cdot K_b$

因为

$$m = b_n \cdot m_{\text{zh}}$$

$$T_n' = t_n \cdot m_{\text{zh}}$$

由公式（3-8）得：

$$\begin{aligned} T &= \sum K_{i,i+1} + T_n' + \sum Z_{i,i+1} - \sum C_{i,i+1} \\ &= (N-1)\ K_b + m_{\text{zh}} \cdot t_n + \sum Z_{i,i+1} - \sum C_{i,i+1} \\ &= (N-1)\ K_b + m_{\text{zh}} \cdot b_n \cdot K_b + \sum Z_{i,i+1} - \sum C_{i,i+1} \\ &= (N-1)\ K_b + m \cdot K_b + \sum Z_{i,i+1} - \sum C_{i,i+1} \end{aligned}$$

所以

$$T = (N + m - 1)\ K_b + \sum Z_{i,i+1} - \sum C_{i,i+1} \quad (3\text{-}22)$$

有层间关系时：

$$T = (N + m \cdot j - 1)\ K_b + \sum Z_{i,i+1} - \sum C_{i,i+1} \quad (3\text{-}23)$$

式中 T_n'——最后一个施工专业队在最后一个施工过程的作业延续时间；

m_{zh}——最后一个施工过程的最后一个专业队作业的段数；

t_n——最后一个施工过程的流水节拍；

b_n——最后一个施工过程的施工专业队数；

j——施工层数。

【例 3-6】施工某混凝土路面工程，经研究决定划分为 A——先挖去表层土 0.2m；B——用三合土回填 0.3m，并压实两遍；C——上面做 C20 混凝土路面，厚 15cm，共三个施工过程，共划分 18 个施工段，设各施工过程的流水节拍分别为 $t_A = 2$ 天，$t_B = 4$ 天，$t_C = 6$ 天。为了加快施工进度，拟采用等步距异节拍的流水方式，试计算施工工期，并绘制流水施工图。

【解】1）按式（3-18）确定流水步距：

$$K = K_b = 2\text{天}$$

2）由式（3-19）确定每个施工过程的专业工作队数：

$$b_A = \frac{t_A}{K_b} = \frac{2}{2} = 1\text{个}$$

$$b_B = \frac{t_B}{K_b} = \frac{4}{2} = 2\text{个}$$

$$b_C = \frac{t_C}{K_b} = \frac{6}{2} = 3\text{个}$$

合计专业施工队总数 $N = \sum b_i = (1+2+3)$ 个 $= 6$个

3）计算工期，由公式（3-22）得：

$$T=(N+m-1)\ K_b+\sum Z_{i,i+1}-\sum C_{i,i+1}=(6+18-1)\times 2+0-0=46天$$

4）绘制流水施工进度图，如图 3-15 所示。

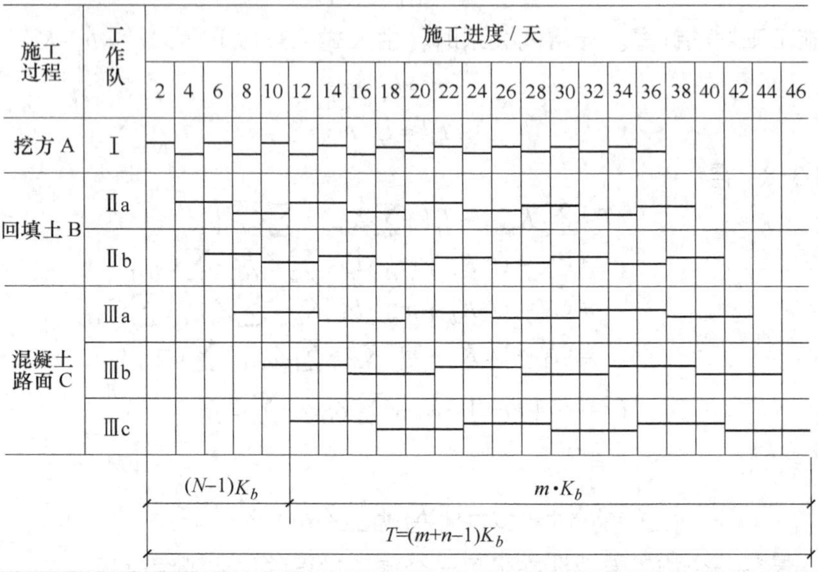

图 3-15　某工程等步距异节奏流水施工进度计划

【例 3-7】某两层现浇钢筋混凝土工程，施工过程分为支模板、绑扎钢筋和浇筑混凝土。其流水节拍分别为：$t_{支模}=2$ 天，$t_{钢筋}=2$ 天，$t_{混凝土}=1$ 天。当安装模板工作队转移到第二层第一段施工时，要求第一层第一段的混凝土养护 1 天后才能进行。试组织等步距异节拍流水施工，并绘制流水施工进度图。

【解】1）按式（3-18）确定流水步距：

$$K=K_b=1天$$

2）由式（3-19）确定每个施工过程的专业工作队数：

$$b_{支模}=\frac{t_{支模}}{K_b}=\frac{2}{1}=2\ 个$$

$$b_{钢筋}=\frac{t_{钢筋}}{K_b}=\frac{2}{1}=2\ 个$$

$$b_{混凝土}=\frac{t_{混凝土}}{K_b}=\frac{1}{1}=1\ 个$$

合计专业施工队总数 $N=\sum b_i=(2+2+1)=5$ 个

3）确定每层的施工段数。为保证各专业工作队连续、均衡施工，其施工段数按式（3-21）确定：

$$m=N+\frac{\sum Z_1}{K_b}+\frac{\sum Z_2}{K_b}=5+\frac{0}{1}+\frac{1}{1}=6段$$

4）计算工期，由式（3-23）得：

$$T=(N+m\cdot j-1)\ K_b+\sum Z_{i,i+1}-\sum C_{i,i+1}=(5+6\times 2-1)\times 1+0-0=16\text{天}$$

5）绘制流水施工进度图，如图 3-16 所示。

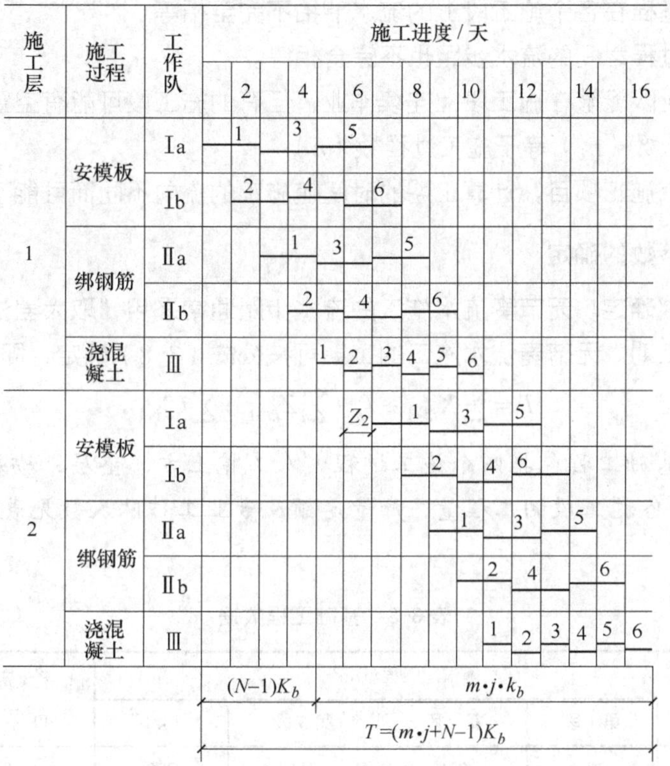

图 3-16　某工程两层结构等步距异节奏流水施工进度计划

等步距异节拍流水施工的组织要点是：首先根据工程施工要求，划分若干个施工过程；其次确定劳动量最少的施工过程的流水节拍；最后确定其他劳动量较大的施工过程的流水节拍，用调整施工专业队人数或其他技术组织措施的方法，使各施工过程之间的流水节拍值成整数倍关系。

3.3.2　无节奏流水

无节奏流水施工是指同一施工过程在各个施工段上流水节拍不完全相等的一种流水施工方式。

在实际的施工生产过程中，由于各个施工过程的工程量往往差别较大，即使在同一个施工过程的不同施工段上，也难以保证各段的工程量完全相等，导致大多数情况下的流水节拍彼此不相等，无法组织有节奏流水施工。而无节奏流水则是利用流水施工的基本概念，按照一定的计算方法，在保证施工工艺、满足施工顺序要求的前提下，确定相邻专业施工班组之间的流水步距，使其在开工时间上最大限度地、合理地搭接起来，形成每个专业施工队都能连续作业的流水施工方式。它是在工程实践中最常见、应用较普遍的一种流水施工组织形式。

1．无节奏流水施工的特征

1）同一施工过程在各个施工段上的流水节拍不完全相等。

2）各个施工过程之间的流水步距也不完全相等。

3）各施工作业队能够在施工段上连续作业，但有的施工段可能有空置。

4）施工作业队数（n_1）等于施工过程数（n）。

5）对于同一个施工项目，计算工期的时间随施工的流向不同而可能不同。

2．主要流水参数的确定

1）流水步距的确定。无节奏流水施工的流水步距通常采用“取大差法”确定。

2）流水施工工期。无节奏流水施工的工期可按公式（3-8）确定，即：

$$T=\sum K_{i,i+1}+T_n+\sum Z_{i,i+1}-\sum C_{i,i+1}$$

【例 3-8】某基础工程包括四个施工过程：人工挖土方、垫层、砌基础及回填土。划分为四个施工段，各施工段的工程量、产量定额及专业工作队人数见表 3-3，试组织流水施工。

表 3-3　基础工程数据

施工过程	工程量/m^3				产量定额 m^3/工日	专业队人数/队
	第 1 段	第 2 段	第 3 段	第 4 段		
人工挖土方	290	215	215	290	4.8	15
垫层	45	45	30	30	1.5	10
砌基础	90	90	67.5	45	1.5	15
回填土	78	40	78	78	3.9	10

【解】1）确定施工流向。本项目的施工流向依次按照第一段、第二段、第三段、第四段的流向施工。

2）计算流水节拍。按照每个施工过程安排一个专业队考虑，根据式（3-3）计算。

人工挖土方在各个施工段上的流水节拍为：

$$t_1=\frac{Q_1}{S_1\cdot R_1\cdot N_1}=\frac{290}{4.8\times15\times1}=4\text{天}\qquad（取整数）$$

$$t_2=\frac{Q_2}{S_2\cdot R_2\cdot N_2}=\frac{215}{4.8\times15\times1}=3\text{天}\qquad（取整数）$$

$$t_3=\frac{Q_3}{S_3\cdot R_3\cdot N_3}=\frac{215}{4.8\times15\times1}=3\text{天}\qquad（取整数）$$

$$t_4=\frac{Q_4}{S_4\cdot R_4\cdot N_4}=\frac{290}{4.8\times15\times1}=4\text{天}\qquad（取整数）$$

同理，可求出其他施工过程的各个施工段的流水节拍，见表 3-4。

表 3-4 各施工段的流水节拍 （单位：天）

施工过程	第一段	第二段	第三段	第四段
人工挖土方（Ⅰ）	4	3	3	4
垫层（Ⅱ）	3	3	2	2
砌基础（Ⅲ）	4	4	3	2
回填土（Ⅳ）	2	1	2	2

3）计算流水步距。采用“取大差法”计算流水步距。

① 求各专业工作队的累加数列。

专业工作队 1　4，7，10，14；

专业工作队 2　3，6，8，10；

专业工作队 3　4，8，11，13；

专业工作队 4　2，3，5，7；

② 相邻两专业工作队的累加数据错位相减，可得:

专业工作队 1 与专业工作队 2

$$\begin{array}{rrrrrr} & 4 & 7 & 10 & 14 & 0 \\ - & 0 & 3 & 6 & 8 & 10 \\ \hline & 4 & 4 & 4 & 6 & -10 \end{array}$$

专业工作队 2 与专业工作队 3

$$\begin{array}{rrrrrr} & 3 & 6 & 8 & 10 & 0 \\ - & 0 & 4 & 8 & 11 & 13 \\ \hline & 3 & 2 & 0 & -1 & -13 \end{array}$$

专业工作队 3 与专业工作队 4

$$\begin{array}{rrrrrr} & 4 & 8 & 11 & 13 & 0 \\ - & 0 & 2 & 3 & 5 & 7 \\ \hline & 4 & 6 & 8 & 8 & -7 \end{array}$$

③ 求流水步距，取差值大者为流水步距。

$$K_{1,2} = \max\{4,4,4,6,-10\} = 6\text{天}$$

$$K_{2,3} = \max\{3,2,0,-1,-13\} = 3\text{天}$$

$$K_{3,4} = \max\{4,6,8,8,-7\} = 8\text{天}$$

4）计算工期:

$$T = \sum K_{i,i+1} + T_n + \sum Z_{i,i+1} - \sum C_{i,i+1} = [(6+3+8)+(2+1+2+2)+0-0] = 24\text{天}$$

5）绘制流水施工进度图，如图 3-17 所示。

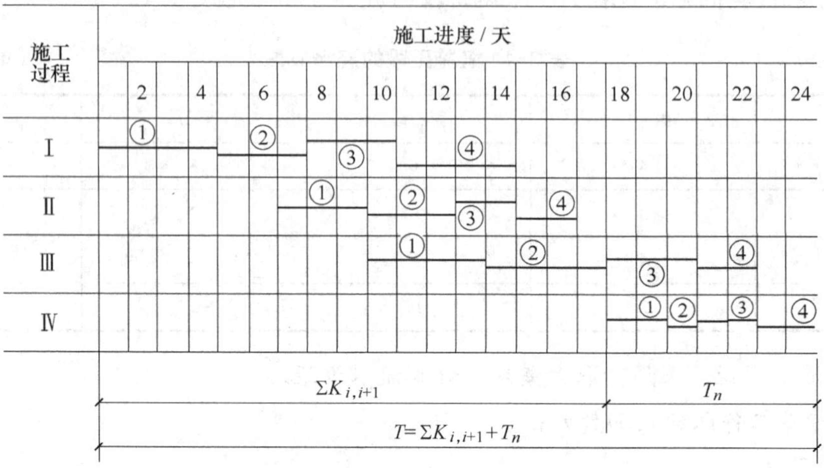

图 3-17　某工程无节奏流水施工进度计划

以上为组织流水施工的基本方式，实际工程中到底采取哪一种流水施工的组织形式，除了要分析流水节拍的特点外，还要考虑工期要求和项目经理部自身的具体施工条件。任何一种流水施工的组织形式，仅仅是一种组织管理手段，其最终目的是要实现企业目标——工程质量好、工期短、效益高和安全施工。

课题 4　流水施工实例

下面以某高层办公楼外装修工程项目为例，介绍实际施工中流水施工的组织。

1．工程概况

本工程建筑面积 3.5 万 m^2，地上 20 层，地下 3 层。外装修由石板幕墙和玻璃幕墙组成。

石板幕墙为干挂形式，骨架为型钢龙骨，石板 30mm 厚，面积约 7200m^2。本工程钢结构焊接量大，石材安装需要大量人力。玻璃幕墙类型为明框玻璃幕墙，玻璃选用（6+6+5）mm 中空钢化玻璃，铝材为喷涂铝型材，面积约 4100m^2。

2．工程施工部署

（1）施工部署

1）施工企业在充分了解工程概况、施工条件、业主要求及总体工程进度的情况下，对整个工程进行了全面精心的安排。

2）把外立面石材作为重中之重，其次为玻璃幕墙。

3）建立工程指挥体系，合理划分各施工班组的工程任务和施工区段，以确定主攻目标和辅助目标的相互关系，以确保工程顺利进行。

4）加强施工准备工作。

① 技术准备。组成强有力的专业技术班子，深入施工现场，对工程测控、工程设计、材料选样、构件加工及安装实施跟踪技术管理和服务。组织施工人员学习规范、质量管理有关文件等。

② 现场准备。由于操作人员不驻现场，现场设置办公室一间。

③ 对原结构架子进行改造，使之达到装修使用要求。

④ 材料准备。对石材进行校对，清点各种材料的规格、数量是否符合要求。

⑤ 人员准备。按照需求，人员分批尽快进场。

5）建立严格质量保证体系。做到不合格的材料不用，过保质期的材料不用，并落实到每个人，同时制订严格的安全制度。

（2）实施措施

1）加强工程计划管理和协调。在工程总计划的指导下，制订详细的月度计划和分项工程计划、材料采购计划、石板加工进场计划，定期召开工程协调会，及时发现和排除影响工程进度的不利因素，确保工程按计划顺利实施。

2）制定合理的施工程序。由于该楼外立面装饰内容丰富，为避免施工过程中的交叉污染及不必要的返工，应进行合理组织。做好材料需用情况计划和进场计划，做到厂内加工和现场施工安装同步进行。由于本工程工作面大且项目多，可多项开展工作面，增加施工班组。根据工程情况，分裙楼和主楼两个工作面同时组织施工安装。

3）加强技术管理工作，辅助先进技术设备。

4）树立全局观念。积极与业主、设计及土建单位配合，服从工程总体调度，确保整体工程按期完成。

（3）施工的工艺流程　施工总流程为：玻璃幕墙框体部分从下而上安装，玻璃板块安装从上而下进行，石材安装从下而上进行。

1）干挂石材施工工艺流程：

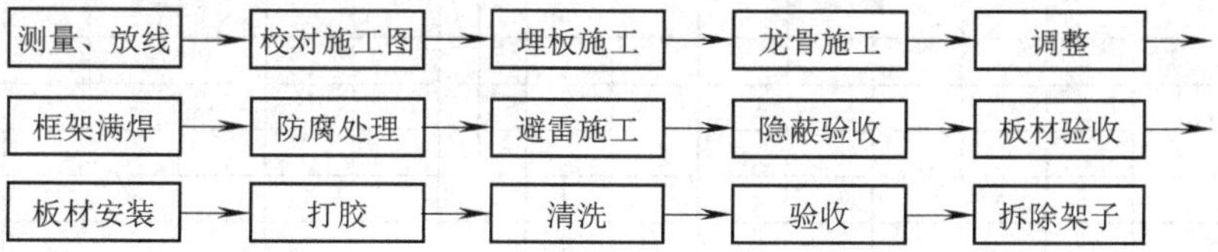

2）玻璃幕墙施工工艺流程：

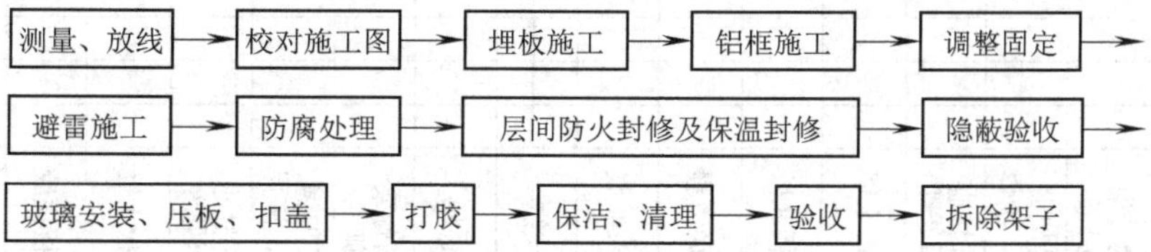

3．施工进度计划

具体施工进度计划如图 3-18 和图 3-19 所示。

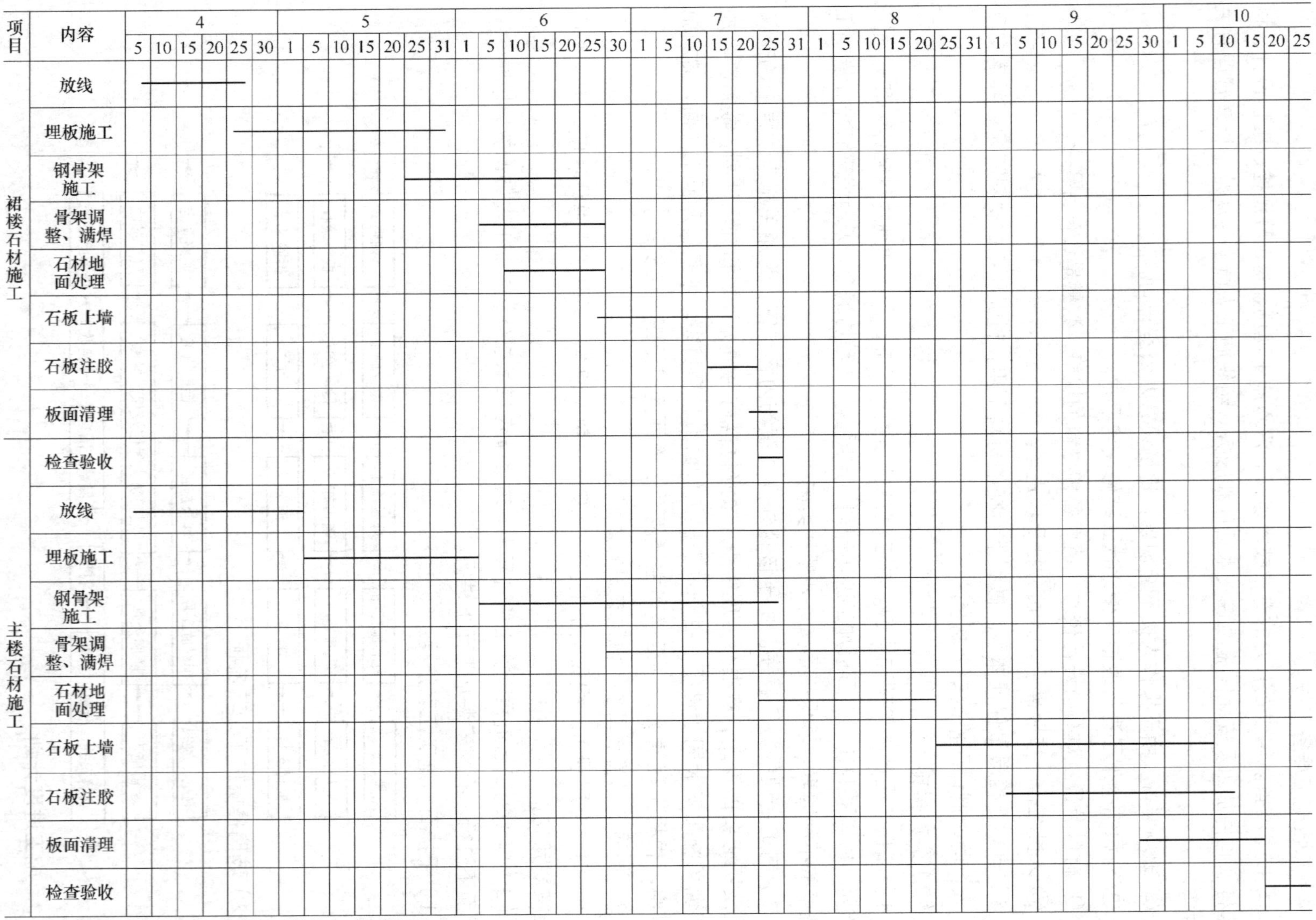

注：本工期为理想工期，如遇不可抗外力，工期顺延。

图 3-18 石材干挂施工进度计划

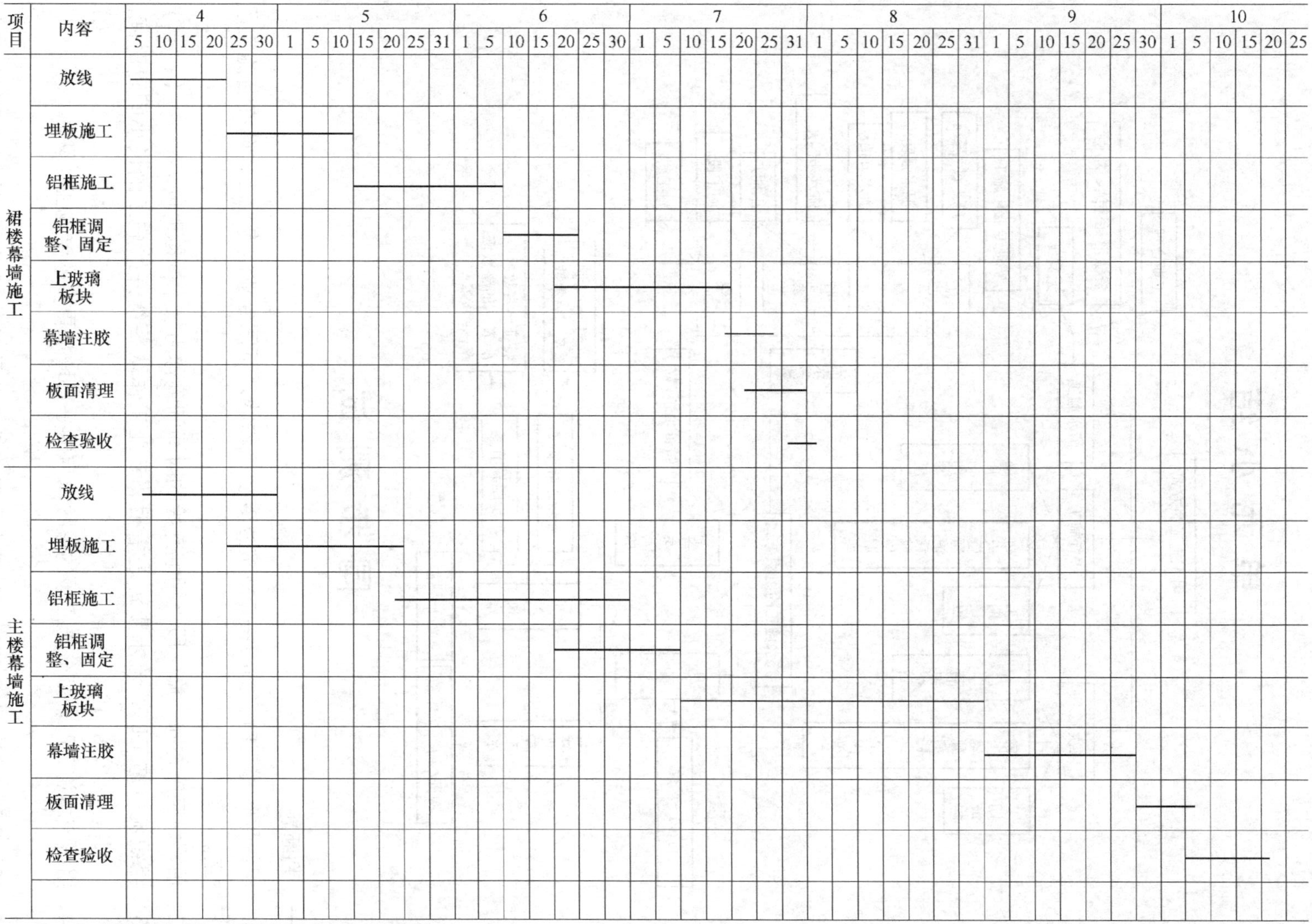

注：本工期为理想工期，如遇不可抗外力，工期顺延。

图 3-19 玻璃幕墙施工进度计划

单元小结

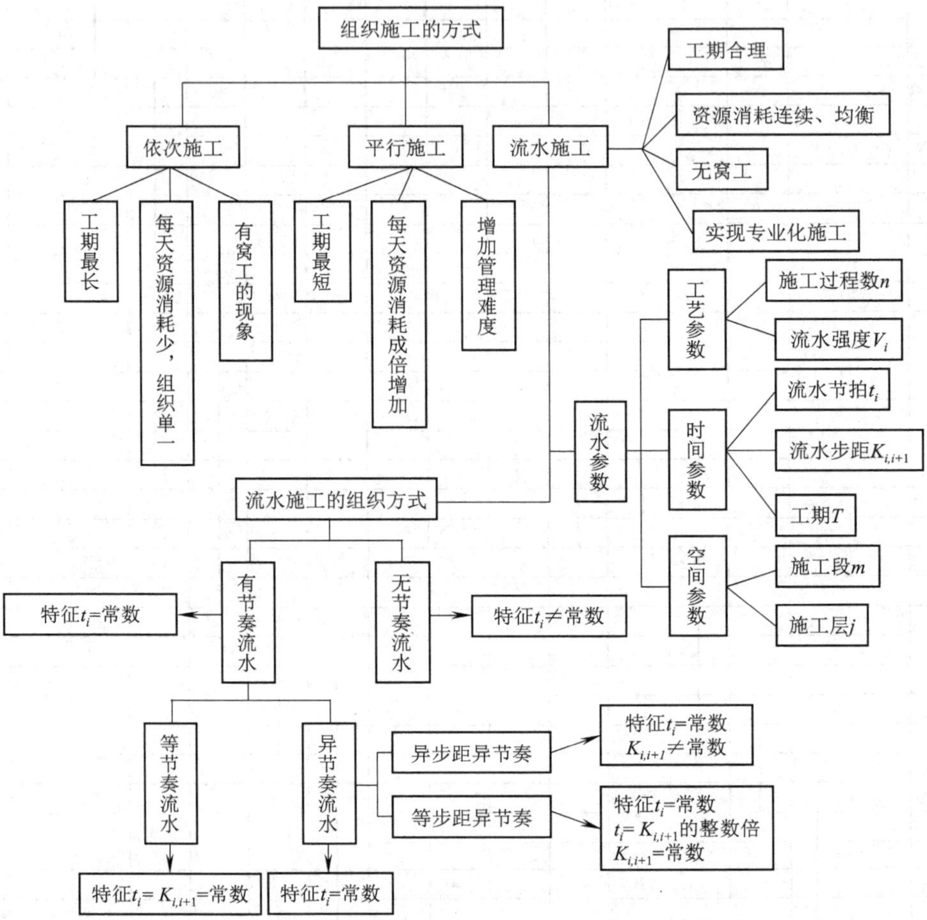

同步测试

一、判断题

1．组织平行施工时，如果按专业成立专业工作队，不同专业的专业工作队在各施工段可平行施工。（　　）

2．相邻两工序在同一施工段上相继开始的时间间隔称为技术间歇时间。（　　）

3．组织流水施工时，流水步距是指相邻专业工作队相继开始施工的最小间隔时间。（　　）

4．组织流水施工时，划分施工段的最根本目的是可增加更多的专业工作队。（　　）

5．建设工程组织流水施工时，其特点是各专业工作队按施工顺序应连续、均衡地组织施工。（　　）

6．建设工程组织无节奏流水施工时，各专业工作队能够在施工段上连续作业，但有的施工段之间可能有空闲时间。（　　）

7．组织无节奏分别流水施工时，应用“取大差法”确定流水步距的目的是为了保证工作面连续。（　　）

8．流水节拍数值的大小可以反映流水速度快慢、资源供应量大小。（　　）

二、单选题

1．流水施工的施工过程和施工过程数属于（　　）。

A．技术参数　B．时间参数　C．工艺参数　D．空间参数

2．对于多层建筑，为保证层间连续作业，施工段数 m 应（　　）施工过程数 n。

A．大于　B．小于　C．等于　D．大于或等于

3．在无节奏流水施工中，通常用来计算流水步距的方法是（　　）。

A．累加数列错位相减取差值最大值　B．累加数列错位相加取和值最小值

C．累加数列对应相减取差值最大值　D．累加数列对应相减取差值最小值

4．下列属于异节奏流水施工特点的是（　　）。

A．流水步距等于流水节拍

B．同一施工过程在各施工段上的流水节拍相等

C．所有施工过程在各施工段上的流水节拍均相等

D．不同施工过程在同一施工段上的流水节拍都相等

5．等节奏流水施工的特点是（　　）。

A．各专业队在同一施工段流水节拍固定

B．各专业队在施工段可间歇作业

C．各专业队在各施工段的流水节拍均相等

D．专业队数等于施工段数

6．在流水施工方式中，等步距异节拍流水施工的特点之一是（　　）。

A．同一施工过程在各施工段的流水节拍不相等，但其值之间为倍数关系

B．相邻专业施工队之间的流水步距不相等，但其值之间为倍数关系

C．相邻专业施工队之间的流水步距相等，且等于流水节拍的最小公倍数

D．相邻专业施工队之间的流水步距相等，且等于流水节拍的最大公约数

三、多选题

1．流水施工是一种科学合理、经济效果明显的作业方式，其特点为（　　）。

A．工期比较合理　B．提高劳动生产效率

C．保证工程质量　D．降低工程成本

E．施工现场的组织及管理比较复杂

2．组织流水施工的基本要素有（　　）。

A．施工过程数　B．施工段数

C．施工作业时间　D．施工间隔时间

E．工程量

3．划分施工段应注意（　　）。

A．组织等节奏流水　　B．合理搭接

C．有利于结构整体性　　D．分段多少与主要施工过程相协调

E．分段大小与劳动组织相适应

4．确定流水步距考虑的因素有（　　）。

A．每个专业队连续施工的需要　　B．工作班次的数目

C．流水节拍数值的大小　　D．技术间歇的需要

E．流水步距的长度应保证每个施工段的施工作业程序不乱

5．关于无节奏流水施工，下列说法正确的是（　　）。

A．一般情况下流水步距不等

B．各施工段上的流水节拍不尽相等

C．一般总用于结构简单、规模小的线型工程

D．专业工作队数目大于施工过程数目

E．各工作队连续施工，施工段没有空闲

6．关于等步距异节拍流水施工的特点，下列说法不正确的是（　　）。

A．各施工过程在同一施工流水段上的流水节拍相等

B．相邻施工过程之间的流水步距不相等

C．同一施工过程在各施工流水段上的流水节拍相等

D．专业工作队数目与施工过程数目相等

E．各施工流水段间可能有间歇时间

四、简答题

1．组织施工的方式有哪几种？各有哪些特点？

2．为什么说流水施工是科学的施工方法？

3．流水施工有哪些主要参数？

4．划分施工段的基本原则是什么？

5．什么是流水节拍？确定流水节拍应考虑哪些因素？

6．什么是流水步距？确定流水步距应考虑哪些因素？

7．流水施工的基本方式有哪几种？各有什么特点？

8．如何组织全等节拍流水施工？

9．如何组织等步距异节奏的流水施工？

10．什么是无节奏流水施工？如何确定其流水步距？

五、计算及绘图题

1．某工程有 A、B、C 三个施工过程，每个施工过程均划分为四个施工段，设 t_A=2 天，t_B=4 天，t_C=3 天；其中各施工队的人数为：R_A=10 人，R_B=20 人，R_C=15 人。试分别计算依次施工、平行施工及流水施工的工期，并绘出各自的施工进度计划及相应的劳动力曲线。

2．已知某工程任务划分为五个施工过程，分五段组织流水施工，流水节拍均为 4

天，在第三个施工过程结束后有 2 天的技术与组织间歇时间，试计算其工期并绘制进度计划。

3．某分部工程有 A、B、C、D、E 五个施工过程，划分为四个施工段，各施工过程在各段上的流水节拍分别为 2d、3d、2d、5d、3d，求各流水步距，组织异步距异节拍流水施工。

4．某基础分部工程由挖基槽、做垫层、砌基础和回填土四个分项工程组成，它在平面上划分为 6 个施工段。各分项工程在各个施工段上的流水节拍依次为：挖基槽 6 天，做垫层 2 天，砌基础 4 天，回填土 2 天。垫层施工完成后，其相应施工段至少应有技术间歇时间 1 天。为了加快流水施工速度，试编制工期最短的流水施工方案。

5．某工程项目由 A、B、C、D 四个施工过程构成，并划分为两个施工层进行施工。施工过程 B 完工后需要养护一天，再开始下一个施工过程。层间技术间歇为 1 天，流水节拍均为 2 天。试组织流水施工并绘制流水施工进度图。

6．某分部工程的流水节拍见表 3-5，试组织其流水施工，并绘制流水施工进度图。

表 3-5　某分部工程流水节拍

施工段 \ 流水节拍 \ 施工过程	A	B	C	D
Ⅰ	3	5	2	4
Ⅱ	5	3	1	2
Ⅲ	2	5	8	3
Ⅳ	4	3	5	3

单元四

施工网络计划技术

知识目标：

- 了解施工网络计划技术的基本原理及分类，网络图的概念、组成要素及逻辑关系的表达。
- 掌握双代号网络图的绘制规则及其时间参数的计算方法。
- 掌握双代号时标网络图的绘制方法、步骤及应用。
- 熟悉工期优化、费用优化和资源优化的方法、内容及其操作步骤。

能力目标：

- 能够掌握施工网络计划技术的基本知识。
- 能够应用给定的条件编制实际工程的施工网络计划。

导语：

单元三中介绍了流水施工的组织原理和方法，我们了解了流水施工是科学地组织施工的方法。但在实际指导施工过程中，如果某个施工过程的某个流水施工段提前或延后完工，对后续工作有什么影响，以及对整个工程的工期有什么影响，在流水施工图中，不能做到一目了然；同时，某一道工序作业时间的缩短和延长对工期有何影响，也不能看出。如何解决这些疑惑，将在本单元进行讲解。

课题 1　网络计划技术概述

网络计划方法也称统筹法、关键线路法，是利用网络计划进行生产组织与管理的一种方法，用网络图的形式来反映和表达计划的安排。在建筑工程施工中，网络计划方法主要用来编制工程项目施工的进度计划和建筑施工企业的生产计划，并通过对计划的优化、调整和控制，达到缩短工期、提高效率、降低消耗的施工目标。

4.1.1　网络计划技术的基本原理

网络计划技术就是采用网络图的形式，以规定的网络符号及其图形来表达计划中各项工作之间的先后顺序和逻辑关系，通过分析其内在规律，从而寻求其最优方案的计划管理新方法。

4.1.2 网络图计划与横道施工图计划的特点分析

1. 横道图的特点分析

横道图的优点是编制容易、简单、明了、直观、易懂。因为有时间坐标，所以各项工作的起始时间、作业持续时间、工作进度、总工期以及流水作业的情况等都体现得一目了然，而且也便于对人力和材料进行安排。

它的缺点主要是不能明确地反映出各项工作之间错综复杂的逻辑关系，不便于对各项工作提前或拖延的影响进行分析及动态控制，不能明确地反映出影响工期的关键工作和关键线路，不便于进度控制人员抓住主要矛盾，不能反映出非关键工作所具有的机动时间，看不到计划的潜力所在，特别是不便于计算机的利用。这些缺点的存在，对改进和加强施工管理工作是非常不利的。

2. 网络图的特点分析

网络图计划的优点是把施工过程中的各有关工作组成了一个有机的整体，因而能全面而明确地反映出各工作之间的相互制约和相互依赖关系。它可以进行各种时间计算，能在计划中找出影响工程进度的关键工作，便于管理人员集中精力抓施工中的主要矛盾。通过利用网络计划中各工作的机动时间，可以更好地运用和调配人力与设备，节约人力、物力，达到降低成本的目的。

在计划的执行过程中，当某一工作因故提前或拖后时，能从计划中预见到它对其他工作及总工期的影响程度，便于及早采取措施，利用有利的条件并有效地消除不利的因素。此外，它还可以利用计算机，对复杂的计划进行绘图、计算、检查、调整与优化。所以，网络计划技术已不仅仅是一种编制计划的方法，而且还是一种科学的工程管理方法。它有助于管理人员合理地组织生产，知道管理的重点应放在何处，怎样缩短工期，在哪里挖掘潜力，如何降低成本等。

网络图计划也存在一定的缺点，如在计算劳动力、资源消耗量时，与横道图相比较为困难，同时没有横道图简单和直观。

4.1.3 网络图的概念及要素

网络图是由箭线和节点按照一定规则组成的、用来表示工作流程的、有向有序的网状图形。网络图分为双代号网络图和单代号网络图两种形式。

1. 单代号网络图的概念及要素

（1）单代号网络图的概念　用一个圆圈或方框表示一项工作，工作名称或内容以及工作所需要的时间都写在圆圈或方框内，用箭线表示工作之间的先后顺序和逻辑关系，圆圈或方框依次编上号码，作为各工作的代号，因一个节点表示一项工作，所以这种表达方法称为单代号网络图，如图 4-1 所示。

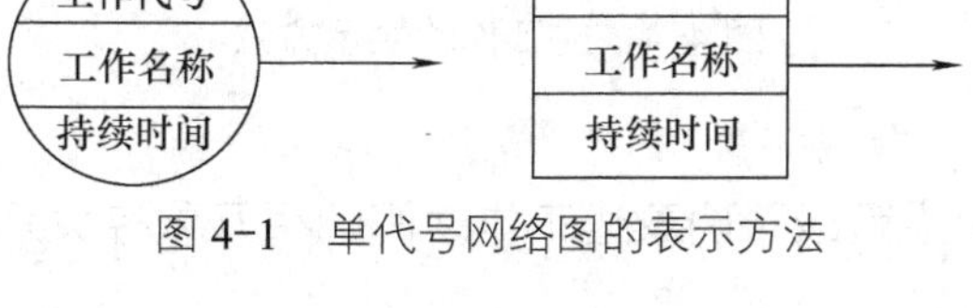

图 4-1　单代号网络图的表示方法

（2）单代号网络图的组成三要素

1）工作（节点、工序）。在单代号网络图中，工作又称为节点或者工序，单代号网络图的工作分为两种：一种是既消耗时间又消耗资源的工作，例如混凝土的搅拌、墙体的砌筑等；另一种是只消耗时间不消耗资源的工作，例如油漆的干燥、混凝土的养护等。

2）箭线。单代号网络图中的箭线仅表示工作之间的逻辑关系，它既不消耗时间，也不消耗资源。箭线应画成水平直线、折线或斜线。在单代号网络图中无虚箭线，即无虚工作。

3）线路。单代号网络图中，从起始节点到结束节点各条路径的全程称为线路，其中工期最长的线路称为关键线路，关键线路用粗箭线或双箭线表示。

2．双代号网络图的概念及要素

（1）双代号网络图的概念　双代号网络图是以双代号表示法绘制的网络图，它采用两个带有编号的圆圈和一条中间箭线来表示一项工作，如图 4-2 所示。

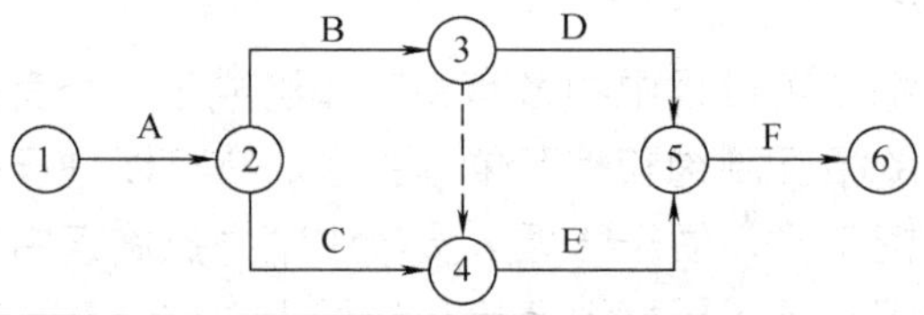

图 4-2　双代号网络图表示方法

（2）双代号网络图的组成三要素

1）工作（又称施工工序、施工过程、施工项目）

① 定义：是指能够独立存在的实施性活动，表示方法如图 4-3 所示，它用一条箭线和两个带有编号的圆圈来表示一项工作，工作的名称或代号标在箭线的上方，完成该工作所需的持续时间写在箭线的下方。

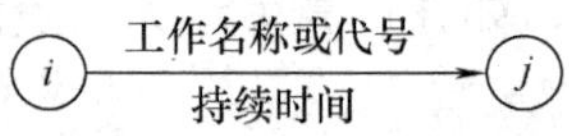

图 4-3　双代号网络图工作表示方法

② 工作种类。双代号网络图的工作分为三种类型，即：

a．既消耗时间又消耗资源的工作（如浇筑混凝土等）。

b．只消耗时间不消耗资源的工作（如混凝土养护、油漆的干燥等）。

c．既不消耗时间又不消耗资源的工作。

其中 a、b 称为实工作，c 称为虚工作。虚工作表示一项虚拟的工作，所以没有工作名称和工作持续时间，常用虚箭线表示，也可用实箭线表示，但其工作持续时间必须用“0”标出，如图 4-4 所示。

图 4-4　虚工作的表示方法

③ 虚工作的作用。

a．联系作用：是指用虚箭线正确表达工作之间的相互依存关系。

b．区分作用：是指双代号网络图中每一项工作都必须用一条箭线和两个带有编号的圆圈表示，两项工作的编号相同时，应使用虚工作加以区分，如图 4-5 所示。

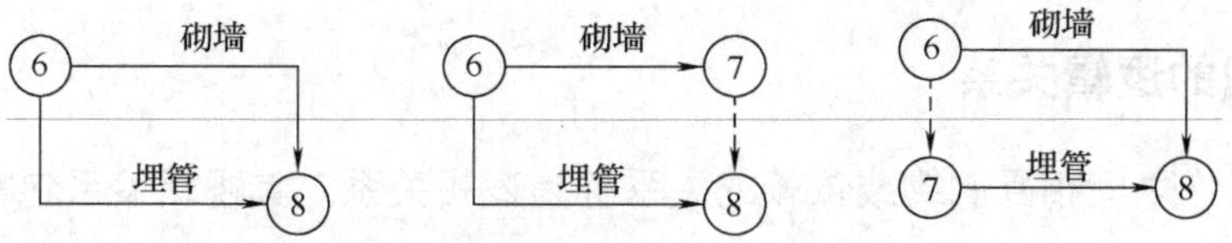

图 4-5　用虚工作区分两个相同编号的工作

c．断路作用：是用虚箭线断开无联系的工作，即在双代号网络图中，把无联系的工作连接上时，应增加虚工作将其断开，如图 4-6 所示。

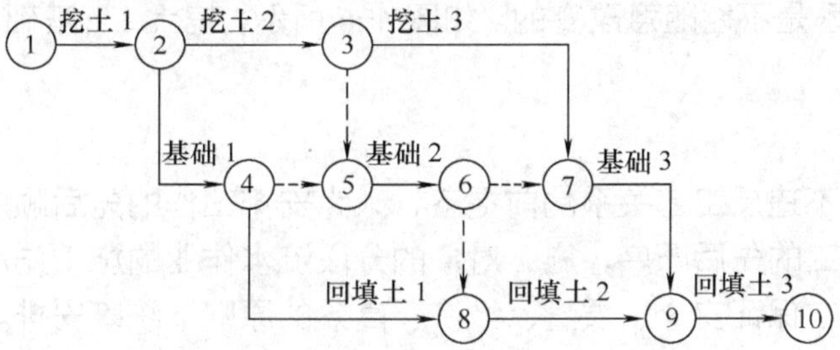

图 4-6　用虚箭线断开无联系的工作

图 4-6 中所示①→②，③→⑦等表示实工作；③→⑤，④→⑤，⑥→⑦等表示虚工作。

④ 工作之间的相互关系。网络图中一项工作和其他工作之间的相互关系可分为有直接关系的工作和无直接关系的工作，其中有直接关系的工作可分为紧前工作、平行工作和紧后工作。

紧排在本工作之前的工作称为该工作的紧前工作；紧排在本工作之后的工作称为该工作的紧后工作；与本工作平行进行的工作称为该工作的平行工作。

如图 4-6 所示工作“挖土 2”和“基础 1”是“基础 2”的紧前工作，“挖土 3”和“基础 2”是平行工作，“基础 3”和“回填土 2”是“基础 2”的紧后工作，“回填土 1”和“挖土 2”是无直接关系的工作。

2）节点（结点、事件）

① 定义：网络图中箭线两端带有编号的圆圈，称作节点。节点只表示工作开始或结束的时刻，既不消耗时间，也不消耗资源。如图 4-6 中所示③→⑦，③表示挖土 3 的开始时刻，⑦表示挖土 3 的结束时刻。

② 节点编码要求：节点用○表示，圆圈中编上正整数号码，称为节点编号；在同一个网络图中不得有相同的节点编号；节点的编号应满足箭尾编码小于箭头编码。

3）线路（路线）。双代号网络图中从开始节点顺着箭线的方向到终点节点的各条通路称为线路。其中线路上总的工作持续时间最长的线路称为关键线路，其余线路称为非关键线路。位于关键线路上的工作称为关键工作，常用粗箭线或双箭线表示，关键工作外的其他工作称为非关键工作。

课题 2　网络图的逻辑关系表达及绘制

4.2.1　网络图的逻辑关系

网络图中工作之间相互制约或依赖的关系称为逻辑关系。其逻辑关系包括工艺关系和组织关系。

1．工艺关系

工艺关系是指生产工艺上客观存在的先后顺序关系，或者是非生产性工作之间由工作程序决定的先后顺序关系。例如，建筑工程施工时，先施工基础，后施工主体，先施工结构，后施工装修，工艺关系是不能随意改变的。如图 4-6 所示，挖土 1→基础 1→回填土 1 为工艺关系。

2．组织关系

组织关系是指在不违反工艺关系的前提下，人为安排工作的先后顺序关系。例如，建筑群中各个建筑物的开工的先后顺序，施工对象的分段流水作业的施工先后顺序等。组织顺序可以根据具体情况，在保证安全、质量、经济、高效的原则下统筹安排。如图 4-6 所示，挖土 1→挖土 2→挖土 3，基础 1→基础 2→基础 3，回填土 1→回填土 2→回填土 3 是分段流水作业按照流水段Ⅰ→流水段Ⅱ→流水段Ⅲ的施工顺序组织的，为组织关系。

4.2.2　单代号网络图的逻辑关系表达及绘制

1．单代号网络图的绘制规则

1）单代号网络图必须正确表达已确定的逻辑关系。

2）单代号网络图中，严禁出现循环回路。

3）单代号网络图中，不能出现双向箭头或无箭头的连线。

4）单代号网络图中，不能出现没有箭头或箭尾节点的箭线。

5）绘制单代号网络图时，箭线不宜交叉，当交叉不可避免时，可采用过桥法。

6）单代号网络图中只应有一个起点节点和一个终点节点。

2．单代号网络图逻辑关系的表达

单代号网络图逻辑关系的表达见表 4-1。

表 4-1　单代号网络图逻辑关系表达

序号	工作之间的逻辑关系	网络图中的表示方法
1	A工作完成后进行B工作；B工作完成后进行C工作	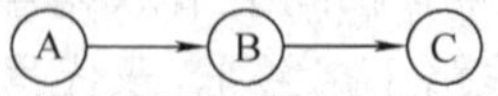
2	A、B均完成后进行C； B、D均完成后进行E	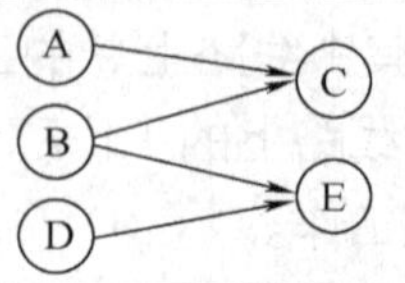

（续）

序号	工作之间的逻辑关系	网络图中的表示方法
3	A完成后进行C；A、B均完成后进行D；B完成后进行E	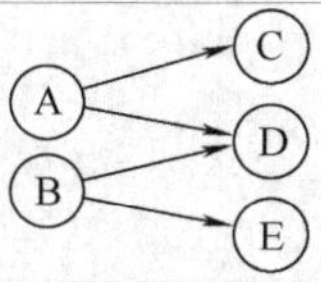
4	A、B两项工作分成三个施工段，分段流水施工：A_1完成后进行A_2、B_1；A_2完成后进行A_3、B_2；A_2、B_1完成后进行B_2；A_3、B_2完成后进行B_3	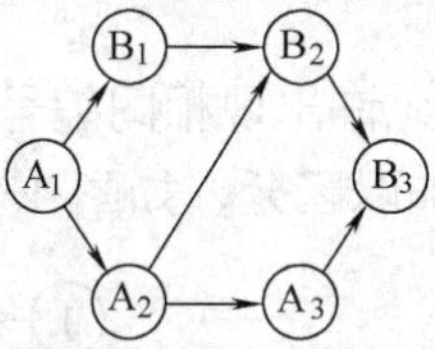

4.2.3 双代号网络图的逻辑关系表达及绘制

1．双代号网络图的绘制规则

绘制双代号网络图，必须遵守一定的基本规则，才能明确地表达出工作的内容，准确地表达工作间的逻辑关系，并且使所绘出的图易于识读和操作。具体绘制规则如下：

1）必须正确表达各项工作之间的逻辑关系，同时尽量减少虚工作。例如，图 4-7 所示，B、C 工作在 A 工作完成后进行。

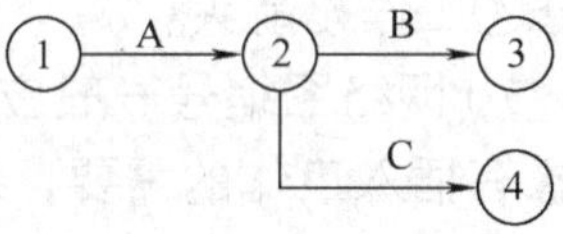

图 4-7　网络图示例

2）一个网络图中只能有一个起始节点和一个结束节点。如有几项工作同时开始，或几项工作同时结束，通常可分别表示成图 4-8 所示形式。

起点节点：只有外向箭线，而无内向箭线的节点；终点节点：只有内向箭线，而无外向箭线的节点。

图 4-8　一个起始节点和一个结束节点

3）尽量减少不必要的箭线和节点。如图 4-9a 所示，虚箭线②→③和⑥→⑦删除改为实箭线对网络计划的逻辑关系没有影响，所以，可以简化为图 4-9b 所示。简化后的网络图为时间参数的计算减轻了工作量。

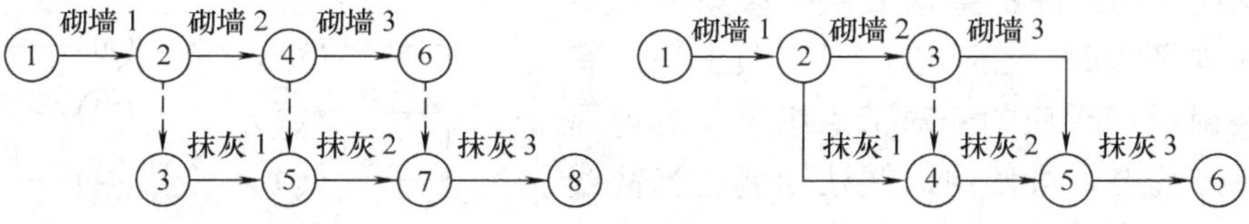

a)　　　　b)

图 4-9　网络图的简化示意

a）有多余节点和虚箭线的网络图　b）简化后的网络图

4）网络图中不允许出现循环回路。如图 4-10 所示，出现了②→④→③→②和③→⑤→④→③两个循环回路，这是不允许的。

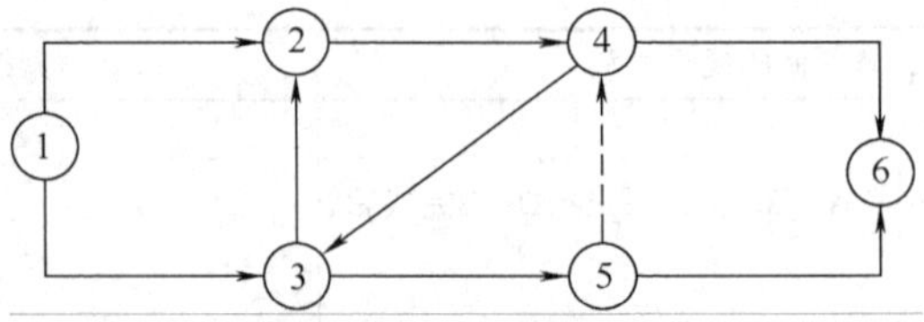

图 4-10 循环回路

5）不允许出现相同编号的工序或工作。如图 4-11a 所示为错误用法，可通过增设节点及虚箭线来加以区分，如图 4-11b 所示为正确用法。

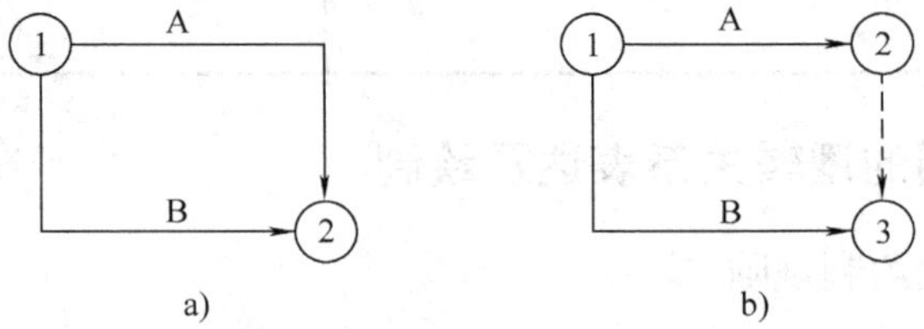

图 4-11 相同编号的工作及修改方法

6）不允许出现双向箭头或无箭头的工作。如图 4-12 所示，②→④工作出现双向箭头，③→④工作无箭头。

7）网络图编号一般应从小到大依次进行，为考虑有插入工作的需要，编号可以不连接，通常可视具体情况在网络图的适当部位留有增添编号的余地。

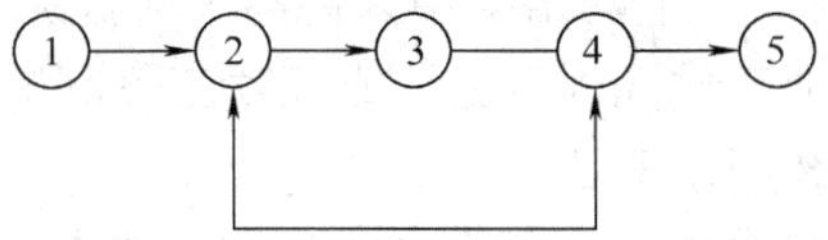

图 4-12 双向箭头或无箭头的工作

8）严禁有无箭尾节点或无箭头节点的箭线，如图 4-13 所示。

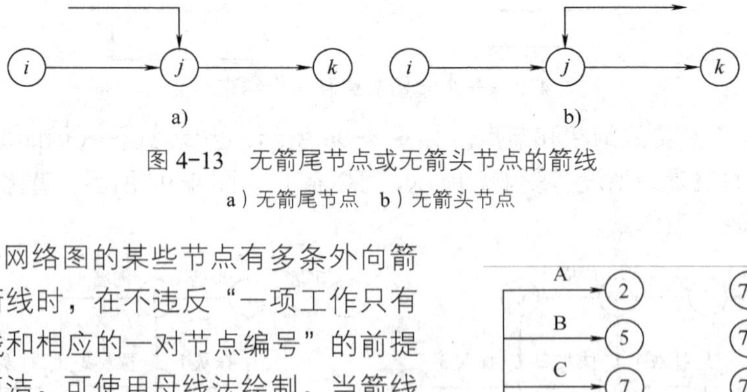

图 4-13 无箭尾节点或无箭头节点的箭线

a）无箭尾节点 b）无箭头节点

9）当双代号网络图的某些节点有多条外向箭线或多条内向箭线时，在不违反“一项工作只有唯一的一条箭线和相应的一对节点编号”的前提下，为使图形简洁，可使用母线法绘制，当箭线线型不同时，可在母线上引出的支线上标出，如图 4-14 所示。

10）绘制网络图时，箭线不宜交叉；当交叉不可避免时，可用过桥法、指向法或断路法来表示，如图 4-15 所示。

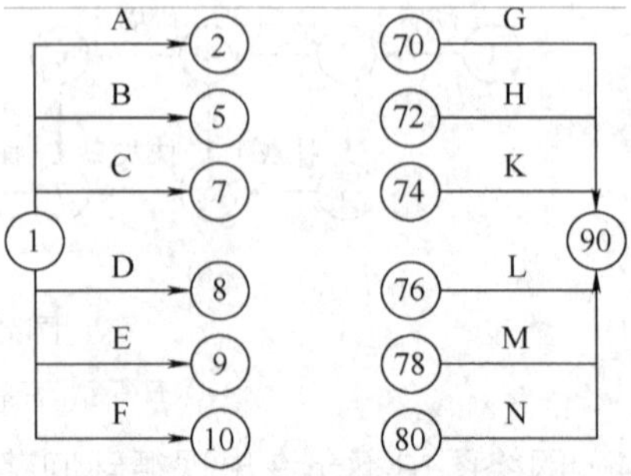

图 4-14 母线法

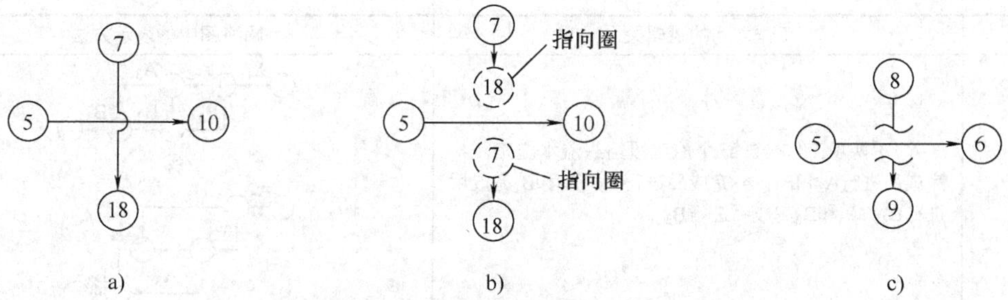

图 4-15 绘制网络图时避免箭线交叉的方法

a）过桥法 b）指向法 c）断路法

2. 双代号网络图逻辑关系表达

双代号网络图常见逻辑关系表达方式见表 4-2。

表 4-2 双代号网络图常见逻辑关系表达方式

序号	工作之间的逻辑关系	网络图中的表示方法
1	A完成后进行B；B完成后进行C	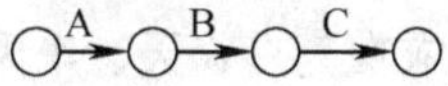
2	A、B均完成后进行C	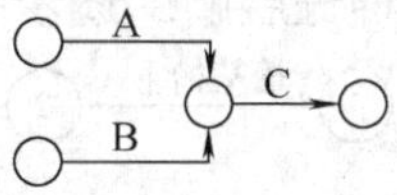
3	A完成后进行B和C	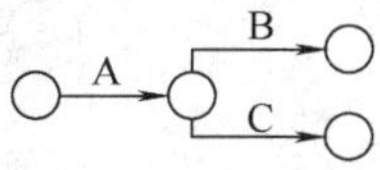
4	A完成后进行C；A、B均完成后进行D	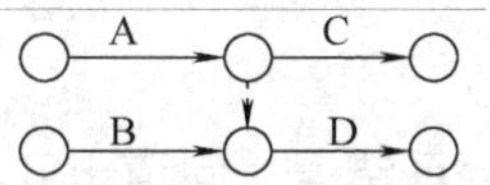
5	A、B均完成后同时进行C、D	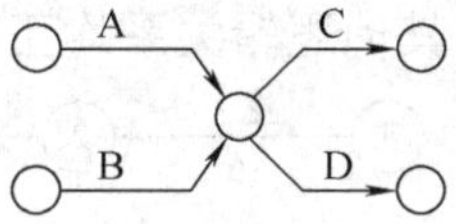
6	A、B、C完成后进行D；B、C完成后进行E	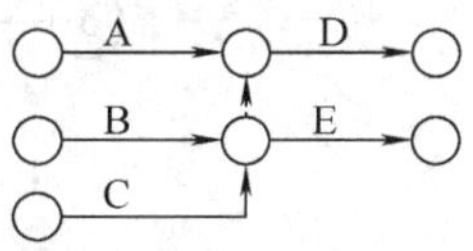
7	A、B均完成后进行D；A、B、C均完成后进行E；D、E均完成后进行F	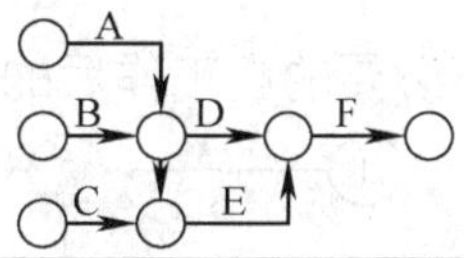
8	A、B完成后进行C；B、D完成后进行E	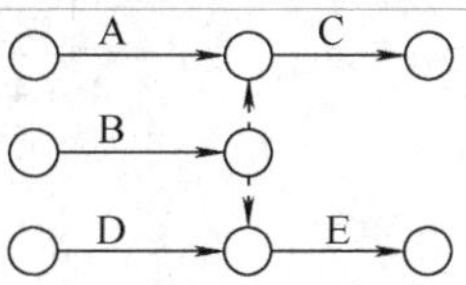

（续）

序号	工作之间的逻辑关系	网络图中的表示方法
9	A、B两项工作分成三个施工段组织流水施工，A_1完成后进行A_2和B_1；A_2完成后进行A_3；A_2和B_1完成后进行B_2；A_3和B_2完成后进行B_3	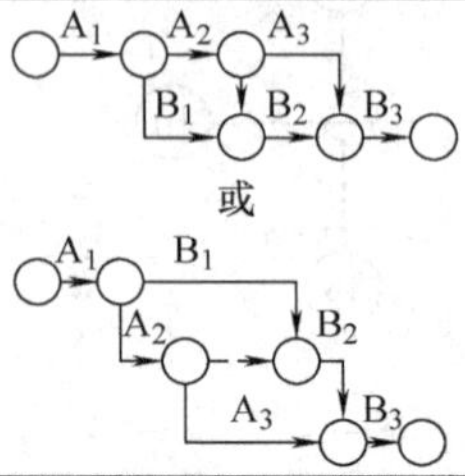

3．绘制双代号网络图应该注意的事项

绘制双代号网络图一般按各工种进展顺序由起始事件向结束事件逐步完成，绘制完成后必须检查逻辑关系。检查方法：从后向前逐一判断某工作的紧前工作是否必要，在没必要的地方，即逻辑关系发生混乱的地方，采用“断路法”将错误的逻辑关系切断，同时增加必要的虚工作（断路法就是用虚箭线在线路上隔断无逻辑关系的各项工作）。

例如，某基础工程由挖基槽、砌基础和回填土三个施工工序组成，分别由三个施工队按顺序施工，整个工程划分为Ⅰ、Ⅱ、Ⅲ三个施工段进行流水施工，各分项工程在各施工段上的持续时间依次为：6 天、4 天、2 天，试绘制其双代号网络图。

按各工种进展顺序逐步完成所得的初步网络计划如图 4-16 所示。

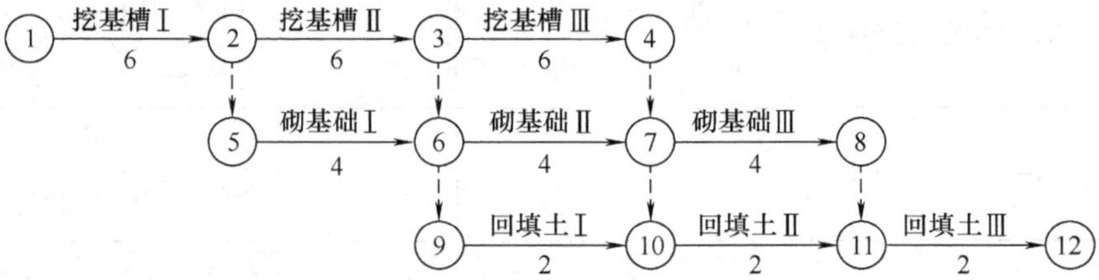

图 4-16　初步所得网络图

逻辑关系错误：回填土Ⅱ与挖基槽Ⅲ无逻辑关系，回填土Ⅰ与挖基槽Ⅱ无逻辑关系，应加以改正；其他逻辑关系均正确。改正后网络图如图 4-17 所示。

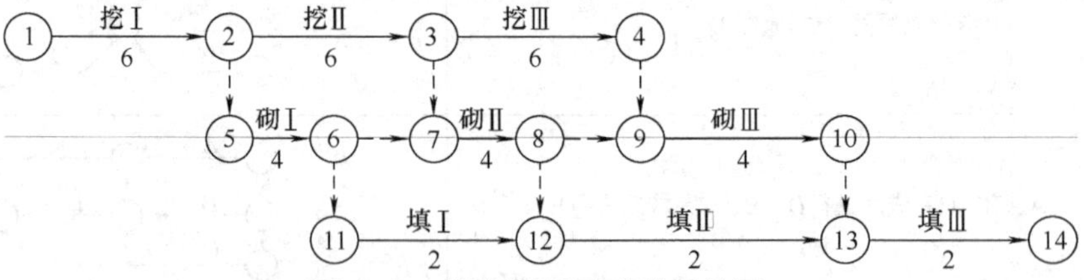

图 4-17　逻辑关系正确的网络图

去掉不必要的虚工作后的最终所得网络图如图 4-18 所示。

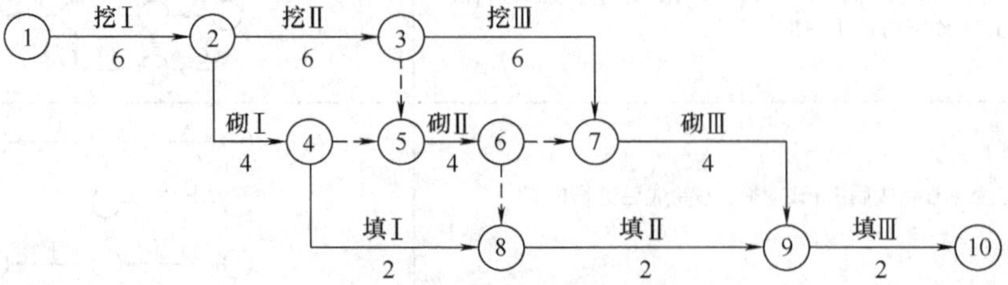

图 4-18　最终所得网络图

结论：出现三层及三层以上的双代号网络图时，一般会发生逻辑关系上的错误，应加以改正，如果是两层甚至一层一般不会发生逻辑关系的错误，因此在绘制双代号网络图时，应尽量减少其竖向层数，如此既可以大大减少逻辑修改，同时也可以减少错误的发生。

4. 双代号网络图的排列

在绘制网络计划的实际应用中，要求网络计划按一定的次序组织排列，使其条理清晰、形象直观，主要有以下几种：

1）按施工过程排列。按施工过程或者按施工工序排列是将同一施工过程或者同一施工工序排列在同一条水平线上。例如，某基础工程分为挖土方、砌基础和回填土三个施工过程，若按三个施工段组织流水施工，其网络计划的排列形式如图 4-19 所示。

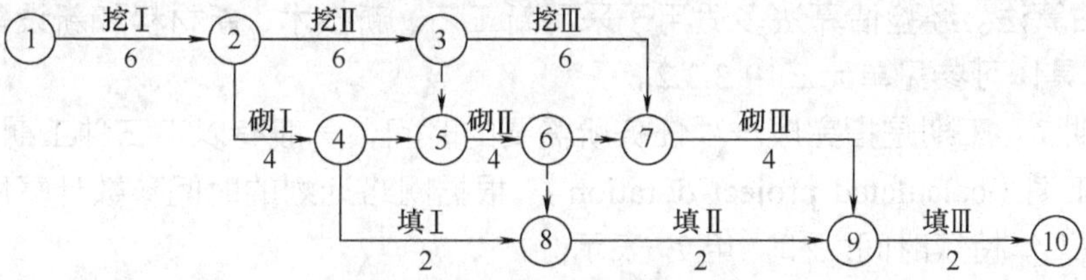

图 4-19 按施工过程排列

2）按施工段排列。按施工段排列正好与按施工过程排列相反，它是将同一施工段上的各施工过程排列在同一水平线上，如图 4-20 所示。

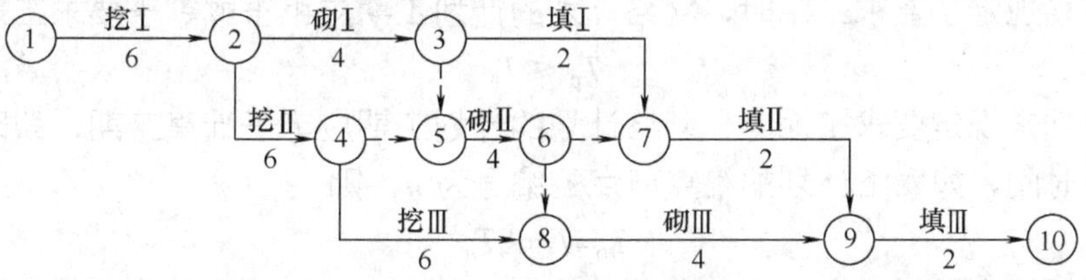

图 4-20 按施工段排列

3）按楼层排列。按楼层排列是将同一楼层内的相关工作排列在同一条水平线上。内装修工程常以楼层为施工层，例如某三层房屋室内装修的网络图如图 4-21 所示。

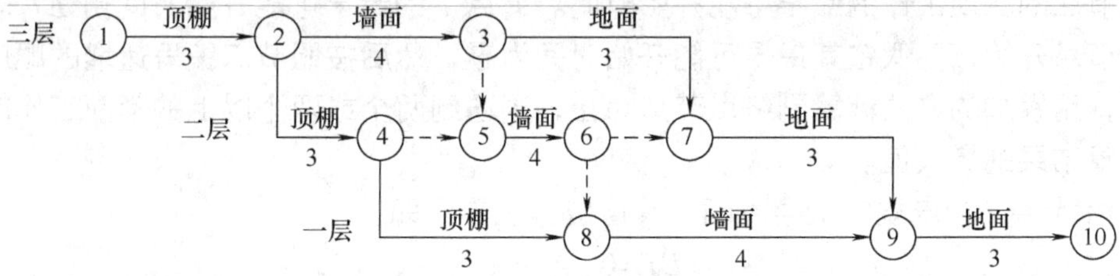

图 4-21 按楼层排列

课题 3 网络计划时间参数的计算

4.3.1 双代号网络图时间参数的计算

正确绘制网络图是确定一项工程计划的定性指标，而网络图时间参数的计算则是该计划的定量指标。在网络图中，最重要的是正确地计算双代号网络图的时间参数。

双代号网络图时间参数包括工作持续时间、工期、节点时间参数、工作时间参数和线路时间参数。双代号网络图时间参数的计算方法通常有节点计算法、工作计算法、图上计算法和表上计算法四种，此处重点介绍节点计算法和工作计算法。

1. 网络计划时间参数的概念、符号及计算方法

（1）工作持续时间 D（duration）

1）概念：工作持续时间是指一项工作从开始到完成所需的时间，常用大写字母 D 表示。

2）计算方法。

① 定额计算法。定额计算法参见单元三中 3.2.2。

② 经验估算法。经验估算法多适用于采用新工艺、新技术、新材料和新设备等没有定额可循的工程，具体可参见单元三中 3.2.2。

（2）工期 T　工期是指完成一项任务所需要的时间，一般有以下三种工期。

1）计算工期（calculated project duration）：根据网络计划的时间参数计算所得的工期，即关键线路各工作持续时间之和，用 T_c 表示。

2）要求工期（required project duration）：根据业主的指令或合同规定的工期，用 T_r 表示。

3）计划工期（planed project duration）：根据要求工期和计算工期所确定的作为实施目标的工期，用 T_p 表示。

当网络计划规定了要求工期时，网络计划的计划工期应小于或等于要求工期，即

$$T_p \leqslant T_r \tag{4-1}$$

当网络计划未规定要求工期时，网络计划的计划工期应等于计算工期，即网络计划的终点节点的最早时间，如网络计划的终点节点的编号为 n，则：

$$T_p=T_c=ET_n \tag{4-2}$$

（3）节点时间参数　节点时间参数又称事件时间参数，包括节点最早可能开始时间和节点最迟必须完成时间。

1）节点最早可能开始时间 ET（earliest event time）。节点最早可能开始时间是指以该节点为开始节点的各项工作的最早可能开始时间。节点 i 的最早可能开始时间用 ET_i 表示。它是从起始节点开始，并假定其最早可能开始时间为零，然后按照节点编号递增的顺序，沿着箭线方向，用累加的方法计算到终点节点为止，当遇到两个或两个以上的紧前工作时，应取其相应计算结果的最大值。

① 起始节点 i 如未规定最早时间，其值应等于零，即：

$$ET_i=0 \quad (i=1) \tag{4-3}$$

② 当节点 j 有 n 条内向箭线时，其最早开始时间为：

$$ET_j=\max\{ET_i+D_{i-j}\} \tag{4-4}$$

终点节点 n 的最早时间即为网络计划的计算工期，即：$T_c=ET_n$。

2）节点最迟必须完成时间 LT（lastest event time）。节点最迟必须完成时间是指以该节点为完成节点的各项工作的最迟必须完成时间。节点 i 的最迟必须完成时间用 LT_i 表示。它是从结束节点开始，并假定其最迟必须完成时间等于其最早可能开始时间，然后按照节点编号递

减的顺序，自终点节点开始，逆着箭线方向，用累减的方法计算到起始节点为止，当遇到两个或两个以上的后续工作时，应取其相应计算结果的最小值。

① 终点节点的最迟时间应等于网络计划的计算工期，即：

$$LT_n = T_c \tag{4-5}$$

② 当节点 i 有 n 条外向箭线时，其最迟开始时间为：

$$LT_i = \min\{LT_j - D_{i-j}\} \tag{4-6}$$

3）节点时间参数的标注形式。节点时间参数的标注形式如图 4-22 所示。

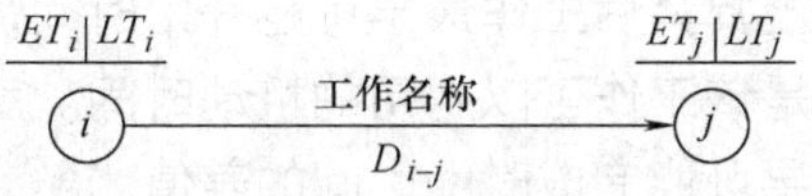

图 4-22　节点时间参数的标注形式

（4）工作时间参数

1）工作最早可能开始时间 ES（earliest start time）和最早可能完成时间 EF（earliest finish time）。工作最早可能开始时间是指在各紧前工作全部完成后，该工作有可能开始的最早时间。工作最早可能完成时间是指各紧前工作全部完成后，该工作有可能完成的最早时间。

这类时间参数的实质是提出了紧后工作与紧前工作的关系，即紧后工作若提前开始，也不能提前到其紧前工作未完成之前。就整个网络图而言，受到起点节点的控制。

计算方法如下：

$$ES_{i-j} = ET_i \tag{4-7}$$

$$EF_{i-j} = ES_{i-j} + D_{i-j} \tag{4-8}$$

式中　ES_{i-j}——工作 i–j 的最早开始时间；

EF_{i-j}——工作 i–j 的最早完成时间。

2）工作最迟必须开始时间 LS（lastest start time）和最迟必须完成时间 LF（lastest finish time）。工作最迟必须开始时间是指在不影响整个任务按期完成的前提下，该工作必须开始的最迟时间。工作最迟必须完成时间是指在不影响整个任务按期完成的前提下，该工作必须完成的最迟时间。

这类时间参数的实质是提出紧前工作与紧后工作的关系，即紧前工作要推迟开始，不能影响其紧后工作的按期完成。就整个网络图而言，受到终点节点（即计算工期）的控制。

计算方法如下：

$$LS_{i-j} = LF_{i-j} - D_{i-j} \tag{4-9}$$

$$LF_{i-j} = LT_j \tag{4-10}$$

式中　LS_{i-j}——工作 i–j 的最迟开始时间；

LF_{i-j}——工作 i–j 的最迟完成时间。

3）工作总时差 TF（total float）。工作总时差是指在不影响计划总工期的前提下，该工作可以利用的机动时间。一项工作可以利用的时间范围是从该工作最早可能开始时间到最迟必须完成时间，即工作从最早可能开始时间或最迟必须开始时间开始，均不会影响总工期，而工作实际需要的持续时间是 D_{i-j}，减去 D_{i-j} 后的时间就是该工作可以利用的机动时间。所以总时差等于工作最迟必须开始时间与最早可能开始时间或者最迟必须完成时间与最早可能完成时间之间的差值。

计算方法如下：

$$TF_{i-j} = LS_{i-j} - ES_{i-j} = LF_{i-j} - EF_{i-j} \tag{4-11}$$

式中 TF_{i-j}——工作 i–j 的总时差。

4）工作自由时差 FF（free float）。工作自由时差是指在不影响其紧后工作最早开始的前提下，该工作所具有的机动时间。一项工作可以利用的时间范围是从该工作最早可能开始时间至其紧后工作最早可能开始时间，而工作实际需要的持续时间是 D_{i-j}，减去 D_{i-j} 后的时间就是该工作可以利用的机动时间。所以自由时差等于其紧后工作最早可能开始时间与该工作最早可能完成时间之间的差值。

计算方法如下：

$$FF_{i-j} = ES_{j-k} - EF_{i-j} = ET_j - EF_{i-j} \tag{4-12}$$

式中 FF_{i-j}——工作 i–j 的自由时差。

5）工作时间参数在图上计算时的标注形式。工作时间参数的标注形式如图 4-23 所示。

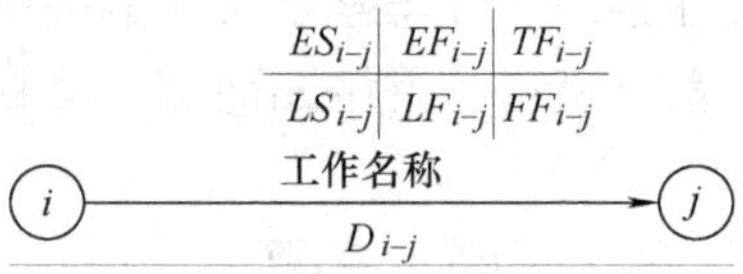

图 4-23 工作时间参数的标注形式

（5）线路时间参数

1）线路时间

$$T_S = \sum_{(i-j \in S)} D_{i-j} \tag{4-13}$$

式中 T_S——网络图中某线路（S）的线路时间，等于所含工作（i–j）持续时间的总和。

2）线路时差

$$PL_S = T_c - T_S \tag{4-14}$$

式中 PL_S——某线路（S）的线路时差；

T_c——网络图的计算总工期，即正常总工期。

2．关键线路的确定方法

网络图中总时差为零的工作称为关键工作，由关键工作组成的线路称为关键线路，或者说网络图中工期最长的线路为关键线路。关键线路上的工作称为关键工作，关键工作或关键线路用粗箭线或双箭线表示。关键线路具有以下特点：

1）关键线路的线路时间，代表整个网络图的计划总工期，延长关键线路上任何工作的作业时间都会导致整个总工期的延长。

2）在同一个网络图中，至少存在一条关键线路。

3）缩短某些关键工作的作业时间，都有可能将关键线路转化为非关键线路。

4.3.2 双代号网络图时间参数计算实例

计算图 4-24 中各工作的时间参数。

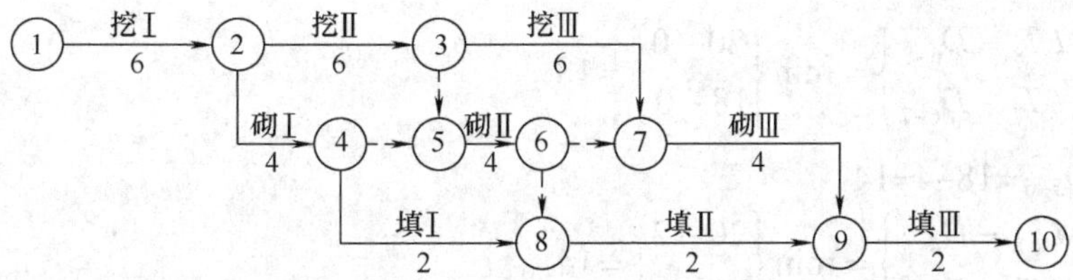

图 4-24　双代号网络图

（1）计算各节点的事件时间参数

1）事件最早可能开始时间（ET）。

由式（4-3），假定 $ET_1=0$；再由式（4-4）可得：

$ET_2=ET_1+D_{1-2}=0+6=6$

$ET_3=ET_2+D_{2-3}=6+6=12$

$ET_4=ET_2+D_{2-4}=6+4=10$

$$ET_5=\max\begin{Bmatrix}ET_3+D_{3-5}\\ET_4+D_{4-5}\end{Bmatrix}=\max\begin{Bmatrix}12+0\\10+0\end{Bmatrix}=12$$

$ET_6=ET_5+D_{5-6}=12+4=16$

$$ET_7=\max\begin{Bmatrix}ET_3+D_{3-7}\\ET_6+D_{6-7}\end{Bmatrix}=\max\begin{Bmatrix}12+6\\16+0\end{Bmatrix}=18$$

$$ET_8=\max\begin{Bmatrix}ET_4+D_{4-8}\\ET_6+D_{6-8}\end{Bmatrix}=\max\begin{Bmatrix}10+2\\16+0\end{Bmatrix}=16$$

$$ET_9=\max\begin{Bmatrix}ET_7+D_{7-9}\\ET_8+D_{8-9}\end{Bmatrix}=\max\begin{Bmatrix}18+4\\16+2\end{Bmatrix}=22$$

$ET_{10}=ET_9+D_{9-10}=22+2=24$

计算结果如图 4-25 所示。

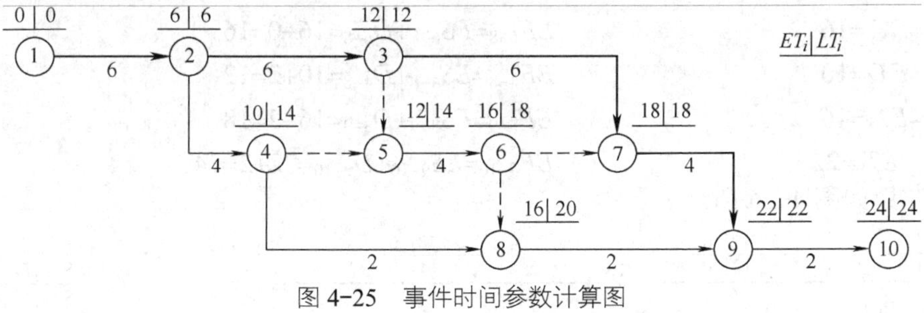

图 4-25　事件时间参数计算图

2）事件最迟必须完成时间（LT）。

由式（4-5）和式（4-6）可得：

$LT_{10}=ET_{10}=24$

$LT_9=LT_{10}-D_{9-10}=24-2=22$

$LT_8=LT_9-D_{8-9}=22-2=20$

$LT_7=LT_9-D_{7-9}=22-4=18$

$$LT_6=\min\begin{Bmatrix}LT_8-D_{6-8}\\LT_7-D_{6-7}\end{Bmatrix}=\min\begin{Bmatrix}20-0\\18-0\end{Bmatrix}=18$$

$LT_5=LT_6-D_{5-6}=18-4=14$

$$LT_4=\min\begin{Bmatrix}LT_8-D_{4-8}\\LT_5-D_{4-5}\end{Bmatrix}=\min\begin{Bmatrix}20-2\\14-0\end{Bmatrix}=14$$

$$LT_3=\min\begin{Bmatrix}LT_7-D_{3-7}\\LT_5-D_{3-5}\end{Bmatrix}=\min\begin{Bmatrix}18-6\\14-0\end{Bmatrix}=12$$

$$LT_2=\min\begin{Bmatrix}LT_4-D_{2-4}\\LT_3-D_{2-3}\end{Bmatrix}=\min\begin{Bmatrix}14-4\\12-6\end{Bmatrix}=6$$

$LT_1=LT_2-D_{1-2}=6-6=0$

计算结果如图 4-25 所示。

（2）计算各工作的时间参数

1）工作最早可能开始时间（ES）和最早可能完成时间（EF）。

由式（4-7）和式（4-8）可得：

$ES_{1-2}=ET_1=0$　　$EF_{1-2}=ES_{1-2}+D_{1-2}=0+6=6$

$ES_{2-3}=ET_2=6$　　$EF_{2-3}=ES_{2-3}+D_{2-3}=6+6=12$

$ES_{2-4}=ET_2=6$　　$EF_{2-4}=ES_{2-4}+D_{2-4}=6+4=10$

$ES_{3-7}=ET_3=12$　　$EF_{3-7}=ES_{3-7}+D_{3-7}=12+6=18$

$ES_{3-5}=ET_3=12$　　$EF_{3-5}=ES_{3-5}+D_{3-5}=12+0=12$

$ES_{4-5}=ET_4=10$　　$EF_{4-5}=ES_{4-5}+D_{4-5}=10+0=10$

$ES_{5-6}=ET_5=12$　　$EF_{5-6}=ES_{5-6}+D_{5-6}=12+4=16$

$ES_{6-7}=ET_6=16$　　$EF_{6-7}=ES_{6-7}+D_{6-7}=16+0=16$

$ES_{7-9}=ET_7=18$　　$EF_{7-9}=ES_{7-9}+D_{7-9}=18+4=22$

$ES_{6-8}=ET_6=16$　　$EF_{6-8}=ES_{6-8}+D_{6-8}=16+0=16$

$ES_{4-8}=ET_4=10$　　$EF_{4-8}=ES_{4-8}+D_{4-8}=10+2=12$

$ES_{8-9}=ET_8=16$　　$EF_{8-9}=ES_{8-9}+D_{8-9}=16+2=18$

$ES_{9-10}=ET_9=22$　　$EF_{9-10}=ES_{9-10}+D_{9-10}=22+2=24$

计算结果如图 4-26 所示。

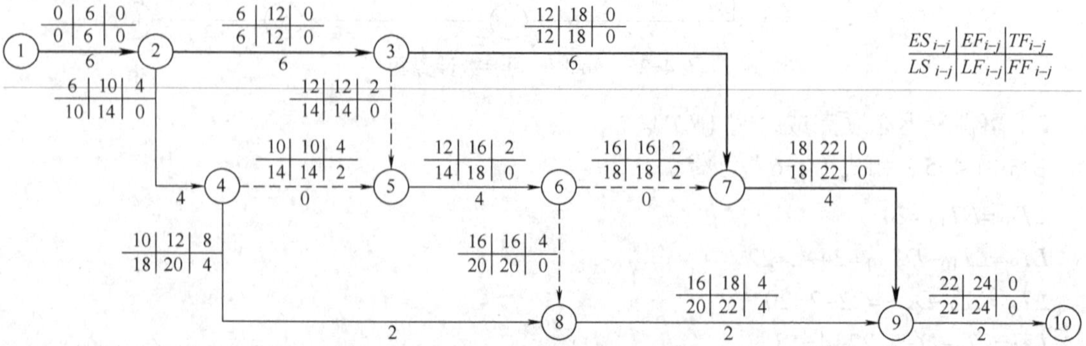

图 4-26　工作时间计算图

2）工作最迟必须开始时间（LS）和最迟必须完成时间（LF）。

由式（4-9）和式（4-10）可得：

$LF_{1-2}=LT_2=6$　　$LS_{1-2}=LF_{1-2}-D_{1-2}=6-6=0$

$LF_{2-3}=LT_3=12$　　$LS_{2-3}=LF_{2-3}-D_{2-3}=12-6=6$

$LF_{3-7}=LT_7=18$　　$LS_{3-7}=LF_{3-7}-D_{3-7}=18-6=12$

$LF_{2-4}=LT_4=14$　　$LS_{2-4}=LF_{2-4}-D_{2-4}=14-4=10$

$LF_{3-5}=LT_5=14$　　$LS_{3-5}=LF_{3-5}-D_{3-5}=14-0=14$

$LF_{4-5}=LT_5=14$　　$LS_{4-5}=LF_{4-5}-D_{4-5}=14-0=14$

$LF_{5-6}=LT_6=18$　　$LS_{5-6}=LF_{5-6}-D_{5-6}=18-4=14$

$LF_{6-7}=LT_7=18$　　$LS_{6-7}=LF_{6-7}-D_{6-7}=18-0=18$

$LF_{7-9}=LT_9=22$　　$LS_{7-9}=LF_{7-9}-D_{7-9}=22-4=18$

$LF_{4-8}=LT_8=20$　　$LS_{4-8}=LF_{4-8}-D_{4-8}=20-2=18$

$LF_{6-8}=LT_8=20$　　$LS_{6-8}=LF_{6-8}-D_{6-8}=20-0=20$

$LF_{8-9}=LT_9=22$　　$LS_{8-9}=LF_{8-9}-D_{8-9}=22-2=20$

$LF_{9-10}=LT_{10}=24$　　$LS_{9-10}=LF_{9-10}-D_{9-10}=24-2=22$

计算结果如图 4-26 所示。

3）工作总时差 TF。

由式（4-11）可得：

$TF_{1-2}=LS_{1-2}-ES_{1-2}=0-0=0$　　或者 $TF_{1-2}=LF_{1-2}-EF_{1-2}=6-6=0$

$TF_{2-3}=LS_{2-3}-ES_{2-3}=6-6=0$　　或者 $TF_{2-3}=LF_{2-3}-EF_{2-3}=12-12=0$

$TF_{3-7}=LS_{3-7}-ES_{3-7}=12-12=0$　　或者 $TF_{3-7}=LF_{3-7}-EF_{3-7}=18-18=0$

$TF_{2-4}=LS_{2-4}-ES_{2-4}=10-6=4$　　或者 $TF_{2-4}=LF_{2-4}-EF_{2-4}=14-10=4$

$TF_{3-5}=LS_{3-5}-ES_{3-5}=14-12=2$　　或者 $TF_{3-5}=LF_{3-5}-EF_{3-5}=14-12=2$

$TF_{4-5}=LS_{4-5}-ES_{4-5}=14-10=4$　　或者 $TF_{4-5}=LF_{4-5}-EF_{4-5}=14-10=4$

$TF_{5-6}=LS_{5-6}-ES_{5-6}=14-12=2$　　或者 $TF_{5-6}=LF_{5-6}-EF_{5-6}=18-16=2$

$TF_{6-7}=LS_{6-7}-ES_{6-7}=18-16=2$　　或者 $TF_{6-7}=LF_{6-7}-EF_{6-7}=18-16=2$

$TF_{6-8}=LS_{6-8}-ES_{6-8}=20-16=4$　　或者 $TF_{6-8}=LF_{6-8}-EF_{6-8}=20-16=4$

$TF_{7-9}=LS_{7-9}-ES_{7-9}=18-18=0$　　或者 $TF_{7-9}=LF_{7-9}-EF_{7-9}=22-22=0$

$TF_{4-8}=LS_{4-8}-ES_{4-8}=18-10=8$　　或者 $TF_{4-8}=LF_{4-8}-EF_{4-8}=20-12=8$

$TF_{8-9}=LS_{8-9}-ES_{8-9}=20-16=4$　　或者 $TF_{8-9}=LF_{8-9}-EF_{8-9}=22-18=4$

$TF_{9-10}=LS_{9-10}-ES_{9-10}=22-22=0$　　或者 $TF_{9-10}=LF_{9-10}-EF_{9-10}=24-24=0$

计算结果如图 4-26 所示。

4）工作自由时差 FF。

由式（4-12）可得：

$FF_{1-2}=ET_2-EF_{1-2}=6-6=0$

$FF_{2-3}=ET_3-EF_{2-3}=12-12=0$

$FF_{3-7}=ET_7-EF_{3-7}=18-18=0$

$FF_{2-4}=ET_4-EF_{2-4}=10-10=0$

$FF_{3-5}=ET_5-EF_{3-5}=12-12=0$

$FF_{4-5}=ET_5-EF_{4-5}=12-10=2$

$FF_{5-6}=ET_6-EF_{5-6}=16-16=0$

$FF_{6-7}=ET_7-EF_{6-7}=18-16=2$

$FF_{6-8}=ET_8-EF_{6-8}=16-16=0$

$FF_{7-9}=ET_9-EF_{7-9}=22-22=0$

$FF_{4-8}=ET_8-EF_{4-8}=16-12=4$

$FF_{8-9}=ET_9-EF_{8-9}=22-18=4$

$FF_{9-10}=ET_{10}-EF_{9-10}=24-24=0$

计算结果如图 4-26 所示。

（3）确定关键工作及关键线路

关键工作为：①→②，②→③，③→⑦，⑦→⑨，⑨→⑩。

关键线路为：①→②→③→⑦→⑨→⑩。

（4）确定网络计划计算工期

$$T_c=EF_{9-10}=24\text{ 天}$$

通过上例的计算，可以归纳总时差 TF 和自由时差 FF 所具有的特性。

1）总时差 $TF=0$，则自由时差 $FF=0$。

2）总时差 $TF\geqslant$ 自由时差 $FF\geqslant 0$。

3）自由时差 FF 为一个工作所具有的机动时间，使用了该工作的机动时间（自由时差 FF）时，不会影响该工作的紧后工作的最早开工时间。如上例中，若工作④→⑧使用了自由时差 $FF_{4-8}=4$ 天，即作业时间由原 2 天增加 4 天变为 6 天，其对紧后工作⑧→⑨的最早开工时间 $ES_{8-9}=16$，没有影响。

4）总时差 TF 为一条线路所具有的机动时间，即为线路时差 PL_S。如上例中，线路①→②→④→⑧→⑨→⑩的线路时间 $T_S=16$ 天，计算工期 $T_c=24$ 天，则 $PL_S=T_c-T_S=24-16=8$ 天，而该线路的总时差体现在工作④→⑧的总时差 $TF_{4-8}=8$ 天。

5）一条线路的自由时差之和即为该线路的总时差。在线路①→②→④→⑧→⑨→⑩中自由时差之和 $\sum FF=FF_{1-2}+FF_{2-4}+FF_{4-8}+FF_{8-9}+FF_{9-10}=0+0+4+4+0=8$ 天，该线路总时差 $TF=8$ 天，分别分配于工作④→⑧和工作⑧→⑨各 4 天，并以自由时差的形式体现，即 $FF_{4-8}=4$ 天，$FF_{8-9}=4$ 天。

课题 4　双代号时标网络计划

4.4.1　时标网络计划的特点

双代号时标网络计划，简称时标网络计划，它是以时间坐标为尺度表示工作时间，其箭线的长度和所在位置表示工作的时间进程的一种网络计划，如图 4-27 所示。

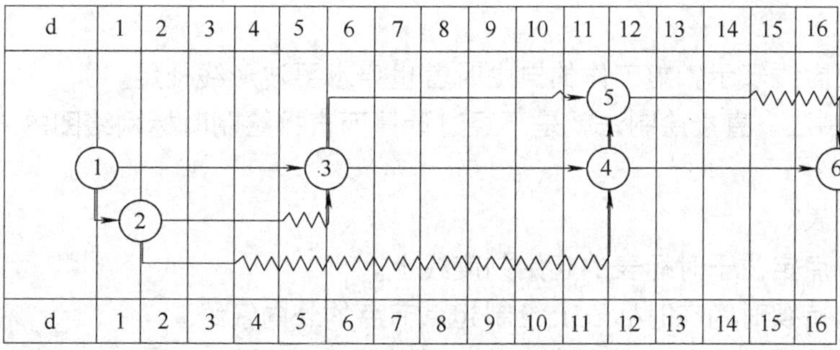

图 4-27　双代号时标网络计划

时标网络计划具有如下特点：

1）它兼有网络图和横道图二者的优点，能很清楚地反映出各工作在开始时间上的安排。

2）时标网络计划能在时标表上直接显示出各项工作的开始与完成时间、工作时差及关键线路。

3）时标网络图在绘制中受到时间的限制，因此不易产生循环回路之类的逻辑错误。

4）可以利用时标网络直接统计资源的需要量，以便进行资源优化和调整。

5）由于箭线受时标的约束，故绘图不易，修改也较难，宜利用计算机程序软件进行该种计划的编制与管理。

4.4.2　时标网络图绘制的方法及步骤

1．绘制要求

1）时标网络计划需绘制在带有时间坐标的表格上。其时间单位应在编制计划之前根据需要确定，可以小时、天、周、旬、月等为单位，构成工作时间坐标体系，也可同时加注日历，方便使用。时间坐标可以标注在图的顶部、底部或上下都标注。

2）节点中心必须对准时间坐标的刻度线，以避免误会。

3）以实箭线表示实工作，以虚箭线表示虚工作，以水平波形线表示工作自由时差。

4）箭线宜采用水平箭线或折向箭线，不宜用斜箭线，虚工作用虚箭线表示。

5）时标网络计划宜按最早时间编制，以保证实施的可靠性。

2．绘制方法

时标网络计划的绘制分为间接绘制法和直接绘制法。

（1）间接绘制法　该法是先绘制出一般双代号网络计划，再计算出各节点的最早时间参数或者各工作的最早可能开始时间，并找出关键线路后，再绘制成时标网络计划。具体步骤如下。

1）绘制时标表。

2）绘制出双代号网络计划图。

3）计算各节点的节点时间参数或各工作的最早可能时间，并标注在双代号网络图上。

4）在时标表上，按各节点的节点最早可能开始时间或者各工作的最早可能开始时间确定每项工作的开始节点位置，其布局应与一般双代号网络计划基本相当。

5）按各工作的时间长度绘制相应工作的实线部分，使其水平投影长度等于其工作时间。

6）当某些工作实线长度不足以达到该工作的结束节点时，用波形线补足，以表示该工作的自由时差。

7）虚工作用虚线表示，虚工作的自由时差也用水平波形线补足。

（2）直接绘制法　直接绘制法就是不经过计算而直接绘制时标网络图的方法。具体步骤如下：

1）绘制时标表。

2）将起点节点定位于时标表的起始刻度线上。

3）按工作的持续时间在时标表上绘制起点节点的外向箭线。

4）工作的箭头节点必须在其所有的内向箭线绘出以后，定位在这些内向箭线中最迟完成的实箭线箭头处。

5）某些内向实箭线长度不足以到达该箭头节点时，用波形线补足。

6）虚工作用虚线表示，虚工作的自由时差也用水平波形线补足。

7）用上述方法自左至右依次确定其他节点的位置。

3. 时标网络计划绘制示例

根据表 4-3 给出的逻辑关系绘制双代号时标网络计划。

表 4-3　各工作逻辑关系表

工作名称	A	B	C	D	E	F	G	H
紧前工作	—	—	B	A、C	A、C	B	D、E、F	E、F
持续时间	5	1	3	5	6	2	3	5

先绘制一般双代号网络计划，如图 4-28 所示，再按上述要求绘制时标网络计划，如图 4-29 所示。

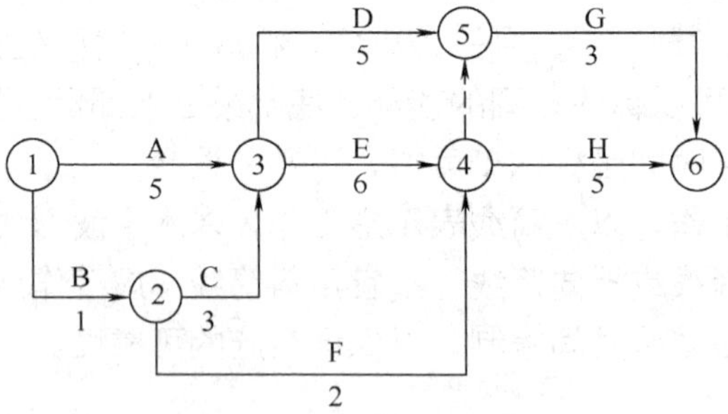

图 4-28　双代号网络计划

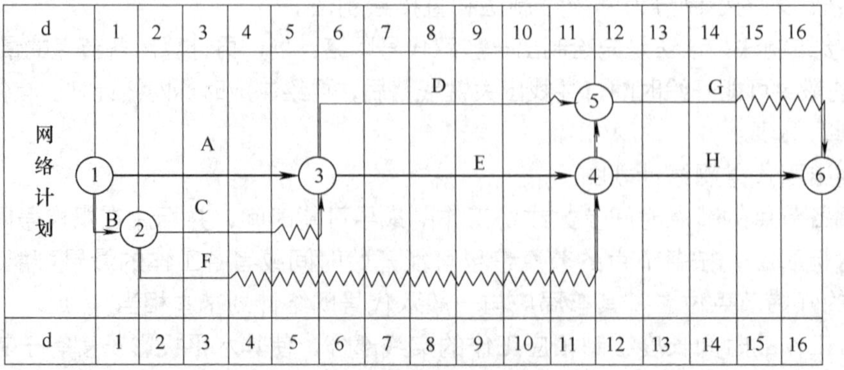

图 4-29　时标网络计划

4.4.3 时标网络计划关键线路与时间参数的判定

1．关键线路的判定

自终点节点起逆箭线方向向起始节点观察，凡自始至终不出现波形线（自由时差）的线路，即为关键线路。在图 4-29 中，关键线路为①→③→④→⑥。关键线路要用粗箭线、双箭线或彩色箭线明确表达。

2．工作最早时间和计算工期的判定

每条水平箭线箭尾、箭头所对应的时标值，分别就是该工作的最早开始时间和最早完成时间。

时标网络计划的计算工期，就是其终点节点与起点节点所在位置时标值之差。

3．时差的判定与计算

（1）工作自由时差的判定　在时标网络计划中，工作自由时差等于其紧后工作最早可能开始时间与本工作的最早完成时间之间的差值，即波形线在时间坐标轴上的水平投影长度。如图 4-29 中，C 工作的自由时差为 1 天，F 工作的自由时差为 8 天，G 工作的自由时差为 2 天。

（2）工作总时差的计算　工作总时差不能从图上直接判定，需进行计算，计算应逆箭线自右至左进行，计算如下：

$$TF_{i-j}=\min\{TF_{j-k}\}+FF_{i-j} \tag{4-15}$$

式中　TF_{j-k}——工作 i–j 的紧后工作的总时差；

FF_{i-j}——工作 i–j 的自由时差。

如图 4-29 中，H 工作的总时差为 0，G 工作的总时差为 0+2=2 天，F 工作的总时差为 0+8=8 天，E 工作的总时差为 0，D 工作的总时差为 2+1=3 天，C 工作的总时差为 0+1=1 天，B 工作的总时差为 1+0=1 天，A 工作的总时差为 0，虚工作的总时差为 2+0=2 天。

4．工作最迟时间的判定

由于工作最早时间和总时差已知，故最迟时间可按下述公式计算：

$$TF_{i-j}=LF_{i-j}-EF_{i-j}\Rightarrow LF_{i-j}=EF_{i-j}+TF_{i-j} \tag{4-16}$$

或

$$TF_{i-j}=LS_{i-j}-ES_{i-j}\Rightarrow LS_{i-j}=ES_{i-j}+TF_{i-j} \tag{4-17}$$

如图 4-29 中，F 工作的最迟开始时间为 1+8=9 天末（即第 10 天），最迟结束时间为 3+8=11 天末。计算完成后，可将工作总时差值标注在相应的波形线或实箭线之上。

结论：

① 总时差为零的工作，自由时差一定为零。

② 自由时差为零的工作，总时差不一定为零。

课题 5　网络计划的优化内容

网络计划优化就是在满足既定约束条件下，按照选定目标（工期、成本、资源），通过对网络计划最初方案进行不断检查、评价、调整和完善，来寻求最优方案的过程。其目的就是通过依次改善网络计划，使工程按期完工，并在现有资源的限制条件下，均衡、合理地使用各种资源，以较小的消耗取得最大的经济效益。如在资源限制的条件下，寻求工期最短；在限定工期条件下，使资源消耗均衡，或寻求缩短工期而成本最低的方案。网络计划的优化有工期优化、费用优化和资源优化三种，它们之间既有区别又有联系。

4.5.1 工期优化

1．工期优化的概念

工期优化是在网络计划的工期不满足要求时，通过压缩计算工期来达到计划工期的目标，或在一定约束条件下使工期最短的过程。

2．工期优化的方法

工期优化一般通过压缩关键线路上关键工作的持续时间来达到满足计划工期的要求。

3．工期优化的步骤

1）计算初始网络计划的计算工期，并找出关键线路及关键工作。

2）按计划工期计算出应缩短的时间 ΔT。

$$\Delta T=T_c-T_p \tag{4-18}$$

式中 T_c—— 网络计划的计算工期；

T_p—— 网络计划的计划工期。

3）选择关键工作，压缩其持续时间，并重新计算压缩后网络计划的计算工期，找出关键线路、关键工作。

4）选择压缩的关键工作时，应考虑如下因素：缩短持续时间对质量和安全影响不大的关键工作，有充足备用资源的关键工作，缩短持续时间所需增加的费用最少的关键工作。

5）若经压缩后计算工期仍然超过计划工期，则重复以上步骤，直至计算工期满足计划工期要求或工期已不能再缩短为止。

6）若所有关键工作的持续时间都已达到其能缩短的极限，而仍不能满足计划工期的要求时，则应对原计划的技术和组织方案进行调整或对计划工期重新审定。

在工期优化过程中，应注意以下两点：不能把关键工作压缩为非关键工作；在优化过程中出现多条关键线路时，必须把各条关键线路上的线路时间压缩为同一数值，否则不能有效地将工期缩短。

4．工期优化的实例

已知某网络计划的初始方案如图 4-30 所示，图中箭线上括号外数据为工作正常作业时间，括号内数据为工作最短作业时间，假定合同工期为 126 天，并假设③→④工作有充足的资源，且缩短时间对质量无太大影响；④→⑥工作缩短时间所需费用最省，且资源充足；①→③工作缩短时间的有利因素不如③→④与④→⑥。试对该网络计划进行工期优化。

第一步，根据工作正常时间计算各个节点的最早和最迟时间，并找出关键工作及关键线路。计算结果如图 4-31 所示。

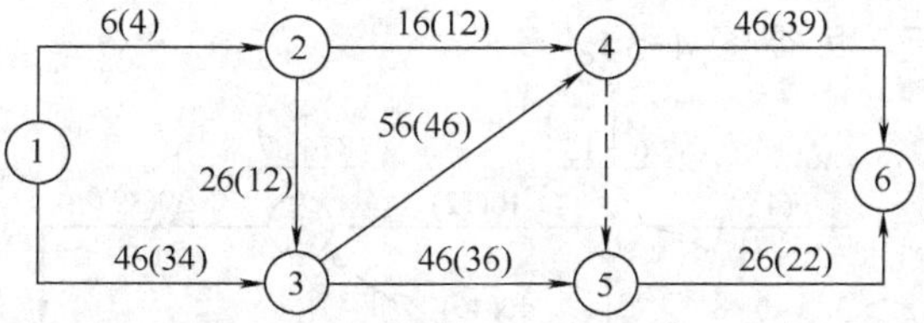

图 4-30　网络计划初始方案

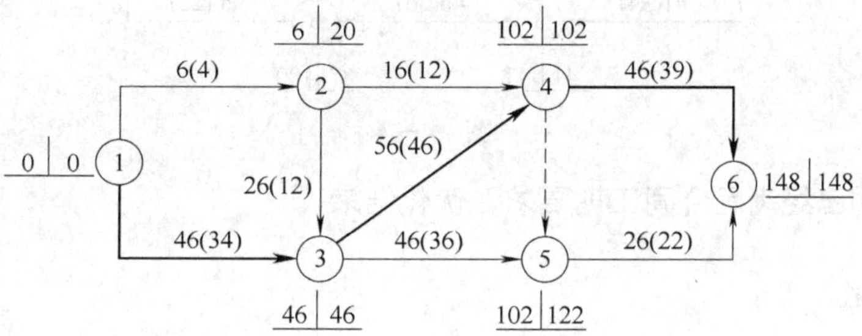

图　4-31

第二步，计算需缩短的工期，148−126=22 天。

第三步，关键工作①→③可缩短 12 天，③→④可缩短 10 天，④→⑥可缩短 7 天，共计可缩短 29 天。

第四步，选择关键工作，考虑选择因素，由于④→⑥工作缩短时间所需费用最省，且资源充足，优先考虑压缩其持续时间，由原 46 天压缩为 39 天，即得图 4-32。

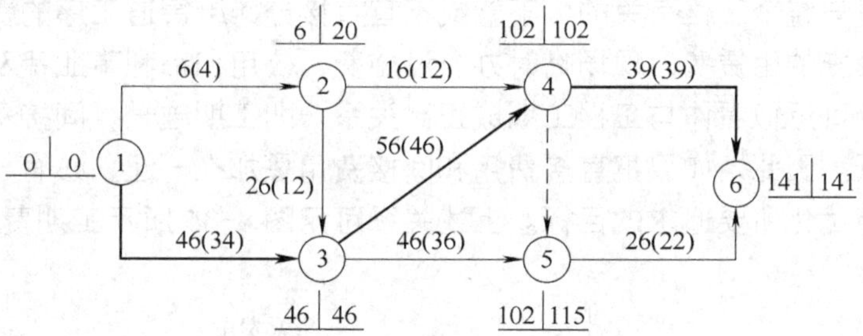

图　4-32

第五步，与合同工期相比，尚需再缩短 15 天，考虑选择因素，选择③→④工作，因为其有充足的资源，且缩短工期对质量无太大影响，由原 56 天压缩为 46 天，即得图 4-33。

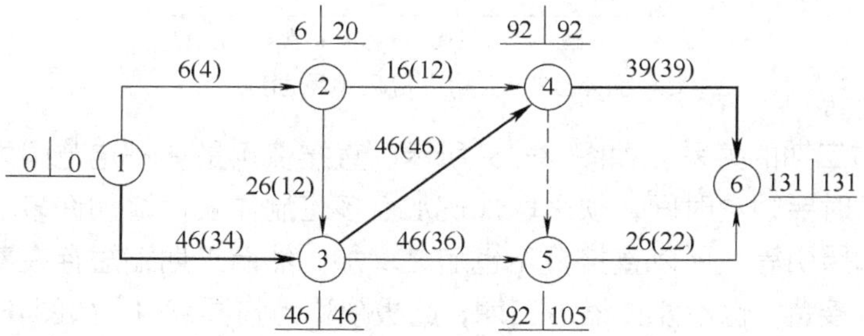

图　4-33

第六步，与合同工期相比，尚需压缩 5 天，因为关键线路可压缩工作只剩①→③工作，由原 46 天，压缩为 41 天，即得图 4-34。

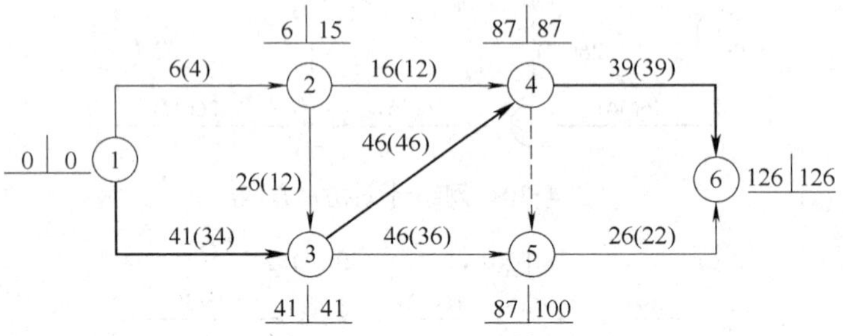

图　4-34

此时计算工期已经满足合同工期要求，优化结束。

4.5.2　费用优化

1．费用优化的概念

费用优化又称成本优化，是通过对不同工期及其相应工程费用的比较，寻求工程费用最低时相对应的最优工期。

（1）工期与费用的关系　工程总费用包括工程直接费和间接费两部分。直接费用是指施工过程中直接消耗的构成工程实体的各项费用，包括人工费、材料费、机械使用费以及冬雨季施工增加费、特殊地区施工费、夜间费等。直接费用一般情况下是随着工期的缩短而增加的。而间接费用是与整个工程有关的、不能或不宜直接分摊给每道工序的费用，它包括管理费用、全工地性设施的租赁费、现场临时办公设施费、公用和福利事业费及占用资金应付的利息等。间接费用可近似看作与工程工期成正比关系，即工期越长，间接费用越多，工期越短，间接费用越低。因此，如果把直接费用和间接费用叠加在一起，必有一个总费用最少的工期，这就是费用优化所要追求的目标。上述关系可用图 4-35 所示工期费用曲线表示。

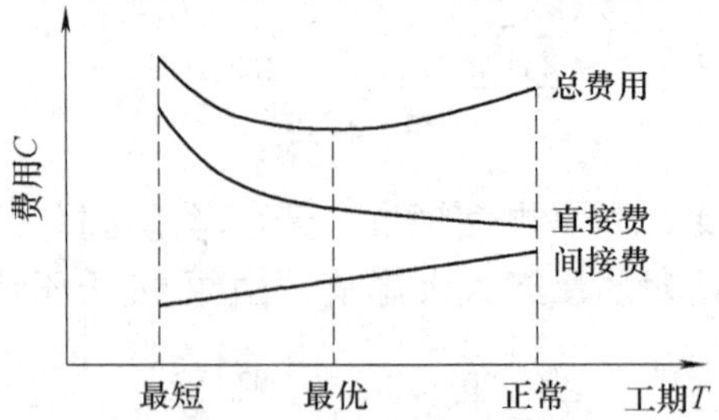

图 4-35　工期—费用关系曲线

（2）直接费与工期的关系　如图 4-35 所示，直接费用是在一定范围内和时间成反比关系的曲线，因施工时要缩短时间，须采取加班加点多班制作业，增加许多非熟练的工人，并且增加机械设备和照明等，所以直接费用也随之增加，然而工期缩短存在着一个极限，也就是无论增加多少直接费，也不能再缩短工期，此极限称为临界点 A，如图 4-36 所示，此时的时间为最短工期 DC，此时的费用称为最短时间直接费 CC。反之，若延长时间，则可减少直接费，然而时间延长至某一极限，则无论将工期延长至多长，也不能再减少直接费，此极限称为正常点 B，此时的工期称为正常工期 DN，此时的费用称为最低费用或正常费用 CN。

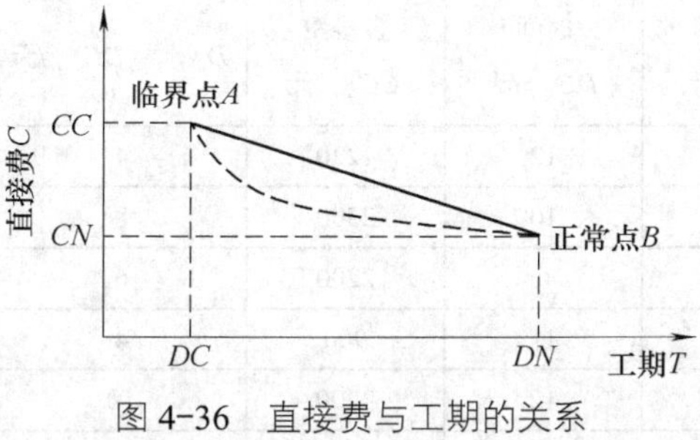

图 4-36　直接费与工期的关系

直接费用曲线实际上并不像图 4-35 中那样圆滑，而是由一系列线段组成的折线，并且越接近最高费用（极限费用），其曲线越陡。为简化计算，一般将其曲线近似表示为直线，如图 4-36 所示，其斜率称为费用率，其含义是表示单位时间内所需增加或减少的直接费，即表示某工作每延长一天所减少的直接费，每缩短一天所增加的直接费。工作 i–j 的直接费用率用 ΔC_{i-j} 表示，其计算公式如下：

$$\Delta C_{i-j}=\frac{CC_{i-j}-CN_{i-j}}{DN_{i-j}-DC_{i-j}} \tag{4-19}$$

式中　CC_{i-j} —— 工作 i–j 的最短时间直接费；

CN_{i-j} —— 工作 i–j 的正常时间直接费；

DN_{i-j} —— 工作 i–j 的正常持续时间；

DC_{i-j} —— 工作 i–j 的最短持续时间。

2．费用优化的方法

从网络计划的各工作的持续时间和费用关系中，依次找出既能使计划工期缩短又能使得其直接费用增加最少的工作，不断地缩短其持续时间，同时考虑相应间接费的增加，即可求出工程成本最低时的相应最优工期。

3．费用优化的步骤

某工程任务的网络计划如图 4-37 所示，箭线上方括号外为正常时间直接费，括号内为最短时间直接费，箭线下方括号外为正常持续时间，括号内为最短持续时间，假定平均每天的间接费（综合管理费）为 100 元，试对其进行费用优化。

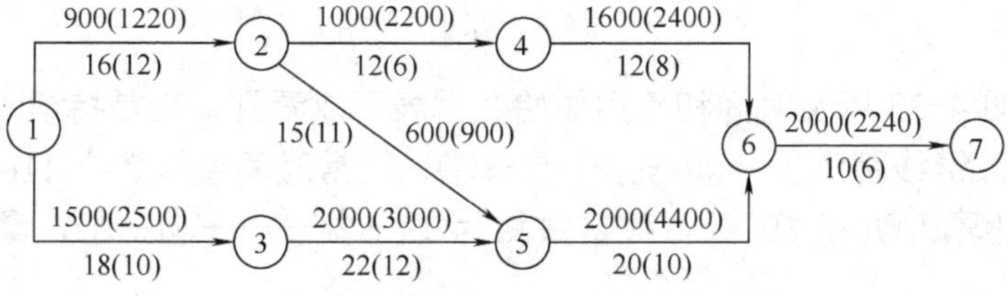

图 4-37　某工程网络计划

第一步，列出时间和费用的原始数据，见表 4-4，并计算各工作的费用率。

表 4-4 时间—费用原始数据表

工作代号	正常工期		最短工期		相差		费用率
	时间 DN_{i-j} /天	直接费 CN_{i-j} /元	时间 DC_{i-j} /天	直接费 CC_{i-j} /元	$DN_{i-j}-DC_{i-j}$ /天	$CC_{i-j}-CN_{i-j}$ /元	ΔC_{i-j} /（元/天）
1–2	16	900	12	1220	4	320	80
1–3	18	1500	10	2500	8	1000	125
2–4	12	1000	6	2200	6	1200	200
2–5	15	600	11	900	4	300	75
3–5	22	2000	12	3000	10	1000	100
4–6	12	1600	8	2400	4	800	200
5–6	20	2000	10	4400	10	2400	240
6–7	10	2000	6	2240	4	240	60
		∑11600		∑18860			

第二步，分别计算各工作在正常持续时间和最短持续时间情况下的网络计划时间参数，确定其关键线路，如图 4-38、图 4-39 所示。

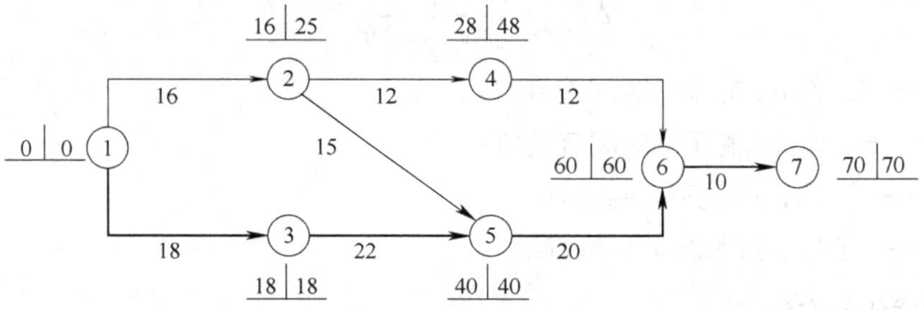

图 4-38 正常持续时间网络计划

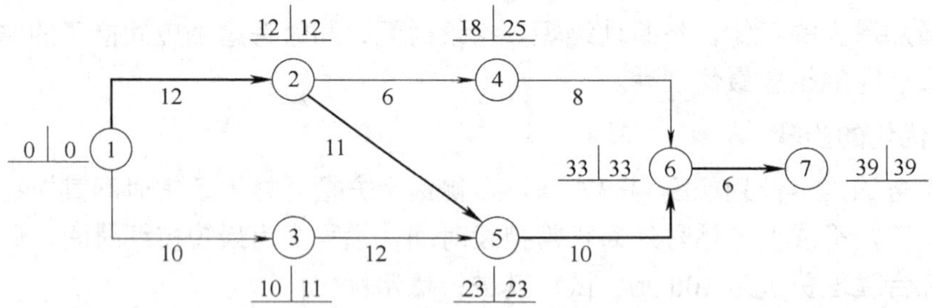

图 4-39 最短持续时间网络计划

从图 4-38、图 4-39 以及时间和费用原始数据表可以看到，正常持续时间网络计划的计算工期为 70 天，关键线路为①→③→⑤→⑥→⑦，正常时间直接费为 11600 元。最短持续时间网络计划的计算工期为 39 天，关键线路为①→②→⑤→⑥→⑦，最短时间直接费为 18860 元。

图 4-38 和图 4-39 相比，两者计算工期相差 70–39=31 天，直接费用相差 18860–11600=7260 元。

第三步，进行工期缩短，从直接费用增加额最少的关键工作入手进行优化，优化通常需经过多次循环，而每一个循环又分为以下几步：

1）通过计算找出上次循环后网络图的关键线路和关键工作。

2）从各关键工作中找出缩短单位时间所需增加费用最少的方案。

3）通过计算并确定该方案可能缩短的最多天数。

4）计算由于缩短工作持续时间所引起的费用增加或其循环后的费用。

在本例中，循环一：

在正常持续时间原始网络计划中（图 4-38），关键工作为①→③，③→⑤，⑤→⑥，⑥→⑦。从表 4-4 中可以看到，其压缩方案为：

方案一：缩短①→③工作，每天增加直接费用 125 元，理论上可以缩短 8 天。

方案二：缩短③→⑤工作，每天增加直接费用 100 元，理论上可以缩短 10 天。

方案三：缩短⑤→⑥工作，每天增加直接费用 240 元，理论上可以缩短 10 天。

方案四：缩短⑥→⑦工作，每天增加直接费用 60 元，理论上可缩短 4 天，实际上也可缩短 4 天。

根据缩短单位时间增加直接费用最少的原则，经过比较选择方案四进行工期缩短，缩短后工期和直接费分别为：

工期　　　　T_1=70−4=66 天

直接费　　　C_1=11600+4×60=11840 元

关键线路没有改变，如图 4-40 所示。

计算减少的间接费用为：（70−66）天×100 元/天=400 元；此时间接费为 7000−400=6600 元。

总费用：直接费+间接费=11840+6600=18440 元。

将以上计算结果填入表 4-5 的相应栏中。

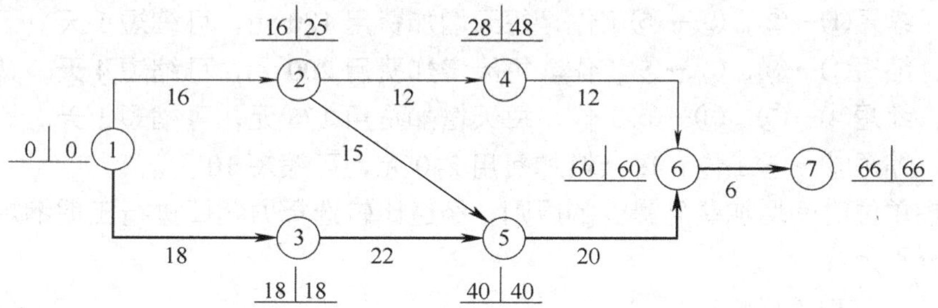

图 4-40　优化网络图（循环一）

循环二：

从图 4-40 可以看到，关键工作仍为①→③，③→⑤，⑤→⑥，⑥→⑦。表中费用率最低的是⑥→⑦工作，但在循环一已达到了最短时间，不能再缩短，所以压缩方案为：

方案一：缩短①→③工作，每天增加直接费用 125 元，理论上可以缩短 8 天。

方案二：缩短③→⑤工作，每天增加直接费用 100 元，理论上可以缩短 10 天。

方案三：缩短⑤→⑥工作，每天增加直接费用 240 元，理论上可以缩短 10 天。

根据缩短单位时间增加直接费用最少的原则，经过比较选择方案二进行工期缩短，理论上可缩短 10 天，但压缩 10 天后该关键线路就会变成非关键线路，此时有 1 天只会增加费用而不能缩短工期，所以只能压缩 9 天，缩短后工期和直接费分别为：

工期　　　　T_2=66−9=57 天

直接费　　　C_2=11840+9×100=12740 元

此时关键线路已变成 2 条，如图 4-41 所示。

计算减少的间接费用为：（66−57）天×100 元/天=900 元；此时间接费为 6600−900=5700 元。

总费用：直接费+间接费=12740+5700=18440 元。

将以上计算结果填入表 4-5 的相应栏中。

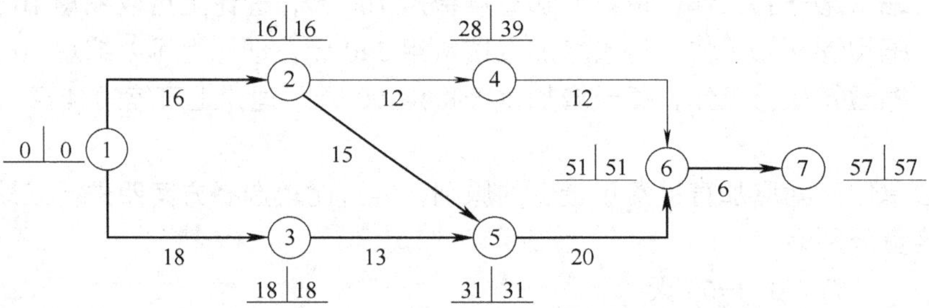

图 4-41　优化网络图（循环二）

循环三：

从图 4-41 可以看到，关键线路已变为 2 条：①→②→⑤→⑥→⑦和①→③→⑤→⑥→⑦，关键工作为①→②，②→⑤，①→③，③→⑤，⑤→⑥，⑥→⑦。

其压缩方案为：

方案一：缩短①→②，①→③工作，每天增加费用 205 元，可缩短 4 天。

方案二：缩短①→②，③→⑤工作，每天增加费用 180 元，可缩短 1 天。

方案三：缩短①→③，②→⑤工作，每天增加费用 200 元，可缩短 4 天。

方案四：缩短②→⑤，③→⑤工作，每天增加费用 175 元，可缩短 1 天。

方案五：缩短⑤→⑥工作，每天增加费用 240 元，可缩短 10 天。

根据缩短单位时间增加费用最少的原则，经过比较选择方案四进行工期缩短，缩短后工期和直接费分别为：

工期　　　　T_3=57−1=56 天

直接费　　　C_3=12740+1×175=12915 元

缩短后的网络图如图 4-42 所示。

计算减少的间接费用为：（57−56）天×100 元/天=100 元；此时间接费为 5700−100=5600 元。

总费用：直接费+间接费=12915+5600=18515 元。

将以上计算结果填入表 4-5 的相应栏中。

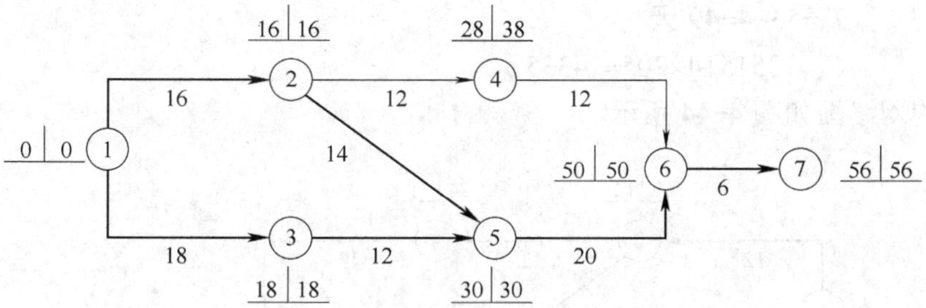

图 4-42 优化网络图（循环三）

循环四：

从图 4-42 可以看到，关键线路仍为两条：①→②→⑤→⑥→⑦和①→③→⑤→⑥→⑦，关键工作为①→②，②→⑤，①→③，③→⑤，⑤→⑥，⑥→⑦。

其压缩方案为：

方案一：缩短①→②，①→③工作，每天增加费用 205 元，可缩短 4 天。

方案二：缩短①→③，②→⑤工作，每天增加费用 200 元，可缩短 3 天。

方案三：缩短⑤→⑥工作，每天增加费用 240 元，可缩短 10 天。

根据缩短单位时间增加直接费用最少的原则，经过比较选择方案二进行工期缩短，缩短后工期和直接费分别为：

工期　　　T_4=56−3=53 天

直接费　　C_4=12915+3×200=13515 元

缩短后的网络图如图 4-43 所示。

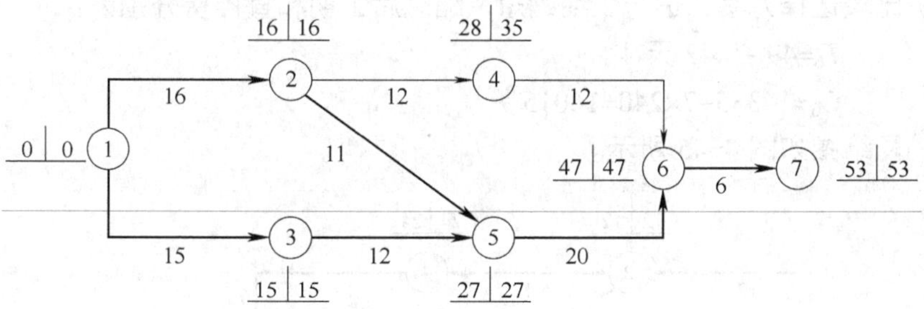

图 4-43 优化网络图（循环四）

循环五：

由图 4-43 可见，关键线路仍为：①→②→⑤→⑥→⑦和①→③→⑤→⑥→⑦，关键工作为①→②，②→⑤，①→③，③→⑤，⑤→⑥，⑥→⑦。

其压缩方案为：

方案一：缩短①→②，①→③工作，每天增加费用 205 元，可缩短 4 天。

方案二：缩短⑤→⑥工作，每天增加费用 240 元，可缩短 10 天。

根据缩短单位时间增加直接费用最少的原则，经过比较选择方案一进行工期缩短，缩短后工期和直接费分别为：

工期　　　T_5=53−4=49 天

直接费　　C_5=13515+4×205=14335 元

缩短后的网络图如图 4-44 所示。

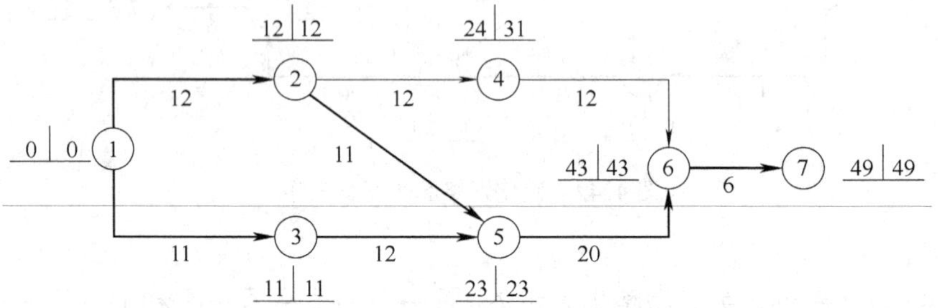

图 4-44　优化网络图（循环五）

循环六：

从图 4-44 可以看到，关键线路仍为：①→②→⑤→⑥→⑦和①→③→⑤→⑥→⑦，关键工作为①→②，②→⑤，①→③，③→⑤，⑤→⑥，⑥→⑦。

其压缩方案为：

方案一：缩短①→③工作，每天增加费用 125 元，理论上可缩短 1 天，但只会增加费用，而工期不会缩短，所以不压缩。

方案二：缩短⑤→⑥工作，每天增加费用 240 元，理论上可缩短 10 天，但⑤→⑥工作由于压缩 7 天后，关键线路变为三条，所以要压缩另外 3 天只能使其费用增加，而达不到缩短 10 天的目的，所以只能压缩 7 天。

经过分析比较选择方案二进行工期缩短，缩短后工期和直接费分别为：

工期　　　T_6=49−7=42 天

直接费　　C_6=14335+7×240=16015 元

缩短后的网络图如图 4-45 所示。

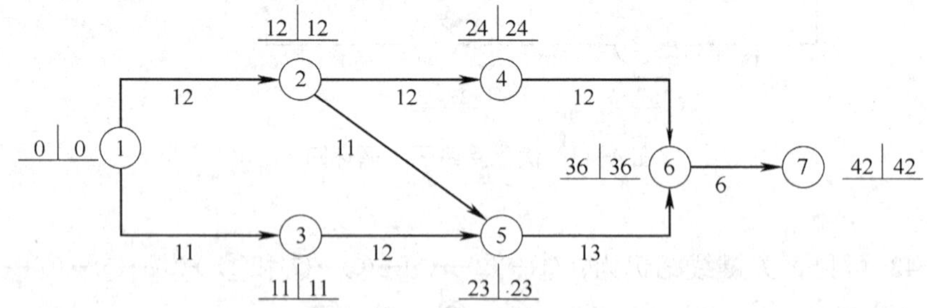

图 4-45　优化网络图（循环六）

循环七：

从图 4-45 可以看到，关键线路变为三条：①→②→④→⑥→⑦、①→②→⑤→⑥→⑦和①→③→⑤→⑥→⑦。

其压缩方案为：

方案一：缩短②→④、⑤→⑥工作，每天增加费用 440 元，可缩短 3 天。

方案二：缩短④→⑥、⑤→⑥工作，每天增加费用 440 元，可缩短 3 天。

由于方案一和方案二增加费用相等，所以可任意选择，若选择方案一，缩短后工期和直接费分别为：

工期　　　T_7=42−3=39 天

直接费　　C_7=16015+3×440=17335 元

缩短后的网络图如图 4-46 所示。

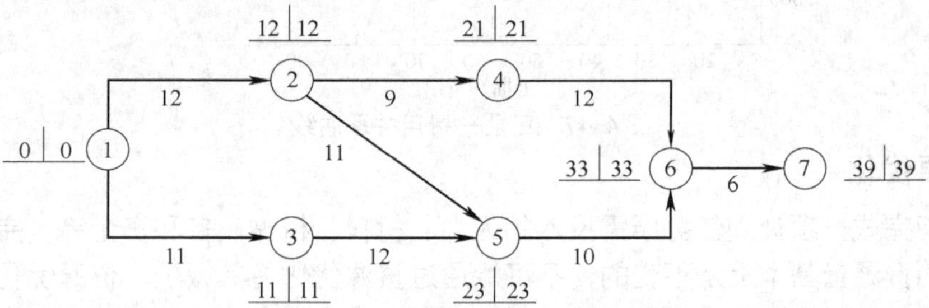

图 4-46　优化网络图（循环七）

从图 4-46 可以看出，②→④、④→⑥工作还可继续缩短，但与其平行的其他工作不能再缩短了，即已达到极限时间，所以如果再进行压缩工作作业时间，只会增加费用而不能达到缩短工期的目的，此时优化结束。

另一方面，从循环上可看到共缩短 70−39=31 天，增加直接费 17335−11600=5735 元，而全部采用最短持续时间的直接费为 18860 元，采用优化方案直接费 17335 元，则可节约 18860−17335=1525 元。

第四步，列表计算，将优化后的每一循环的结果汇总列表，并将直接费与间接费叠加，确定工程费用曲线，求出最低费用及相应的最优工期。

将上述时间—费用的计算结果汇总于表 4-5，从表 4-5 中可知，本工程的最优工期为 57 天，与此相对应的工程费用为 18440 元（最低费用）。

表 4-5　费用优化结果

循环次数	工期/天	直接费	间接费	总费用	最低费用
原始网络	70	11600	7000	18600	
1	66	11840	6600	18440	
2	57	12740	5700	18440	18440
3	56	12915	5600	18515	
4	53	13515	5300	18815	
5	49	14335	4900	19235	
6	42	16015	4200	20215	
7	39	17335	3900	21235	

根据优化过程作工期—费用关系曲线，如图 4-47 所示，可得最低费用为 18440 元，对应的最低工期为 57 天。

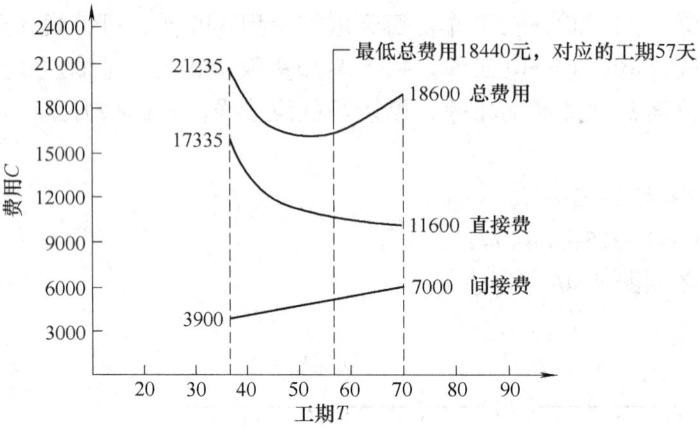

图 4-47 工期—费用关系曲线

4.5.3 资源优化

资源是指完成一项计划任务所需投入的人力、材料、机械设备和资金等。完成一项工程任务所需要的资源量基本上是不变的，不可能通过资源优化将其减少。资源优化的目的是通过改变工作的开始时间和完成时间，使资源按照时间分布符合优化目标，包括在资源有限时如何使工期最短，当工期一定时如何使资源均衡两种情况下的优化。

资源优化宜在时标网络计划上进行，此处只介绍各项工作均不切分的优化方法。

1. “资源有限，工期最短”的优化

该优化是通过调整计划安排，以满足资源限制条件，并使工期增加最少的过程。

（1）优化的方法

1）若所缺资源仅为某一项工作使用，则只需根据现有资源重新计算该工作持续时间，再重新计算网络计划的时间参数，即可得到调整后的工期。如果该项工作延长的时间在其时差范围内时，则总工期不会改变；如果该项工作为关键工作，则总工期将顺延。

2）若所缺资源为同时施工的多项工作使用，则必须后移某些工作，但应使工期延长最短。调整的方法是将该处的一些工作移到另一些工作之后，以减少该处的资源需用量。如该处有两个工作 *m–n* 和 *i–j*，则有 *i–j* 移到 *m–n* 之后或 *m–n* 移到 *i–j* 之后两个调整方案，如图 4-48 所示。

将 *i–j* 移至 *m–n* 之后时，工期延长值：

$$\begin{aligned}\Delta T_{m-n,\,i-j} &= EF_{m-n} + D_{i-j} - LF_{i-j} \\ &= EF_{m-n} - (LF_{i-j} - D_{i-j}) \\ &= EF_{m-n} - LS_{i-j}\end{aligned} \tag{4-20}$$

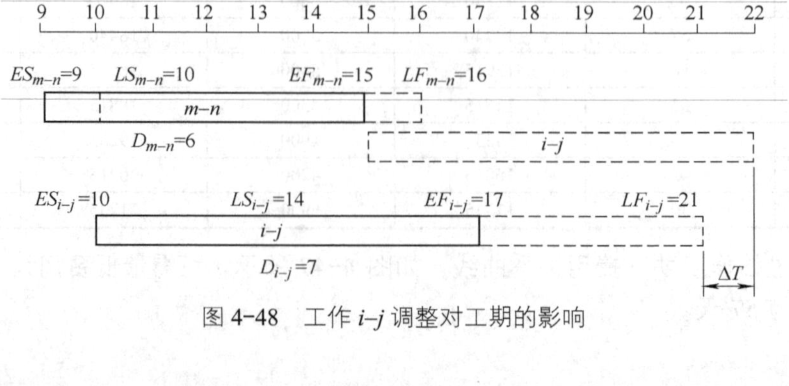

图 4-48 工作 *i–j* 调整对工期的影响

当工期延长值$\Delta T_{m-n,\ i-j}$为负值或 0 时，对工期无影响；为正值时，工期将延长。故应取ΔT最小的调整方案，即要将 LS 值最大的工作排在 EF 值最小的工作之后。如本例中，

方案 1：将 $i-j$ 排在 $m-n$ 之后，则$\Delta T_{m-n,\ i-j}=EF_{m-n}-LS_{i-j}=15-14=1$ 天。

方案 2：将 $m-n$ 排在 $i-j$ 之后，则$\Delta T_{i-j,\ m-n}=EF_{i-j}-LS_{m-n}=17-10=7$ 天。应选方案 1。

当 $\min\{EF\}$和 $\max\{LS\}$属于同一工作时，则应找出 EF_{m-n} 的次小值及 LS_{i-j} 的次大值代替，而组成两种方案，即：

$$\Delta T_{m-n,\ i-j}=\left(次小EF_{m-n}\right)-\max\{LS_{i-j}\}$$
$$\Delta T_{m-n,\ i-j}=\min\{EF_{m-n}\}-\left(次大LS_{i-j}\right) \tag{4-21}$$

取小者的调整顺序。

（2）优化步骤

1）检查资源需要量。从网络计划开始的第 1d 起，从左至右计算资源需用量 R_t，并检查其是否超过资源限量 R_a。如果整个网络计划都满足 $R_t<R_a$，则该网络计划就已经达到优化要求；如果发现 $R_t>R_a$，就应停止检查而进行调整。

2）计算和调整。先找出发生资源冲突时段的所有工作，再按式（4-20）或式（4-21）计算$\Delta T_{m-n,\ i-j}$，确定调整的方案并进行调整。

3）重复以上步骤，直至出现优化方案为止。

【例 4-1】已知某工程网络计划如图 4-49 所示。图中箭线上方为资源强度，箭线下方为持续时间，若资源限量 $R_a=12$，试对其进行资源有限—工期最短的优化。

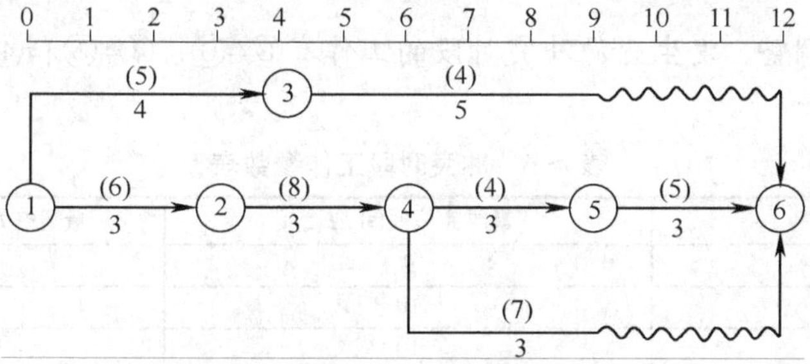

图 4-49　某工程网络计划

【解】

1）计算资源需要量。如图 4-50 所示，计算至第 4d 时，$R_4=13>R_a=12$，故需进行调整。

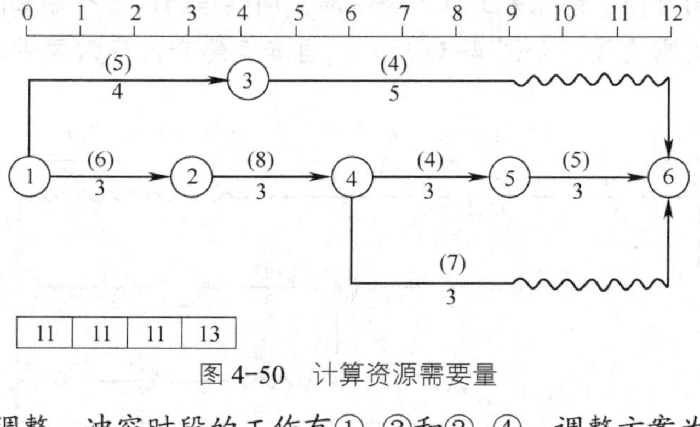

图 4-50　计算资源需要量

2）选择方案与调整。冲突时段的工作有①–③和②–④，调整方案为：

方案一：①–③移至②–④之后。从图 4-50 中可知：

$$EF_{2\text{-}4}=6$$

由 $ES_{1\text{-}3}=0$，$TF_{1\text{-}3}=3$，得 $LS_{1\text{-}3}=0+3=3$，则：

$$\Delta T_{2\text{-}4,\ 1\text{-}3}=EF_{2\text{-}4}-LS_{1\text{-}3}=6-3=3$$

方案二：②–④移至①–③之后。从图 4-50 中可知：

$$EF_{1\text{-}3}=4$$

由 $ES_{2\text{-}4}=3$，$TF_{2\text{-}4}=0$，得 $LS_{2\text{-}4}=3+0=3$，则：

$$\Delta T_{1\text{-}3,\ 2\text{-}4}=EF_{1\text{-}3}-LS_{2\text{-}4}=4-3=1$$

决定采用工期增量较小的第二方案，绘出其网络计划如图 4-51 所示。

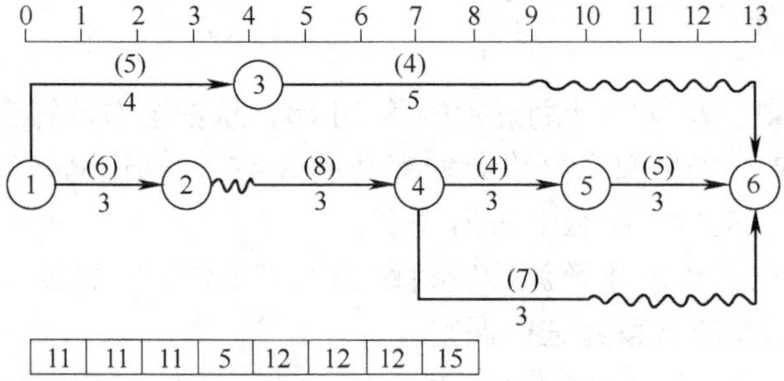

图 4-51　第一次调整并继续检查资源需要量

3）再计算资源需用量。如图 4-51 所示，计算至第 8d，$R_8=15>R_a=12$，故需进行第二次调整。

4）进行第二次调整。发生资源冲突时段的工作有③–⑥、④–⑤和④–⑥三项。计算调整所需参数，见表 4-6。

表 4-6　冲突时段工作参数表

工作代号	最早完成时间 $EF_{i\text{-}j}$	最迟开始时间 $LS_{i\text{-}j}=ES_{i\text{-}j}+TF_{i\text{-}j}$
③–⑥	9	8=4+4
④–⑤	10	7=7+0
④–⑥	10	10=7+3

从表 4-6 中可看出，最早完成时间的最小值为 9，属③–⑥工作；最迟开始时间的最大值为 10，属④–⑥工作。因此，最佳方案是将④–⑥移至③–⑥之后，其工期增量将最小，即：$\Delta T_{3\text{-}6,\,4\text{-}6}=9-10=-1$。工期增量为负值，意味着工期不会增加。调整后的网络计划如图 4-52 所示。

5）再次计算资源需要量。如图 4-52 所示，自始至终资源的需要量均小于资源限量，已达到优化要求。

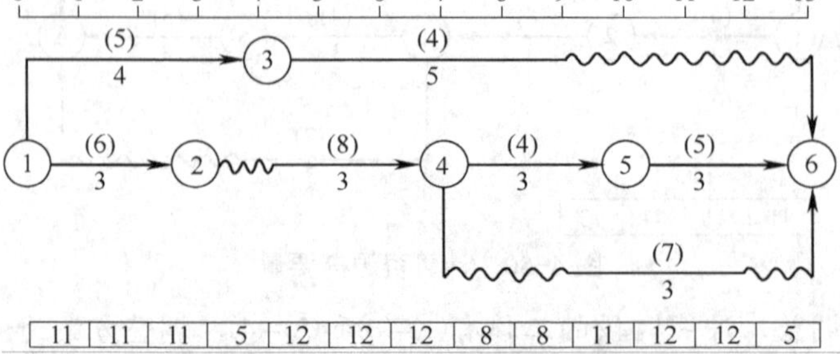

图 4-52　经第二次调整得到优化网络计划

2. “工期固定，资源均衡”的优化

该优化是通过调整计划安排，在工期不变的条件下，使资源需要量尽可能均衡的过程。资源均衡可以有效地缓解供应矛盾，减少临时设施的规模，从而有利于工程组织管理，并可降低工程费用。常用优化方法有削高峰法和方差值最小法，在此只介绍方差值最小法。

（1）方差值（σ^2）最小法的基本原理　方差值是指每天计划需要量 R_t 与每天平均需要量 R_m 之差的平方和的平均值，即

$$\sigma^2 = \frac{1}{T}\sum_{t=1}^{T}(R_t - R_m)^2 \tag{4-22}$$

为使计算简便，将上式展开并作如下变换：

$$\sigma^2 = \frac{1}{T}\sum_{t=1}^{T}(R_t^2 - 2R_tR_m + R_m^2) = \frac{1}{T}\sum_{t=1}^{T}R_t^2 - 2\frac{1}{T}\sum_{t=1}^{T}R_tR_m + R_m^2 \tag{4-23}$$

而 $\frac{1}{T}\sum_{t=1}^{T}R_t = R_m$，代入上式，得：

$$\sigma^2 = \frac{1}{T}\sum_{t=1}^{T}R_t^2 - R_m^2 \tag{4-24}$$

上式中 T 与 R_m 为常数，因此，只要 R_t^2 最小就可使得方差值 σ^2 最小。

（2）优化的步骤与方法

1）按最早时间绘出符合工期要求的时标网络计划，找出关键线路，求出各非关键工作的总时差，逐日计算出资源需要量或绘出资源需要量动态曲线。

2）优化调整的顺序。由于工期已定，只能调整非关键工作。其顺序为：自终点节点开始，逆箭线逐个进行。对完成节点为同一个节点的工作，须先调整开始时间较迟者。

在所有工作都按上述顺序进行了一次调整之后，再按该顺序逐次进行调整，直至所有工作既不能向右移也不能向左移为止。

（3）工作可移性的判断　由于工期已定，故关键工作不能移动。非关键工作能否移动，主要看是否能削峰填谷或降低方差值。判断方法如下：

1）若将工作 k 向右移动一天，则在移动后该工作完成的那一天的资源需要量应等于或小于右移前工作开始那一天的资源需要量，也就是说不得出现削了高峰后，又填出新的高峰。若用 r_k 表示 k 工作的资源强度，i、j 分别表示工作移动前开始和完成的那一天，则应满足下式要求：

$$R_{j+1} + r_k \leqslant R_i \tag{4-25}$$

2）若将工作 k 向左移动一天，则在左移后该工作开始那一天的资源需要量应等于或小于左移前工作完成那一天的资源需要量，否则也会产生削峰又填谷成峰的问题。即应符合下式要求：

$$R_{i-1}+r_k \leqslant R_j \tag{4-26}$$

3）若将工作 k 右移一天或左移一天不能满足上述要求时，则可考虑在其总时差范围内，右移或左移数天后能否使资源需要量更加均衡。

向右移动时，判别式为：

$$[(R_{j+1}+r_k)+(R_{j+2}+r_k)+(R_{j+3}+r_k)+\cdots] \leqslant [R_i+R_{i+1}+R_{i+2}+\cdots] \tag{4-27}$$

向左移动时，判别式为：

$$[(R_{i-1}+r_k)+(R_{i-2}+r_k)+(R_{i-3}+r_k)+\cdots] \leqslant [R_j+R_{j-1}+R_{j-2}+\cdots] \tag{4-28}$$

【例 4-2】已知某工程网络计划如图 4-53 所示。箭线上方数字为该工作每日资源需要量，箭线下数字为持续时间。试对其进行工期固定—资源均衡的优化。

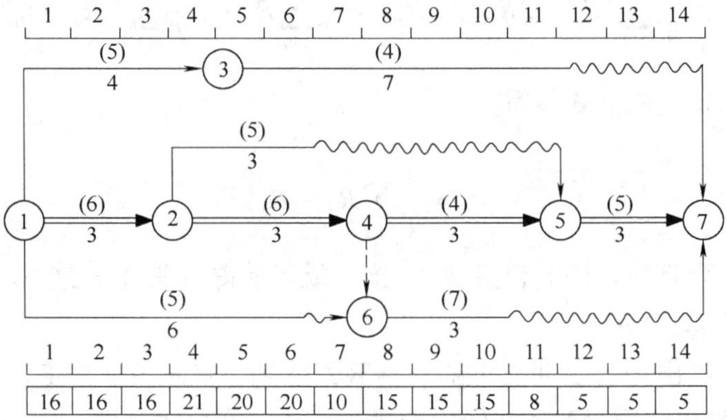

图 4-53　某工程初始网络计划

【解】

1）未调整时的资源需要量方差值为：

$$\sigma^2=\frac{1}{T}\sum_{t=1}^{T}R_t^{\ 2}-R_m^{\ 2}$$

R_m=[16×3+21×1+20×2+10×1+15×3+8×1+5×3]/14=13.36

σ^2=[16^2×3+21^2×1+20^2×2+10^2×1+15^2×3+8^2×1+5^2×3]/14−13.36^2=30.30

2）向右移动工作⑥–⑦，按式（4-25）判断如下：

$R_{11}+r_{6-7}$=8+7=15	=	R_8=15	（可右移 1d）
$R_{12}+r_{6-7}$=5+7=12	<	R_9=15	（可再右移 1d）
$R_{13}+r_{6-7}$=5+7=12	<	R_{10}=15	（可再右移 1d）

此时，已将⑥–⑦移至其原有位置之后，能否再移动需待列出调整表后进行判断，见表 4-7。

表 4-7　移动工作⑥–⑦后的资源调整表

时间	1	2	3	4	5	6	7	8	9	10	11	12	13	14
原资源量	16	16	16	21	20	20	10	15	15	15	8	5	5	5
调整表								−7	−7	−7	+7	+7	+7	
现资源量	16	16	16	21	20	20	10	8	8	8	15	12	12	5

从表 4-7 可看出，工作⑥–⑦还可向右移动，即：

$R_{14}+r_{6-7}=5+7=12$　　<　　$R_{11}=15$　　（可右移 1d）

至此，工作⑥–⑦已移至网络计划的最后，不能再移。移动后的资源需要量变化情况见表 4-8。

表 4-8　再移动工作⑥–⑦后的资源调整表

时间	1	2	3	4	5	6	7	8	9	10	11	12	13	14
原资源量	16	16	16	21	20	20	10	8	8	8	15	12	12	5
调整表											−7			+7
现资源量	16	16	16	21	20	20	10	8	8	8	8	12	12	12

3）向右移动工作③–⑦：

$R_{12}+r_{3-7}=12+4=16$　　<　　$R_5=20$　　（可右移 1d）

$R_{13}+r_{3-7}=12+4=16$　　<　　$R_6=20$　　（可再右移 1d）

$R_{14}+r_{3-7}=12+4=16$　　>　　$R_7=10$　　（不能右移）

此时资源需要量变化情况见表 4-9。

表 4-9　移动工作③–⑦后的资源调整表

时间	1	2	3	4	5	6	7	8	9	10	11	12	13	14
原资源量	16	16	16	21	20	20	10	8	8	8	8	12	12	12
调整表					−4	−4						+4	+4	
现资源量	16	16	16	21	16	16	10	8	8	8	8	16	16	12

4）向右移动工作②–⑤：

$R_7+r_{2-5}=10+5=15$　　<　　$R_4=21$　　（可右移 1d）

$R_8+r_{2-5}=8+5=13$　　<　　$R_5=16$　　（可再右移 1d）

$R_9+r_{2-5}=8+5=13$　　<　　$R_6=16$　　（可再右移 1d）

此时，已将②–⑤移至其原有位置之后，能否再移动需待列出调整表后进行判断，见表 4-10。

表 4-10　移动工作②–⑤后的资源调整表

时间	1	2	3	4	5	6	7	8	9	10	11	12	13	14
原资源量	16	16	16	21	16	16	10	8	8	8	8	16	16	12
调整表				−5	−5	−5	+5	+5	+5					
现资源量	16	16	16	16	11	11	15	13	13	8	8	16	16	12

从表 4-10 可看出，工作②–⑤还可向右移动，即：

$R_{10}+r_{2-5}=8+5=13 \quad < \quad R_7=15$ （可右移 1d）

$R_{11}+r_{2-5}=8+5=13 \quad = \quad R_8=13$ （可再右移 1d）

从图 4-53 中可以看出，工作②–⑤已无时差，不能再向右移动。此时资源需要量变化情况见表 4-11。

表 4-11 再移动工作②–⑤后的资源调整表

时间	1	2	3	4	5	6	7	8	9	10	11	12	13	14
原资源量	16	16	16	16	11	11	15	13	13	8	8	16	16	12
调整表							–5	–5		+5	+5			
现资源量	16	16	16	16	11	11	10	8	13	13	13	16	16	12

为了明确看出其他工作能否右移，绘出经以上调整后的网络计划，如图 4-54 所示。

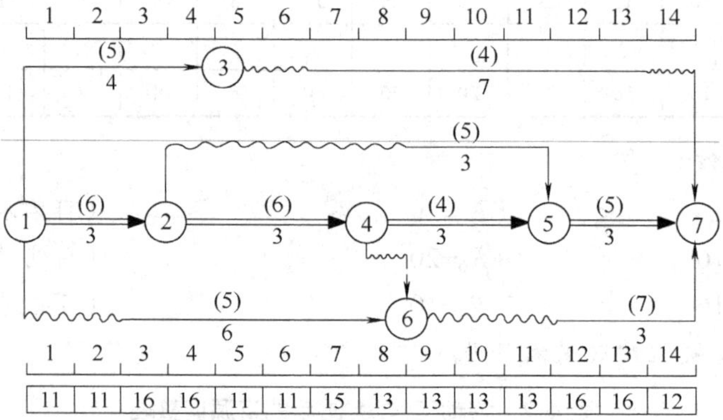

图 4-54 右移⑥–⑦、③–⑦、②–⑤后的网络计划

5）向右移动工作①–⑥：

$R_7+r_{1-6}=10+5=15 \quad < \quad R_1=16$ （可右移 1d）

$R_8+r_{1-6}=8+5=13 \quad < \quad R_2=16$ （可再右移 1d）

$R_9+r_{1-6}=13+5=18 \quad > \quad R_3=16$ （不能右移）

此时资源需要量变化情况见表 4-12。

表 4-12 移动工作①–⑥后的资源调整表

时间	1	2	3	4	5	6	7	8	9	10	11	12	13	14
原资源量	16	16	16	16	11	11	10	8	13	13	13	16	16	12
调整表	–5	–5					+5	+5						
现资源量	11	11	16	16	11	11	15	13	13	13	13	16	16	12

6）可明显看出，工作①–③不能向右移动。至此，第一次向右移动已经完成，其网络计划如图 4-55 所示。

7）由图 4-55 可看出，工作③–⑦可以向左移动，故进行第二次移动，按式（4-26）判断如下：

$R_6+r_{3-7}=11+4=15$　　　<　　　$R_{13}=16$　　　（可左移 1d）

$R_5+r_{3-7}=11+4=15$　　　<　　　$R_{12}=16$　　　（可再左移 1d）

至此，工作③–⑦已移至最早开始时间，不能再移动。

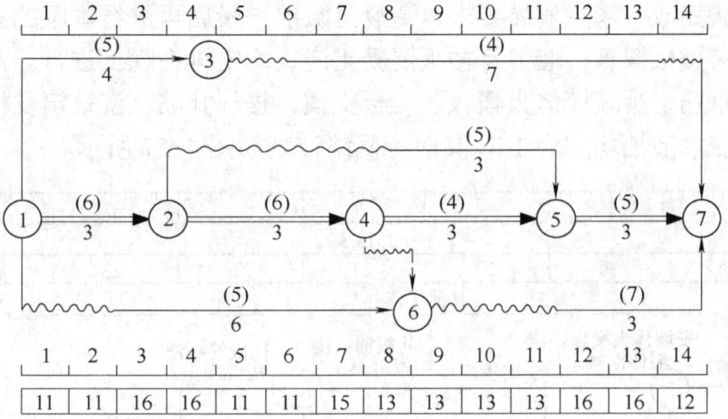

图 4–55　向右移动一遍后的网络计划

其他工作向左移或向右移均不能满足式（4–25）或式（4–26）的要求。至此，已完成该网络计划的优化，优化后的网络计划如图 4–56 所示。

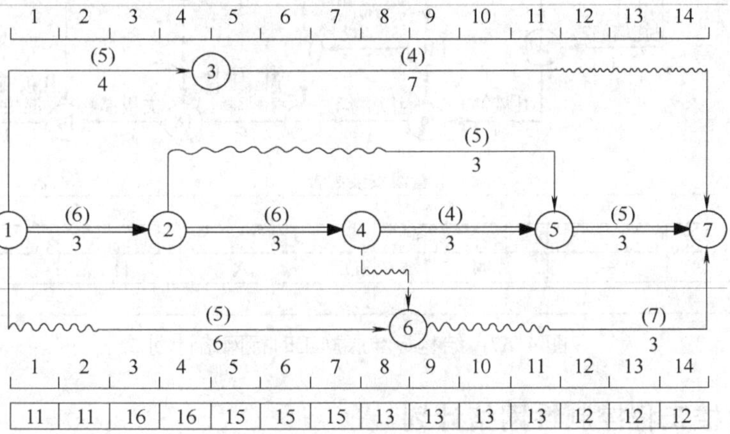

图 4–56　优化后的网络计划

8）计算优化后方差值。

$$\sigma^2=\frac{1}{14}[11^2\times2+16^2\times2+15^2\times3+13^2\times4+12^2\times3]-13.36^2=2.72$$

与初始网络计划比较，方差值降低了：（30.30–2.72）÷30.30×100%=91.02%。可见，经优化调整后，资源均衡性有了较大幅度的好转。

课题 6　网络计划的应用实例

4.6.1　现浇剪力墙住宅结构标准层流水施工网络计划

某现浇钢筋混凝土剪力墙高层住宅楼，主体结构施工时，每层分为四个流水段，墙体采用大模板施工。其结构标准层主要包括绑扎墙体钢筋、安装墙体大模板、浇筑墙体混凝土、拆大模板、支楼板模板、绑扎楼板钢筋、浇筑楼板混凝土七个主要施工过程，其中绑扎墙体钢筋、安装墙体大模板、支楼板模板、绑扎楼板钢筋四项为主导施工过程，墙体大模板拆除及安装均由安装队完成，考虑周转要求，清晨拆除前一段后再进行本段的安装，而拆除墙模的施工段即可安装楼板模板，墙体及楼板混凝土浇筑均安排在晚上进行。

组织扎墙体钢筋、拆装墙体大模板、楼板支模、楼板扎筋、浇筑墙及板混凝土五个工作队的流水施工，流水节拍均定为 1d，其时标网络计划如图 4-57 所示。

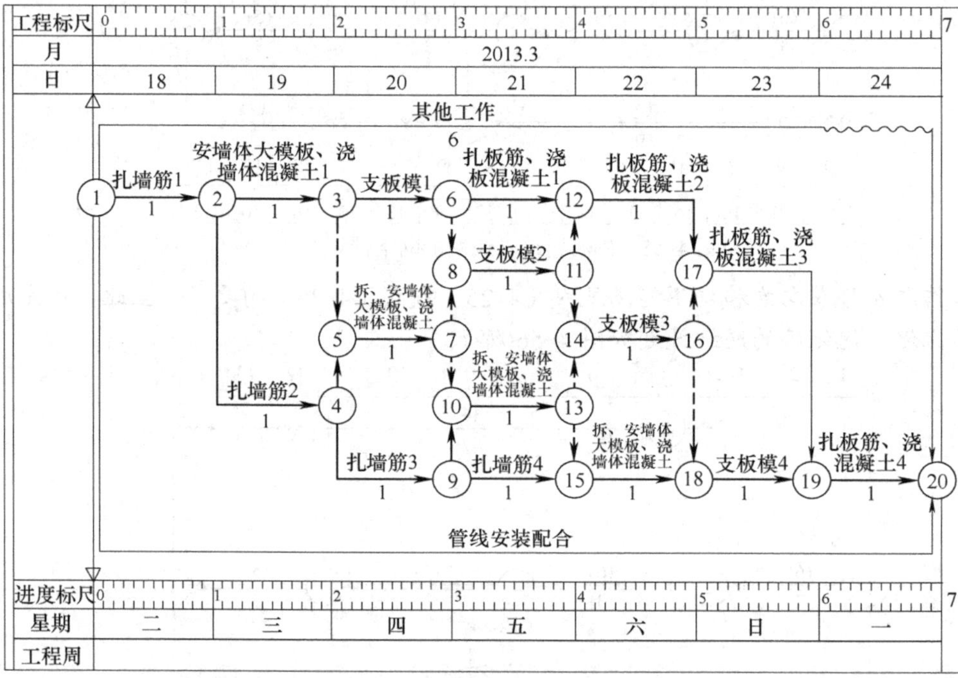

图 4-57　结构标准层施工时标网络计划

4.6.2　某综合楼工程控制性网络计划

某工程位于××市××街南侧，占地面积 1725m²，地下 1 层，地上 8 层，总建筑面积 15600m²，是集办公、会议、教育培训为一体的综合性办公大楼。地下室为机房、停车场和人防设施，1 层为大堂和餐厅，2～6 层为办公用房，7 层为教学培训用房，8 层为多功能厅，建筑总高度为 33.50m。内设主楼梯 1 部，消防楼梯 2 部，电梯 3 部。

基础为钢筋混凝土筏板基础，地下室埋深-4.8m。结构为框架—剪力墙体系。按 8 度抗震设防。填充墙采用轻质陶粒混凝土空心砌块。屋面采用细石混凝土刚性防水和 SBS 改性沥青防水卷材防水，上铺防滑地砖。主楼外墙体面砖为方块面砖，立面中心为玻璃幕墙，两侧为铝合金通窗。室内墙面主要采用环保乳胶漆，顶棚采用铝合金龙骨岩棉板吊顶。首层及多功能厅地面铺设大理石，其余楼地面采用玻化砖铺设。合同工期为 360d。

其控制性网络计划如图 4-58 所示。

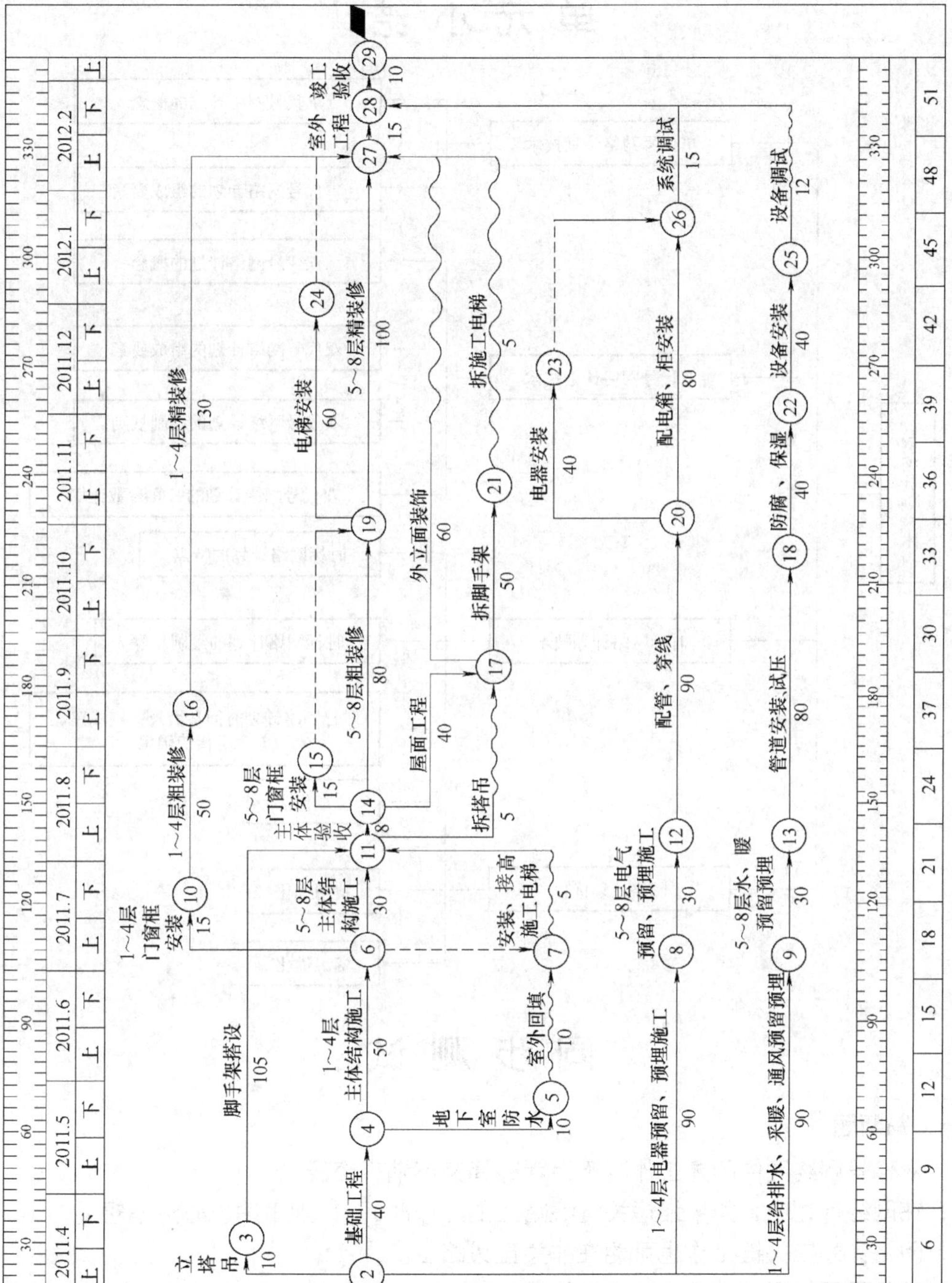

图 4-58　某综合楼工程施工控制性网络计划

单元小结

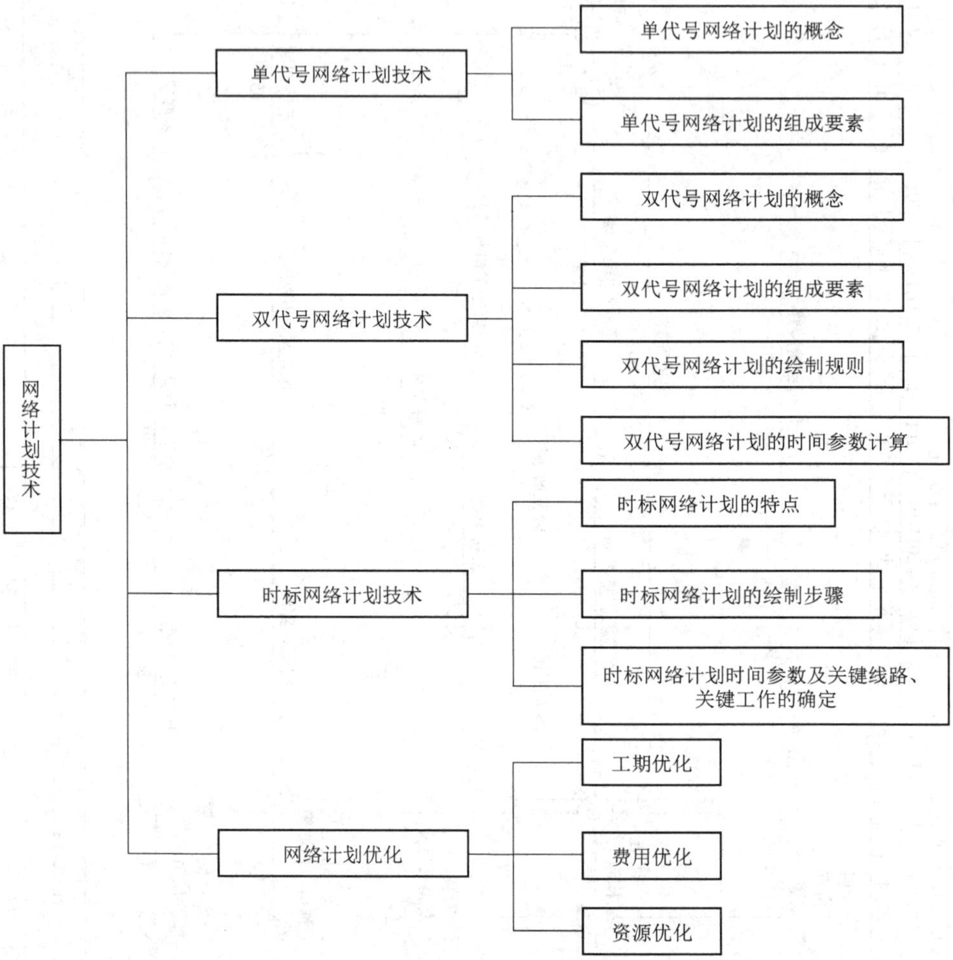

同步测试

一、判断题

1．双代号网络图中的虚工作既不消耗时间又不消耗资源。（　　）
2．在网络计划中，如果缩短关键线路上的工作时间 t，则工期也必然缩短 t。（　　）
3．网络计划中关键工作也可能在非关键线路上。（　　）
4．单代号网络图中的虚工作用虚箭线表示。（　　）
5．时标网络图中的波形线代表自由时差。（　　）
6．总时差为零的工作，自由时差一定为零。（　　）
7．自由时差为零的工作，总时差一定为零。（　　）
8．单代号网络图绘制中不允许出现两个起始或终止节点。（　　）

9．在网络计划中，只允许存在一条关键线路。（ ）

10．单代号网络图和双代号网络图中的节点的含义一致。（ ）

二、单选题

1．下列有关线路的说法正确的是（ ）。

A．线路是从起点节点到终点节点各条路线的全称

B．一个网络图中，关键线路只有一条

C．一个网络图中，非关键线路只有一条

D．以上都不正确

2．下列有关关键线路的说法错误的是（ ）。

A．关键线路上的工作称为关键工作　　B．一个网络图中，关键线路只有一条

C．关键线路上的总时差均为零　　D．关键线路上的自由时差总为零

3．双代号时标网络计划的自由时差值是（ ）。

A．波形线的实长度　　B．波形线的水平投影长度

C．波形线的垂直投影长度　　D．以上均不正确

4．下列有关网络图的画法描述中，错误的是（ ）。

A．网络图中严禁出现循环回路

B．网络图中严禁出现双向箭头

C．网络图中除起点节点外，不应出现无内向箭线的节点

D．网络图中的中间节点只能发出箭线

5．工期优化是以（ ）为目标进行的。

A．降低费用　　B．均衡施工　　C．工期缩短　　D．关键工作

6．工程网络计划费用优化的目的是为了寻求（ ）。

A．最短工期　　B．最低成本时的最短工期

C．最低成本　　D．最短工期时的最低成本

7.（ ）为零的工作肯定在关键线路上。

A．自由时差　　B．总时差

C．持续时间　　D．以上三者均不对

8．时标网络计划与一般网络计划相比其优点是（ ）。

A．能进行时间参数的计算　　B．能确定关键线路

C．能计算时差　　D．能增加网络的直观性

三、多选题

1．下列有关双代号网络图的绘图规则说法正确的是（ ）。

A．必须正确表达已确定的逻辑关系　　B．不允许出现循环回路

C．可以有多个起点节点　　D．不可以用过桥法出现交叉

E．不能出现双向箭头或无箭头的连线

2．在双代号网络计划中，计算工期等于计划工期，则关键线路是（ ）。

A．所有线路中线路上各项工作持续时间之和最小的线路

B．线路上各项工作的总时差均为零的线路

C．线路上各项工作的自由时差均为零的线路

D．线路上各项工作的持续时间均不可压缩的线路

E．线路上各项工作的最迟开始时间与最早开始时间相等的线路

3．在工程网络计划图中，工作之间的逻辑关系有（　　　）。

A．搭接关系　　B．指令关系　　C．工艺关系　　D．先后关系

E．组织关系

4．工作 C 有两项紧前工作 A、B，其持续时间为 A=3 天，B=4 天，其最早开始时间相应为第 5 天和第 6 天，C 工作的最迟开始时间为第 13 天，则下列计算正确的是（　　　）。

A．工作 C 总时差为 3 天　　B．工作 A 总时差为 5 天

C．工作 A 自由时差为 2 天　　D．工作 B 总时差为 2 天

E．工作 B 自由时差为 1 天

5．下列计算中哪些可以确定为关键工作（　　　）。

A．$EF_{i-j}=0$　　B．$TF_{i-j}=0$　　C．$LF_{i-j}-EF_{i-j}=0$　　D．$ES_{i-j}-LS_{i-j}=0$

E．$EF_{i-j}-ES_{i-j}=0$

四、简答题

1．什么叫双代号网络图？什么叫单代号网络图？

2．实工作和虚工作有何区别？虚工作的作用有哪些？

3．简述双代号网络图的绘制规则。

4．双代号网络图的时间参数有哪些？应如何计算？

5．什么叫线路、关键线路、关键工作？

6．如何判定双代号时标网络计划的关键线路、工期及各工作的时间参数？

7．试通过坐标图说明工期和费用之间的关系。

8．工期优化、费用优化、资源优化的作用是什么？

9．工期优化过程中，选择压缩作业时间的关键工作时应考虑哪些因素？

10．试述网络计划的工期优化包括哪几个步骤？

五、绘图计算题

1．根据如下逻辑关系绘制网络图，并进行节点编号。

1）A 和 B 工作同时开始，B 工作完之后做 C 和 F 工作，D 和 E 工作在 A 工作完之后做，E 工作在 C 工作完之后做，F 工作完后做 G 工作，H 工作在 E 和 G 工作均完之后做，H 和 D 工作同时结束。

2）A 和 B 工作均完成后进行 D 工作，A、B、C 工作均完成后进行 E 工作，D 和 E 工作均完成后进行 F 工作。

2．根据表 4-13 所列出的工作逻辑关系和工作持续时间，绘制双代号网络图，并计算各节点的事件时间参数和各工作的时间参数，找出关键线路及关键工作，求出计算工期。

表 4-13 各工作逻辑关系表

工作名称	A	B	C	D	E	F	G	H
紧前工作	—	—	A	A	A	B、C	D	D、E、F
持续时间	2	3	3	4	3	2	3	3

3．根据表 4-14 给出的逻辑关系绘制单代号网络图，并计算各工作的时间参数，找出关键线路，确定计算工期。

表 4-14 各工作逻辑关系表

工作名称	A	B	C	D	E	F	G	H
紧前工作	—	—	A、B	A	C、D	B、C	D	A、E、F
持续时间	3	4	2	4	5	3	2	4

4．根据表 4-15 中各施工过程之间的逻辑关系，绘制单代号网络图、双代号网络图和时标网络图，并计算各工作的时间参数及节点的事件时间参数，标出关键线路，找出关键工作。

表 4-15 各工作逻辑关系表

工作名称	A	B	C	D	E	F	G	H	I	J
紧前工作	—	A	A	B	B	D	F	E、F	C、E、F	G、H
持续时间	2	3	5	2	3	3	2	3	6	2

5．已知某网络计划初始方案如图 4-59 所示，图中箭线上数据为工作正常作业时间，括号内数据为工作最短作业时间，假定合同工期为 131 天，假设③→④工作有充足的资源，且缩短时间对质量无太大影响；④→⑥工作缩短时间所需费用最省，且资源充足；①→③工作缩短时间的有利因素不如③→④与④→⑥工作。试对其进行工期优化。

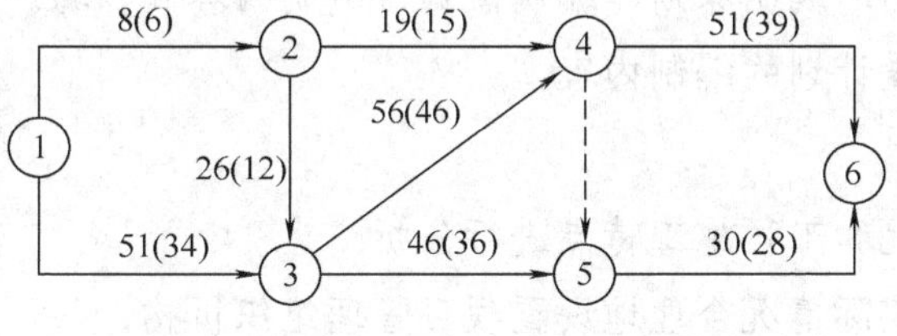

图 4-59 某网络计划初始方案

6．某工程任务的网络计划如图 4-60 所示，箭线上括号外为正常时间直接费，括号内为最短时间直接费，箭线下括号外为正常持续时间，括号内为最短持续时间，已知每天的间接费（综合管理费）为 150 元，试求出费用最少的工期。

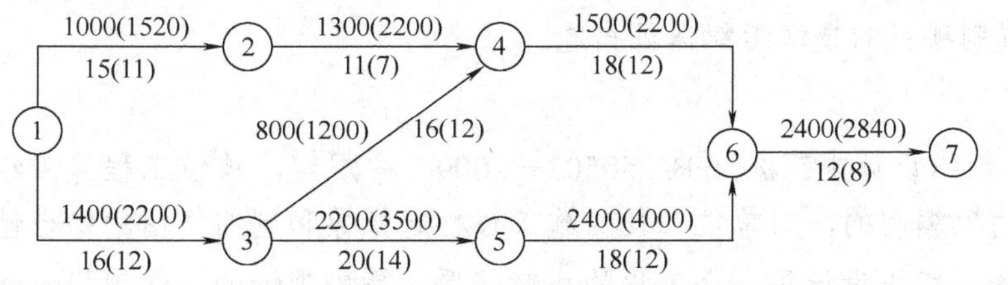

图 4-60 某工程任务的网络计划

单元五

单位工程施工组织设计

知识目标：

- 了解单位工程施工组织设计的作用。
- 了解单位工程施工组织设计编制的程序。
- 了解单位工程施工组织设计编制的依据。
- 掌握工程施工特点、合同条件。
- 掌握施工方案的编制原则、编制依据、编制内容和步骤。
- 掌握施工进度计划的编制原则、编制依据、编制内容和步骤。
- 掌握施工平面图的编制原则、编制依据、编制内容和步骤。
- 掌握资源需求量计划的编制内容。

能力目标：

- 能够对工程概况和工程施工特点进行分析。
- 能够根据项目实际情况合理地设置项目管理组织机构。
- 能够正确地选择施工方案和方法。
- 能够正确地编制施工进度计划。
- 能够合理地绘制施工平面图。
- 能够合理选择项目的技术经济指标并给予评价。
- 能够编制项目的技术组织保证措施。

导语：

《建筑施工组织设计规范》（GB/T50502—2009）中规定，单位工程施工组织设计是以单位工程为主要对象编制的，对单位工程的施工过程起指导和制约作用的综合性文件。

单位工程施工组织设计是一个工程的战略部署，是宏观性的，体现指导性和原则性，是一个将建筑物的蓝图转化为实物的总文件，是项目施工全过程的管理性文件，其内容包含了施工全过程的部署、技术方案、进度计划及相关资源计划安排、各种组织保障措施等。

课题1 施工组织设计概述

5.1.1 施工组织设计的作用

施工组织设计是沟通工程设计和施工之间的桥梁，它既要体现基本建设计划和设计的要求，又要符合施工活动的客观规律，对建设项目、单项及单位工程的施工全过程起到战略部署和战术安排的双重作用。

1）通过施工组织设计的编制，可以全面考虑拟建工程的各种具体施工条件，扬长避短地拟定合理的施工方案，确定施工顺序、施工方法和劳动组织，合理地统筹安排拟定工程的施工进度计划。

2）为拟定工程的设计方案在经济上的合理性，在技术上的科学性和在实施工程上的可能性进行论证提供依据。

3）为建设单位编制基本建设计划和施工企业编制施工工作计划及施工准备工作计划提供依据。

4）可以把拟建工程的设计与施工、技术与经济、前方与后方和施工企业的全部施工安排与具体工程的施工组织更紧密地结合起来。

5）可以把直接参加的施工单位与协作单位、部门与部门、阶段与阶段、过程与过程之间的关系更好地协调起来。

因此，编好施工组织设计，按科学的程序组织施工，建立正常的施工秩序，有计划地开展各项施工活动，及时做好各项施工准备工作，保证劳动力和各种技术物资的供应，协调各施工单位之间、各工种之间、各种资源之间、平面和空间上的布置及时间上的安排之间的合理关系，为保证施工的顺利进行，如期按质按量完成施工任务，取得好的施工经济效益，起到重要的作用。

5.1.2 施工组织设计的分类和主要内容

1．按用途分类

施工组织设计根据用途不同可分为标前设计和标后设计。

1）标前设计是投标前编制的施工组织设计，它作为投标书的内容，其作用是指导工程投标与签订施工合同，是建设单位与承包单位进行合同谈判的依据，同时也是总包单位进行分包的依据。

2）标后设计是中标后编制的施工组织设计，其作用是指导项目的施工准备和实施。根据工程的质量要求、进度要求、成本条件等，提出具体的措施，以达到提高效益的目的。

2. 按设计对象分类

按照施工组织设计的对象分类，可分为施工组织总设计、单位工程施工组织设计、分部（分项）工程作业计划（或设计）。对专业性较强的工程项目，还应编制专项安全施工组织设计。

（1）施工组织总设计　施工组织总设计是以一个建设项目或建筑群为编制对象，是规划施工全过程中各项活动的技术、经济的全局性、控制性文件，是整个建设项目施工的战略部署，涉及范围较广，内容比较概括。它一般是在初步设计或扩大初步设计批准后，由总承包单位的总工程师负责，会同建设、设计和分包单位的工程师共同编制，是施工单位编制年度施工计划和单位工程施工组织设计的依据。

施工组织总设计的主要内容包括：工程概况和工程特点的说明；施工总进度计划和主要单位工程的进度计划；总的施工部署和主要单位工程的施工方案；分年度的各种资源的总需要量计划；全场性施工准备工作计划；施工总平面图的设计；有关质量、安全和降低成本等技术组织措施和技术经济指标等。

（2）单位工程施工组织设计　它是以单位工程（一个建筑物、构筑物或一个交竣工系统）为编制对象，是用来指导施工全过程中各项活动的技术、经济的局部性、指导性文件，是拟建工程施工的战术安排，是施工单位年度施工计划和施工组织总设计的具体化，内容应详细。它是在施工图设计完成后，由工程项目主管工程师负责编制的，可作为编制季度、月度计划和分部分项工程作业计划的依据。

单位工程施工组织设计的主要内容包括：工程概况和工程特点的分析；施工准备工作计划；施工方案的选择；工程进度表；各种资源需要量计划；现场施工平面布置图；对工程质量、安全施工、降低成本等的技术组织措施等。

（3）分部（分项）工程作业计划（或设计）　也称分部工程施工方案，是以施工难度较大或技术较复杂的分部或分项工程（如较复杂的基础工程、钢筋混凝土框架剪力墙工程、大型结构构件吊装工程等）为编制对象，是用来指导施工活动的技术、经济文件。常需在编制单位工程施工组织设计后，编制分部（分项）工程作业计划，它结合施工单位的月、旬作业计划，把单位工程施工组织设计进一步具体化，是专业工程的具体施工设计。一般在单位工程施工组织设计确定了施工方案后，由施工队技术队长负责编制。

分部（分项）工程作业计划的主要内容包括：工程特点，主要施工方法及技术措施，进度计划表，材料、劳动力及机具的使用计划，质量要求等。

5.1.3 施工组织设计的编制原则及依据

1. 施工组织设计的编制原则

1）认真贯彻国家工程建设的法律、法规、规程以及方针和政策。

2）严格执行工程建设程序，坚持合理的施工顺序。

3）采用现代建筑管理原理、流水施工方法和网络计划技术，组织有节奏、均衡、连续的施工。

4）优选先进施工技术，科学确定施工方案；认真编制各项实施计划，严格控制工程质量、进度、成本和施工安全。

5）充分利用施工机械和设备，提高施工机械化和自动化程度，改善劳动条件，提高生产率。

6）扩大预制装配范围，提高建筑工业化程度，科学安排冬、雨期施工，保证全年施工的均衡性和连续性。

7）坚持“安全第一，预防为主”的原则，确保安全生产和文明施工，认真做好生态环境和历史文物保护工作，严防建筑振动、噪声、粉尘和垃圾污染。

8）尽可能利用永久性设施和组装式施工设施，努力减少施工设施建造量，科学规划施工平面，减少施工用地。

9）优化现场物资储备量，合理确定物资储存方式，尽量减少库存量和物资损耗。

2．施工组织设计的编制依据

1）招标文件与施工合同、施工企业年度施工计划。主要包括建设单位对施工的要求，工程范围和内容，工程开、竣工日期，工程造价，工程设计文件及概预算和技术资料的提供日期，材料和设备的供应和进场期限等。

2）经过会审的施工图。主要包括单位工程的全部施工图纸、会审纪要和标准图等有关设计资料。对于较复杂的工业厂房，还要有设备图纸，并了解设备安装对土建施工的要求及设计单位对新结构、新材料、新技术和新工艺的要求，还要了解建设项目的总平面布置等。

3）施工组织总设计。施工组织总设计中的总体施工部署，对本工程施工的有关规定要求，也应作为编制依据。

4）建设单位对工程可能提供的条件。建设单位可能提供的临时办公等施工用房的数量，供水、供电的情况等。

5）工程预算文件及有关定额。应有详细的分部、分项工程量，必要时应有分层分段或分部位的工程量，使用的预算、施工定额、工期定额等。

6）工程的施工条件。主要包括施工中配备的劳动力情况，材料、预制构件来源及供应情况，施工机具配备及其生产能力等。

7）施工现场的勘察资料。主要包括施工现场的地形、地貌、高程，工程地质、水文、气象资料，现场地上与地下障碍物，交通运输情况等。

8）国家相关的规定与标准。主要包括施工验收规范、质量标准、操作规程、建筑法及规章制度等。

9）有关的参考资料及施工组织设计实例。

5.1.4　施工组织设计的编制程序

施工组织设计的编制程序是指各个组成部分形成的先后次序以及相互之间的制约关系。工程施工组织设计的编制程序，如图 5-1 所示，从中可以了解设计的有关内容和步骤。

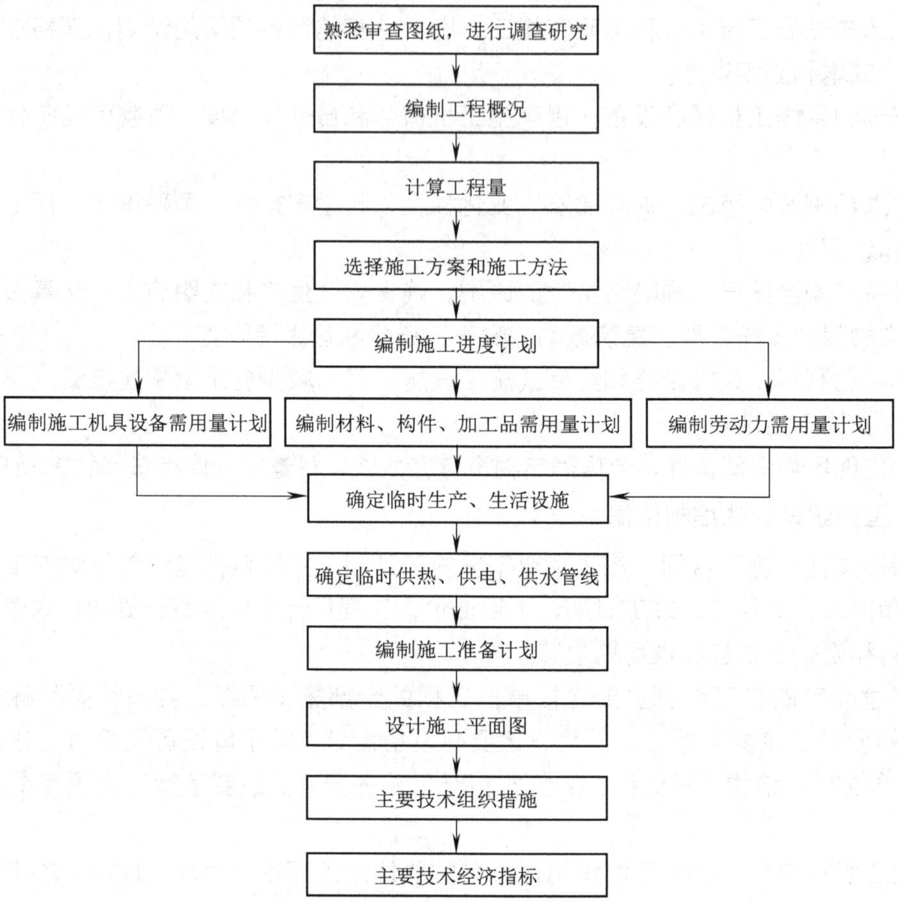

图 5-1　单位工程施工组织设计编制程序

课题 2　工程概况和施工特点

5.2.1　工程概况

1．主要说明

其内容主要包括：拟建工程的建设单位、工程名称、建设目的、工程地点、工程类型、使用功能、质量要求，资金来源及工程投资额、工程造价，开竣工日期，设计单位、监理单位、施工单位名称及资质等级，上级有关文件和要求，施工图纸情况（是否出齐、会审等），施工合同等。

2．建筑、结构设计概况

（1）建筑设计特点　主要说明：拟建工程的建筑面积、平面形状、层数、层高、总高、总宽、总长等；室内外装饰的材料、做法和要求，楼地面材料种类和做法，门窗种类、油漆要求；顶棚构造，屋面保温隔热及防水层做法等。

（2）结构设计特点　主要说明：结构特点、抗震要求，地基处理形式，桩基础的形式、根数、深度；基础类型、埋置深度、特点和要求，设备基础的形式，主体结构的类型，墙、柱、梁、板的材料及截面尺寸，楼梯的形式及做法，预制构件的类型及安装位置，单件最重、最高构件的安装高度及平面位置等。

3．工程建设地点概况

其内容主要包括：拟建工程的位置、地形，工程地质和水文地质条件，不同深度的土壤分析；冻结期间与冻土深度，地下水位与水质，气温，冬雨期起止时间，主导风向与风力；地震烈度等特征。

5.2.2 施工特点

1．施工条件分析

施工条件分析主要包括：水、电、道路及场地平整等情况，施工现场及周围环境情况，当地的交通运输条件，材料、预制构件的生产及供应情况，施工机械设备的落实情况，劳动力，特别是主要施工项目的技术工种的落实情况，内部承包方式、劳动组织形式及施工管理水平，现场临时设施的解决情况等。

2．工程施工特点分析

工程施工特点主要包括拟建工程的施工特点和施工中的关键问题。

不同类型的建筑、不同条件下的工程施工，均有其不同的特点。例如，砖混结构住宅建筑的施工特点是砌筑和抹灰工程量大，水平与垂直运输量大，主体施工占整个工期的35%左右，应尽量使砌筑与楼板混凝土工程流水施工；装修阶段占整个工期的50%左右，工种交叉作业，应尽量组织立体交叉平行流水施工。又例如，现浇钢筋混凝土高层建筑的施工特点是基坑、地下室支护结构安全要求高，结构和施工机具设备的稳定性要求高，钢材加工量大，混凝土浇筑难度大，脚手架、模板工程需进行设计，安全问题突出，要有高效率的垂直运输设备等。而在单层装配式工业厂房施工中，要重点解决预制工程和结构安装工程。

对于规模不大的工程，可采用表格形式对工程概况进行说明，见表5-1。

表5-1 工程概况表

<table>
<tr><td>建设单位</td><td></td><td colspan="3">建筑结构</td><td colspan="3">装饰要求</td></tr>
<tr><td>监理单位</td><td></td><td></td><td>层数</td><td></td><td colspan="2">内墙</td><td></td></tr>
<tr><td>设计单位</td><td></td><td></td><td>基础</td><td></td><td colspan="2">外墙</td><td></td></tr>
<tr><td>施工单位</td><td></td><td></td><td>墙体</td><td></td><td colspan="2">门窗</td><td></td></tr>
<tr><td>建筑面积</td><td></td><td rowspan="2"></td><td rowspan="2">柱</td><td rowspan="2"></td><td colspan="2" rowspan="2">楼面</td><td rowspan="2"></td></tr>
<tr><td>工程造价</td><td></td></tr>
<tr><td rowspan="2">计划</td><td>开工日期</td><td></td><td>梁</td><td></td><td colspan="2">地面</td><td></td></tr>
<tr><td>竣工日期</td><td></td><td>楼板</td><td></td><td colspan="2">顶棚</td><td></td></tr>
<tr><td rowspan="10">编制说明</td><td>上级文件要求</td><td colspan="3"></td><td colspan="2">地质情况</td><td></td></tr>
<tr><td>施工图纸情况</td><td colspan="3"></td><td rowspan="3">地下水位</td><td>最高</td><td></td></tr>
<tr><td rowspan="2">合同签订情况</td><td colspan="3" rowspan="2"></td><td>最低</td><td></td></tr>
<tr><td>常年</td><td></td></tr>
<tr><td rowspan="2">土地征购情况</td><td colspan="3" rowspan="2"></td><td rowspan="3">雨量</td><td>日最大值</td><td></td></tr>
<tr><td>一次最大</td><td></td></tr>
<tr><td>主要材料落实</td><td colspan="3"></td><td>全年平均</td><td></td></tr>
<tr><td rowspan="2">临时设施解决办法</td><td colspan="3" rowspan="2"></td><td rowspan="3">气温</td><td>最高</td><td></td></tr>
<tr><td>最低</td><td></td></tr>
<tr><td>三通一平情况</td><td colspan="3"></td><td>平均</td><td></td></tr>
</table>

课题3 施工方案的选择

5.3.1 确定施工流向和施工顺序

1. 施工起点和流向

施工起点和流向是指单位工程在平面或空间上开始施工的部位及流动方向，这主要取决于生产需要、缩短工期和保证质量等要求。一般来说，对于单层建筑物，按其工段、跨间分区分段地确定平面上的施工流向；对于多层建筑物，除了确定每层平面上的施工流向外，还要确定其层间或单元空间上的施工流向，如多层房屋的内墙抹灰是采用自上而下，还是采用自下而上。

施工流向的确定，牵涉到一系列施工过程的开展和进程，是组织施工的重要环节，因此应考虑以下几个因素。

（1）生产工艺或使用要求　这往往是确定施工流向的基本因素。一般生产工艺上影响其他施工段试车投产的或生产使用上要求急的施工段，部分先安排施工。例如，工业厂房内要求先试生产的施工段应先施工；高层宾馆、饭店等，可以在主体结构施工到一定层数后，即进行地面上若干层的设备安装与室内外装修。

（2）施工的繁简程度　一般说来，技术复杂、施工进度较慢、工期较长的施工段或部位，应先施工；房屋高低层或高低跨，柱的吊装应从高低跨并列处开始；屋面防水层施工应按先高后低的方向施工，同一屋面则由檐口向屋脊方向施工；基础有深浅时，应按先深后浅的顺序施工。

（3）选用的施工机械　根据工程条件，挖土机械可选用正铲、反铲、拉铲等，吊装机械可选用履带吊、汽车吊、塔吊等，这些机械的开行路线或布置位置便决定了基础挖土及结构吊装的施工起点和流向。

（4）施工组织的分层分段　划分施工层、施工段的部位，如伸缩缝、沉降缝、施工缝等，也是决定其施工流向时应考虑的因素。

2. 施工顺序

施工顺序是指分项工程（或工序）之间施工的先后次序。组织单位工程施工时，应对各个分项工程（或工序）之间的先后顺序作出合理安排。它的确定既是为了按照客观施工规律组织施工，也是为了解决工种之间在时间上的搭接问题，在保证质量与安全施工的前提下，充分利用空间，争取实现缩短工期的目的。

确定施工顺序的基本原则如下：

1）符合施工程序、施工工艺。例如，浇筑混凝土必须在安装模板、绑钢筋完成，并经隐蔽工程验收后才能开始，钢筋混凝土预制构件必须达到一定强度后才能吊装。

2）考虑施工方法和施工机械的要求。如单层工业厂房吊装工程，当采用分件吊装法时，则施工顺序为吊柱→吊梁→吊屋盖系统；当采用综合吊装法时，则施工顺序为第一节间吊柱、梁、屋盖→第二节间依次类推，直至最后节间。

3）按照施工组织的要求。如有地下室的高层建筑，其地下室的混凝土地坪工程可以安排在其上层楼板施工前进行，也可以在上层楼板施工后进行。从施工组织的角度看，前一种施工顺序较方便，上部空间宽敞，便于利用吊装机械直接向地下室运输浇筑地坪所需的混凝土；而后者，其材料运输和施工较困难。又如，安排室内外装饰工程施工顺序时，可按施工组织规定的先后顺序进行。

4）考虑施工质量、安全的要求。如基坑回填土，特别是从一侧进行回填时，必须在砌体达到必要的强度后才能开始；屋面防水层施工，需等找平层干燥后才能进行。

5）考虑当地气候条件。土方、砌体、混凝土、屋面等工程应尽量避开冬雨期，冬雨期到来之前，应先完成室外各项施工过程，为室内施工创造条件；冬季室内施工时，先安装玻璃，后进行其他装饰工程，有利于保温和养护。

3．多层砖混结构的施工顺序

多层砖混结构房屋施工，按照结构部位及施工特点，通常分为基础工程，主体结构工程，屋面、装饰装修及安装工程四个施工阶段。其施工顺序示意图如图 5-2 所示。

（1）基础工程施工顺序　基础工程的施工顺序一般为：挖土→做垫层→做基础→地圈梁→回填土。当有地下室时，其施工顺序一般为：挖土→做垫层→地下室底板→地下室墙身→防水层→地下室顶板→回填土。

在挖槽和钎探过程中发现地下有障碍物或软弱地基时，应进行局部加固处理。因基础工程受自然条件影响较大，各施工过程安排尽量紧凑。基坑（槽）暴露时间不宜太长，以防暴晒和积水，影响其承载力。垫层施工完成后，要留有一定的技术间歇时间，使其具有一定强度之后，再进行下一道工序施工。回填土应在基础完成后依次分层压实，这样既可保证基础不受雨水浸泡，又可为后续工作提供场地条件。

各种管沟的施工，应尽可能与基础工程配合进行，平行搭接，合理安排施工顺序，避免土方重复开挖。

（2）主体结构施工顺序　主体结构主要施工过程有：搭设脚手架，砌筑墙体，安装门窗框，安装过梁，浇筑钢筋混凝土圈梁、构造柱、楼梯、雨篷，吊装预制楼板或浇筑钢筋混凝土楼板、屋面板等。其主要施工过程为砌筑墙体和现浇楼板（或吊装楼板）。

在主体施工阶段，砌墙和现浇楼板（或吊装楼板）为主要施工过程，应使它们在施工中保持连续、均衡、有节奏地进行，其他施工过程则应配合砌墙和现浇楼板（或吊装楼板）搭接进行。如脚手架应随主体的进行逐层逐段地搭设，其他现浇钢筋混凝土构件的支模板、绑钢筋、浇筑混凝土可安排在现浇楼板的同时或砌筑墙体的最后一步插入。对于现浇楼板的砖混结构房屋，其施工顺序一般为：绑构造柱钢筋→砌筑墙体→支构造柱模板→浇构造柱混凝土→支梁、板、楼梯模板→绑扎梁、板、楼梯钢筋→浇梁、板、楼梯混凝土。

（3）屋面与装饰工程的施工顺序　刚性防水屋面的施工顺序一般为：结构层→隔离层→防水层。柔性卷材防水屋面的施工顺序一般为：结构层→找坡层→保温层→找平层→结合层→防水层→保护层。其中找平层施工完成后，要充分干燥才能进行防水层的施工，以保证防水层的质量。为给装饰施工创造条件，主体结构封顶后，屋面防水施工应尽早开始。

装饰工程的手工作业量大、工种多、材料种类多，因此要妥善安排装饰工程施工顺序，组织好流水施工。装饰工程分为室外装饰和室内装饰，通常可采用先外后内、先内后外或内外同时的施工顺序。

室外装饰，一般采用自上而下的施工流向，最后进行台阶、散水的施工。

室内装饰包括安装门窗框、室内抹灰、安装门窗扇、玻璃油漆等。室内抹灰工程应在室内设备安装并检验后进行。从整体上可采用自上而下、自下而上、自中而下再自上而中三种施工顺序进行。

在同一楼层室内抹灰的施工顺序有两种，一种为：顶棚→墙面→地面。这种抹灰顺序的优点是工期较短，但由于在顶棚、墙面抹灰时有落地灰，在地面抹灰之前，应将落地灰清理干净，否则会影响地面的抹灰质量，同时，在进行楼地面抹灰时的施工渗漏水可能会影响墙面的抹灰质量，所以在施工时要注意采取一定的措施。另一种顺序为：地面→顶棚→墙面。按照这种顺序施工，室内清洁方便，地面抹灰质量容易保证，但地面抹灰完成后需要有一定的养护时间，才能进行天棚和墙面的抹灰。

楼梯和走道是施工的主要通道，在施工期间容易损坏，应在抹灰工程结束时，由上而下施工，并采用相应措施保护。底层地面一般在各层墙面、楼地面做好后进行。门窗框的安装应在抹灰前进行，而门窗扇的安装可据施工条件和气候情况在抹灰前或抹灰后进行。门窗油漆后再安装玻璃。

（4）房屋设备安装工程的施工顺序　房屋设备安装工程的施工一般与土建施工交叉进行。基础阶段埋设好相应的管沟后，再进行回填；主体阶段，在砌筑墙体和现浇楼板时，预留电线、水管等的孔洞和其他预埋件；装修阶段，应安装各种管道和附墙暗管、接线盒等。水、暖、电、卫等设备安装最好在楼地面和墙面抹灰之前或之后穿插施工。

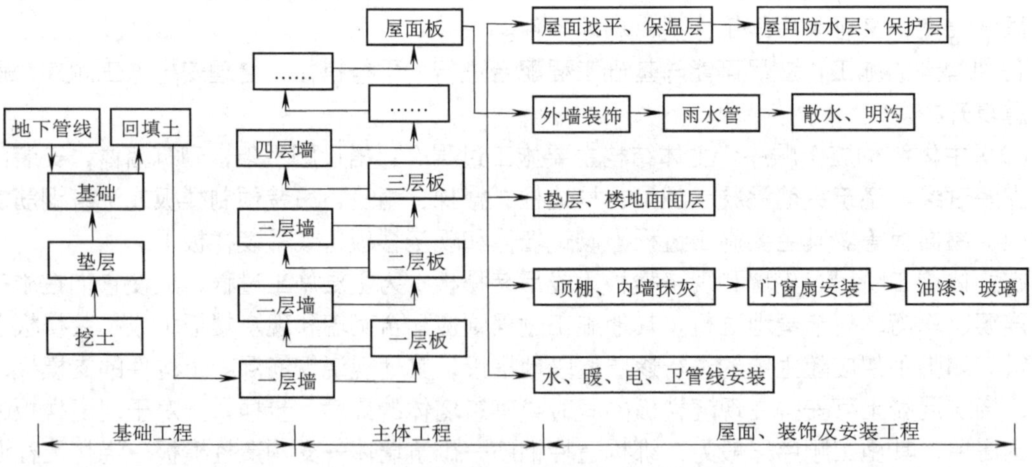

图 5-2　多层砖混结构房屋施工顺序

4. 框架结构的施工顺序

多层现浇钢筋混凝土框架结构房屋施工，按照结构部位及施工特点，通常分为基础工程，主体结构工程，围护结构工程，屋面、装饰、设备安装四个阶段。多层现浇框架结构施工顺序示意图如图 5-3 所示。

（1）基础阶段施工顺序　若无地下室，其施工顺序一般为挖土→做垫层→钢筋混凝土基础→回填土；若有地下室，则其施工顺序为：桩基础施工→土方开挖→做垫层→做地下室底板→做地下室墙柱（防水处理）→地下室顶板→回填土。

（2）主体阶段施工顺序　主体阶段的施工主要包括梁、板、柱的施工。其施工顺序一般为：绑扎柱钢筋→支梁、板、柱模板→浇柱混凝土→绑扎梁、板钢筋→浇梁、板混凝土→养护→拆模。

（3）围护工程施工顺序　围护工程包括砌筑外墙、内墙、安装门窗等施工过程。这些施工过程，可以按要求组织平行、搭接及流水施工。

（4）屋面、装饰及设备安装工程的施工顺序　屋面、装饰及设备安装工程的施工顺序同多层砖混结构的施工顺序。

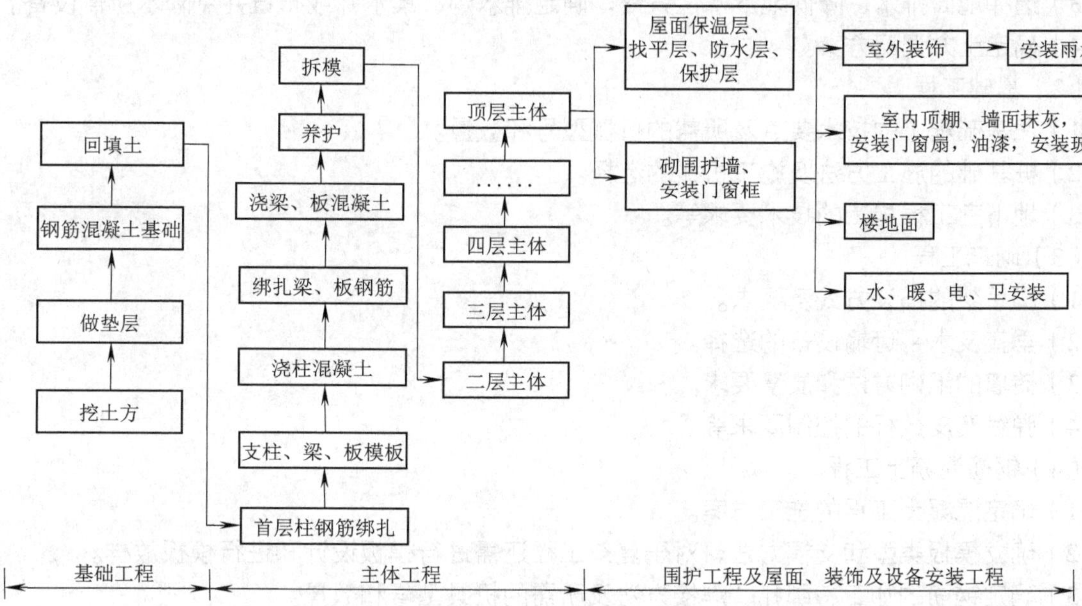

图 5-3　多层现浇框架结构施工顺序示意图

5.3.2　确定施工方法和施工机械的选择

施工方法和施工机械的选择是施工方案中的重要问题，它直接影响施工进度、质量、安全及工程成本。

在拟定施工方法时必然涉及施工机械的选择问题，因此施工机械的选择是拟定施工方法的中心环节。

1．施工机械的选择

1）根据工程特点，首先选择适宜主导工程的施工机械。如地下工程的土方机械，主体结构工程的垂直、水平运输机械，结构吊装工程的起重机械等。

2）辅助机械或运输工具要与主导机械的生产能力相协调，以充分发挥主导机械的效率。如土方工程在采用汽车运土时，汽车的载重量应为挖土机斗容量的整数倍，汽车的数量应保证挖土机连续工作。

3）兼顾施工机械的适用性和多样性，充分发挥施工机械的利用率。同一工地上，应力求建筑机械的种类和型号尽可能少，以利于机械管理和降低成本，尽量做到一机多能，提高机械使用效率。

4）机械选用应考虑充分发挥施工单位现有机械的能力，不能满足工程需要时，则应购置或租赁所需新型机械或多用途机械。

2．确定施工方法

（1）土石方工程

1）计算土石方工程的工程量，确定土石方开挖或爆破方法，选择土石方施工机械。

2）确定土壁放坡的边坡系数或土壁支护形式及打桩方法。

3）选择地面排水、降低地下水位方法，确定排水沟、集水井或布置井点降水所需设备。

4）确定土方调配方案。

（2）基础工程

1）浅基础施工的技术要点及所需的机械型号和数量。

2）桩基础的施工方法及施工机械的选择。

3）地下室工程施工的技术要求等。

（3）砌筑工程

1）脚手架的搭设方式及要求。

2）垂直及水平运输设备的选择。

3）砖墙的组砌方法和质量要求。

4）弹线及皮数杆的控制要求等。

（4）钢筋混凝土工程

1）确定混凝土工程的施工方案。

2）确立模板类型和支模方法，对于复杂工程还需进行模板设计和进行模板放样。

3）确定钢筋的加工、绑扎、焊接方法及所需的机具型号和数量。

4）选择混凝土制备方案，确定搅拌、运输、浇筑方法，选择混凝土垂直运输机械。

5）确定施工缝留设位置及处理要求。

6）确定预应力混凝土结构的施工方法，选择所需的机具型号和数量等。

（5）结构吊装工程

1）确定构件的吊装方法及所需机械的型号和数量。

2）确定吊装机械的开行路线，构件制作平面布置，拼装场地。

3）确定构件运输、装卸、堆放要求和所需机具设备型号、数量等。

（6）屋面工程

1）确定屋面工程的施工方法。

2）确定屋面工程各个构造层次的操作要求。

3）确定屋面工程所用材料和运输方式等。

（7）装饰工程

1）确定装饰工程的施工方法及操作要求。

2）确定材料运输方式及储存要求。

3）确定工艺流程和施工组织，尽可能组织装修与结构施工穿插进行，以缩短工期。

5.3.3 确定组织流水施工的方法

1）确定流水线中所包含的工序及其施工顺序，然后计算各工序的工程量，工程量计算要准确，以确定作业时间。

2）划分施工段。划分施工段的目的在于保证不同工种能在不同工作面上同时工作，为流水作业创造条件。划分施工段时，首先要保证工程质量；其次，考虑段与段的交接处最好落在建筑物的自然界限，如伸缩缝、沉降缝上；再次，考虑施工段数目应满足流水作业组织的要求，即施工段数目应大于或等于流水线中所包含的工序（施工班组）数目；最后，考虑施工段的大小应尽可能与主要机械的使用效率相适应。

3）按专业分工的原则组成各工序的专业施工班组。一般每个施工班组的人数，应根据最小施工段上的工作面情况，保证每一个工人至少能够占有为充分发挥其劳动效率所必须的最小工作面，同时班组人数还应满足合理劳动组织的要求，否则劳动力会降低。

4）确定每段作业时间（流水节拍），并组织连续施工。班组人数确定后，就可以分别计算各施工班组依次在每段的作业时间，即流水节拍。为避免施工班组的转移耽误时间，流水节拍最好等于半班或其倍数；流水节拍确定后，就可把各施工段的施工时间依次排列起来，使其连续完成各段的工作。

5）采用数列法计算流水步距，组织各班组先后插入施工，形成施工流水线，即把它们合理地搭接起来，使各专业班组先后插入平行的连续施工，组成一条流水线。合理搭接，首先就要做到各班组都有必要的工作面，各在一个不同的施工段上工作；其次是保证流水线中各班组都能连续施工；最后，要充分利用工作面，使后一施工班组能尽早插入施工，合理缩短工期。

6）把各条流水线搭接起来，编制整个工程的综合施工进度计划，使单位工程在施工总进度计划和合同工期指导下，在规定的期限内有条不紊地完成拟建工程的施工任务。

5.3.4 施工方案的技术经济评价

在拟定单位工程的施工方案时，根据其工程特点、施工条件等具体情况，各主要分部分项工程都可以采用多种不同的施工方法、施工机械、施工组织来完成，而采用不同的施工方案就会得到不同的经济效益，即各方案在技术经济上各有其优缺点，因此，需要对拟定的施工方案从技术经济角度进行比较、分析和评价，以期使所选择的最终施工方案满足工程特点要求：即技术上是先进的，经济上是合理而有效的，所需机械设备是可能取得的，在投资费用和成本上是经济的。

1. 施工方案技术经济评价的意义

施工方案的技术经济分析是编制施工方案的重要环节和内容之一。进行施工方案技术经济评价，其意义和作用如下：

1）为选择合理的施工方案提供依据。

2）通过分析和评价，事先计算出施工方案的经济效益，并确定不同施工方案合理的使用范围。

3）对“四新”技术进行评价和分析，促进其推广和应用。

4）通过对施工方案的技术经济分析，不断提高建筑企业的技术、组织、管理水平。

5）为施工企业项目管理创造条件，即施工方案切实可行，满足实现项目施工目标的要求，确保质量和安全。

2．施工方案的技术经济分析

施工方案的技术经济分析有定性分析和定量分析两种。

（1）定性分析　定性分析主要是结合过去实际施工经验对施工方案的一般优缺点进行分析和比较。通常主要从以下几个方面考虑：

1）施工操作上的难易程度和安全可靠性。

2）为后续工序提供有利施工条件的可能性。

3）利用现有的施工机械设备情况。

4）施工组织及措施是否合理、可行、经济。

5）能否为现场文明施工创造有利的条件等。

（2）定量分析　定量分析是对施工方案的下述主要技术经济指标进行计算，然后进行分析、比较、评价，从而确定方案的优劣。

1）工期指标。单位工程的施工工期是指从破土动工到工程竣工的全部日历天数，不扣除施工过程中的节假日，以及由于各种原因而停工的天数。当上级规定（或业主方要求）必须在短期内投入生产或使用时，选择方案就要在确保工程质量和安全施工的条件下，把缩短工期放在首位来考虑。分析时，将两个方案所需施工工期进行比较，以确定方案的工期长短，并与国家定额工期进行比较。

2）劳动消耗量指标。它反映了施工的机械化程度与劳动生产率水平。在方案中劳动消耗量越少，机械化程度和劳动生产率越高，其反映了重体力劳动的减轻和人力的节省，劳动消耗量指标以工日计算，即在整个工程施工中所耗用的总工日数，可把各分部分项工程所用工日数相加求得，并与施工定额或企业内部定额相比较。

① 施工机械化程度：在选择施工方案时，应尽量把机械化施工程度的高低作为衡量施工方案优劣的指标之一。

$$\text{机械化程度}=\frac{\text{机械完成的实物量}}{\text{全部实物量}}\times100\% \tag{5-1}$$

② 劳动生产率：劳动生产率是指人们在生产过程中的劳动效率或是劳动者消耗一定劳动时间所创造出一定数量产品的能力。反映劳动生产率的指标分为价值指标和实物指标两种形式。

劳动生产率的价值指标，一般用全员劳动生产率表示，也可以按建安工人劳动生产率表示。全员劳动生产率是反映企业或工区全体职工生产全部建筑产品的劳动效率指标，其计算公式如下：

$$\text{全员劳动生产率（元/人）}=\frac{\text{自行完成工作量的价值}}{\text{全部职工（本企业和非本企业）平均数}} \tag{5-2}$$

建安工人劳动生产率是反映每一建筑安装工人在本期所生产的建筑产品的价值，可用以考核和分析建安工人的劳动效率，即：

$$建安工人劳动生产率（元/人）=\frac{自行完成工程量的价值}{建安工人平均人数（含学徒工、民工）} \quad (5-3)$$

劳动生产率的实物指标，一般有按每一职工计算的年平均竣工面积表示的实物劳动生产率，以及按每一工人计算的各主要工种实物劳动生产率两种，即：

$$每一职工年平均竣工面积（m^2/人）=\frac{年完成房屋竣工面积数}{全部职工（本企业和非本企业）平均数} \quad (5-4)$$

$$工人实物劳动生产率=\frac{完成某工种工程量}{某工种平均人数（含辅助工）} \quad (5-5)$$

单位产品的劳动消耗量是指完成单位产品所需消耗的劳动工日数，其计算方法如下：

$$单位产品劳动消耗量=\frac{完成该工程的全部劳动工日数}{工程总量} \quad (5-6)$$

3）投资额指标。当选定的施工方案需要增加新的投资时，如所需机械设备是不可能取得的，而要购买新的施工机械或设备，则增加的投资额，也要加以比较。

4）成本费用指标。计算方案所用的直接费用和间接费用，然后进行比较。一般可参考下式进行计算：

$$C=C_1(1+K_1)+(C_2+C_3)(1+K_2) \quad (5-7)$$

式中　C—— 某一建筑产品的成本费；

C_1—— 生产某一建筑产品所需的工资；

C_2—— 生产某一建筑产品所需的材料费；

C_3—— 生产某一建筑产品所需的机械费；

K_1、K_2—— 取费系数。

3．施工方案的综合分析、评价方法

（1）单指标比较法　如果在方案选择时，只考虑一个主要指标或在其他指标相同的条件下，只比较一个指标，就可决定方案的取舍问题，可采用单指标比较法。如工期、成本、劳动耗用等。这时，方案的分析、评价最为简单，只要在几个对比方案中，凡要求的单一指标为最优的方案，就是选择的方案。

（2）多指标比较法　该法简便实用，目前用得较多。比较时要选用适当的指标，注意可比性。有下列两种情况要分别对待：

1）一个方案的各项指标均优于另一个方案，优劣是明显的，可立即确定最优方案。

2）通过计算，几个方案的指标优劣不同，在分析比较时要对指标进行加工，形成单指标，然后分析比较优劣。其方法有评分评价法、价值评价法等。

评分评价法是将各施工方案的评价指标，按其重要程度进行鉴定，给予一定比重分值，进一步判定各方案，对其各类指标的满足程度确定分值，经过数学运算进行综合，得出总分值，选择总分值大者为最佳方案。一般可采用加权评分法。

价值评价法是对各方案均计算出最终价值，用价值量的大小评价方案优劣。

课题 4　施工进度计划的编制

5.4.1　施工进度计划编制的依据

1）经过会审的建筑总平面图和全套施工图纸、地形图、水文、地质、气象资料。

2）施工总设计对本工程的有关规定。

3）建设单位对施工工期的要求及开、竣工日期。

4）工程主要的施工方案与施工方法、技术组织措施。

5）工程施工条件，劳动力、材料、构件及机械的供应条件，分包单位的情况等。

6）工程的预算文件。

7）劳动定额及机械台班定额。

8）其他有关的要求和资料。

5.4.2　施工进度计划的表示方法

施工进度计划通常可用施工进度计划表（横道图）或网络计划图表示，网络计划在单元四——施工网络计划技术中已经讨论，这里不再重述。施工进度计划表见表 5-2。

表 5-2　主要分部工程施工进度计划表

序号	分部工程名称	工程量		机械需要量			劳动量			施工天数	施工进度/月							
											20××年							
		单位	数量	机械名称	台班数量	机械台数	工种名称	总工日数	工人数		1	2	3	4	5	6	7	…

从表 5-2 可以看出，左边部分列出了工程量、劳动量以及机械需要量等各种计算数据，右边部分用以绘制规定的开工、竣工时间范围的进度指示图，将采用不同的线条形象地表现各分部分项工程的施工进度和相互间的搭接和配合关系，有时还在表格下方标出每天的资源需要量，绘出资源需求量的动态曲线。大型项目往往采用横道图的形式。

5.4.3　编制施工进度计划的步骤

1. 划分施工工程

施工项目是包括一定工作内容的施工过程，是进度计划的基本组成单元。当编制施工进度计划时要根据施工图纸、施工方案与施工方法，确定拟建工程可划分为哪些分部分项工程，明确其划分的范围，使之成为编制施工进度计划所需的施工项目。施工项目划分的一般要求和方法如下：

（1）施工项目划分的粗细程度　应根据进度计划的性质来决定，对于控制性施工进度计划，其施工项目可以划分得粗些，以分部工程来列项，如多层现浇结构房屋的控制性进度计划，列出施工前准备、打桩工程、基础工程、主体工程、屋面工程、装饰工程六个分部工程；对于实施性施工进度计划，项目要划分得详细些，以分项工程来列项，其中主导施工过程应详细列出，这样施工项目更加具体化，便于掌握施工进度，起到指导施工的作用。

（2）施工项目划分要结合施工方案 施工过程的划分要结合采用的施工方案，如现浇框架结构房屋的主体施工有三种方案，施工项目划分和施工顺序如下：

1）绑扎柱钢筋→安装柱、梁板、梯模板→浇柱混凝土→绑扎梁板、梯钢筋→浇梁板、梯混凝土→拆模板。

2）绑扎柱钢筋→安装柱模板→浇柱混凝土→拆除柱模板→安装梁板、梯模板→绑扎梁板、梯钢筋→浇梁板、梯混凝土→拆模板。

3）绑扎柱钢筋→安装柱模板→安装梁板、梯模板→绑扎梁板、梯钢筋→浇柱、梁板、梯混凝土→拆模板。

（3）某些施工项目应单独列项 凡工程量大、用工多、工期长、施工复杂的项目，应单独列项。凡影响下一道工序的施工项目也应单独列项，如回填土。

现浇钢筋混凝土工程，根据施工组织和结构特点，一般可划分为支模、绑钢筋、浇筑混凝土等施工过程，现浇框架结构分项可细一些，如上面所述。

外墙抹灰一般只列一项，如有瓷砖贴面等装饰，可分别列项。

室内的各种抹灰应分别列项，如地面抹灰、顶棚及墙面抹灰、楼梯面及踏步抹灰等，以便组织和安排施工。

设备安装应单独列项，水、暖、电、卫和设备安装智能系统等专业工程不必细分具体内容，由各专业施工队自行编制计划并组织施工，要在工程施工进度计划中反映出这些工程与土建工程的配合关系。

（4）施工项目要适当地合并 为了使计划清楚，避免施工项目划分得太细、重点不突出，应把一些次要的施工过程合并到主要施工过程中去，如基础防潮层可合并在基础墙身内。同一工种施工的可合并在一起，如各种油漆施工，包括钢窗油漆、钢门油漆、铁栏杆油漆等均可并为一项。施工关系密切，不容易分出先后的施工过程也可以合并，如散水、勒脚、明沟等均可合并为一项。

混合结构工程中，由于该结构形式的现浇混凝土的工程量不大，一般不再细分，可以合并为一项，由施工班组各工种互相配合施工。对于次要的、零星的施工过程，可合并为“其他工程”一项。

（5）施工项目仅包括施工现场的直接施工 直接在拟建工程的工作面上施工的项目，经过适当合并后均应列出，不在现场施工而在拟建工程工作面之外完成的项目，如各种构件在场外预制及其运输，一般可不必列项，在使用前运入施工现场即可。

施工项目划分之后，大致按照施工顺序，依次填入施工进度计划表的“施工项目”一栏内。

2．计算工程量

工程量应根据施工图纸、有关计算规则及相应的施工方法进行计算，如已编制了预算文件，则施工进度计划中的工程量可根据施工项目包括的内容从预算工程量的相应项目内抄出并汇总，以避免重复计算。例如，确定进度计划中砌筑墙体项目的工程量，可首先分析它包括哪些内容，然后按其所包含内容从预算工程量中全部摘抄出来，再进行汇总后求得。当进度计划中的施工项目与预算项目不同或有出入时，如计量单位、计算规则、采用定额不同等，则应根据施工实际情况加以修改或重新计算。

工程量计算时应注意以下几个问题：

（1）工程量的计量单位　施工定额中某些项目的工程量计量单位与预算定额有所不同，计算时应使每个项目的工程量单位与采用的施工定额一致，以便计算劳动量及材料需要量时，可以直接套用，不再进行换算。

（2）所采用的施工方法　计算工程量时，应结合选定的施工方法和安全技术要求，使计算所得工程量与施工实际情况相符合。例如，挖土时是否放坡，是否加工作面，坡度大小与工作面尺寸是多少，是否使用支撑加固，开挖方式是单独开挖、条基开挖、还是整片开挖，这些都直接影响到基础土方工程量的计算。

（3）结合施工组织的要求　组织流水施工时的项目应按施工层（施工段）划分，列出分层（分段）的工程量。如每层（每段）的工程量相等或出入不大时，可计算其中一层（一段）的工程量，再分别乘以该工程的层数（段数），可得出该工程的全部工程量。

3．确定劳动量和机械台班量

根据所划分的施工项目、工程量和施工方法，可套用施工定额，即当地实际采用的劳动定额及机械台班定额，以确定劳动量和机械台班量。

施工定额有两种形式，即时间定额和产量定额。时间定额是指某种专业、某种技术等级工人小组或个人在合理的技术组织条件下，完成单位合格产品所必需的工作时间，一般以符号 H_i 表示，它的单位有：工日/m^3，工日/m^2，工日/m，工日/t 等。因为时间定额以劳动工日数为单位，便于综合计算，故在劳动量统计中用得比较普遍。产量定额是指在合理的技术组织条件下，某种专业、某种技术等级工人小组或个人在单位时间内所完成的合格产品数量，一般用符号 S_i 表示，它的单位有：m^3/工日，m^2/工日，m/工日，t/工日等。因为产量定额是以产品数量来表示，具有形象化的特点，故在分配任务时用得比较普遍。

时间定额和产量定额是互为倒数关系的，即：

$$H_i \times S_i = 1 \tag{5-8}$$

套用国家或当地颁发的定额，必须注意结合本单位工人的技术等级、实际施工技术操作水平、施工机械情况和施工现场条件等因素，确定完成定额的实际水平，使计算出来的劳动量、台班量符合实际需要，为准确编制施工进度计划打下基础。

有些采用新技术、新材料、新工艺或特殊施工方法的项目，定额中尚未编入，这时可参考类似项目的定额、经验资料，按实际情况确定。

根据施工项目的工程量和实际采用的定额，计算出劳动量和机械台班数量。

（1）劳动量的确定　劳动量一般按下式计算：

$$P = \frac{Q}{S} \text{或} P = Q \cdot H \tag{5-9}$$

式中　P——施工项目所需的劳动量（工日）；

Q——施工项目的工程量（m^3，m^2，m，t 等）；

S——施工项目采用的产量定额（m^3/工日，m^2/工日，m/工日，t/工日等）；

H——施工项目采用的时间定额（工日/m^3，工日/m^2，工日/m，工日/t 等）。

当施工项目由两个或两个以上的施工过程或内容合并组成时，其总劳动量可按下式计算：

$$P_{总}=\sum P_i=P_1+P_2+\cdots+P_n \tag{5-10}$$

【例 5-1】已知某多层框架结构基坑土方量为 3240m^3，采用人工挖土，每工产量定额为 3.9m^3，问完成挖基坑所需劳动量是多少？若已知时间定额为 0.256 工日/m^3，完成挖基坑所需劳动量是多少？

【解】$P=Q/S=3240/3.9=830.77$ 工日

$P=Q\cdot H=3240\times0.256=829.44$ 工日

【例 5-2】某带形基础施工，其支模板、绑扎钢筋、浇筑混凝土三个施工过程的工程量分别为 719.6m^2、6.284t、287.3m^3，时间定额分别为 0.253 工日/m^2、5.28 工日/t、0.833 工日/m^3，问完成带形基础所需的总劳动量是多少？

【解】$P_{模板}=719.6\times0.253=182$ 工日

$P_{钢筋}=6.284\times5.28=33$ 工日

$P_{混凝土}=287.3\times0.833=239$ 工日

$P_{总}=P_{模板}+P_{钢筋}+P_{混凝土}=182+33+239=454$ 工日

（2）机械台班量的确定　以机械操作为主的施工项目，应按下式计算机械台班量：

$$D=\frac{Q'}{S'}\quad 或\quad D=Q'\cdot H' \tag{5-11}$$

式中　D——施工项目所需机械台班量（台班）；

Q——机械完成的工程量（m^3、t、件）；

S'——该机械的产量定额（m^3/台班、t/台班、件/台班）；

H'——该机械的时间定额（台班/m^3、台班/t、台班/件）。

【例 5-3】某土方工程施工，采用挖土机挖土，土方量为 4500m^3，时间定额为 3.90 台班/1000m^3，计算完成土方工程的台班量。

【解】$D=Q\cdot H=4500\times3.90$ 台班/1000m^3=17.55 台班

取整数，挖土机用 18 台班挖土。

对于其他工程项目所需劳动量，可根据其内容和数量，并结合施工现场的具体情况，以占总劳动量的百分比计算确定，一般占总劳动量的 10%～20%。

4．确定各施工工程的持续作业时间

施工项目的持续时间最好是按正常情况确定，这时它的费用一般是较低的。待编制出初步进度计划并经过计算后，再结合实际情况作必要的调整，这是避免因盲目抢工而造成浪费的有效办法。按照实际的施工条件来估算项目的持续时间是较为简便的办法。

施工项目工作持续时间的计算方法一般有经验估计法、定额计算法和倒排计划法。

（1）经验估计法　经验估计法是根据过去的施工经验进行估计，这种方法多适用于采用新工艺、新方法、新材料等而无定额可循的工程。有时为了提高其准确程度，往往采用“三时估计法”，即先估计出完成该项目的最长时间、最短时间、最可能时间三种持续时间，然后据此求出期望的施工持续时间，作为该项目的持续时间。计算公式如下：

$$T_i = \frac{A+4C+B}{6} \tag{5-12}$$

式中　T_i——施工项目的持续时间；

A——施工项目的最长施工持续时间；

B——施工项目的最短施工持续时间；

C——施工项目的最可能施工持续时间。

（2）定额计算法　定额计算法是根据施工项目需要的劳动量或机械台班量，以及配备的工人人数或机械台数，来确定其工作的持续时间，当施工项目所需劳动量或机械台班量确定后，可按下式计算施工任务的持续时间：

$$T_i = \frac{Q_i}{S_i \times R_i \times N} = \frac{Q_i \times H_i}{R_i \times N} = \frac{P_i}{R_i \times N} \tag{5-13}$$

式中　T_i——项目施工持续时间（按进度计划的粗细，其单位可以采用小时、日或周）；

Q——项目的工程量（可以用实物量单位表示）；

R——拟配备的工人或机械的数量（用人数或台数表示）；

S——产量定额，即单位工日或台班完成的工程量；

P——劳动量（工日）或机械台班量（台班）；

N——每天工作班制。

【例 5-4】某工程砌筑墙体，需要劳动量 230 工日，一班制工作，每天出勤人数为 22 人（其中瓦工为 10 人，普工为 12 人），问施工的持续时间是多少？

【解】$T_{砌墙}$=230/22=10.45，取 11d

在确定施工班组人数时，首先应满足最小劳动组合人数的要求，因为人数过少会引起劳动生产率的下降；其次要考虑最小工作面的因素，因为最小工作面决定了最高限度可安排多少工人，如果无限制地增加人数，会造成工作面的不足，产生窝工的现象；还要考虑可能安排的施工人数及其合理组合，其目的是为了达到最高的劳动生产率。主要工程项目劳动力组合人数可参考表 5-3。

表 5-3　主要工程项目劳动力组合人数参考表

项目	土方工程	架子工程	砖石工程	手工木作工程	装饰工程
数量	8～12	6～10	12～30	8～12	12～18
项目	钢筋工程	模板工程	混凝土及钢筋混凝土工程	防水工程	金属构件工程
数量	10～13	10～20	16～25	10～12	8～10

在安排班次时宜采用一班制，如果工期要求紧时，可采用二班制或三班制，以加快施工速度，充分利用施工机械。

（3）倒排计划法　倒排计划法是根据施工方式及总工期的要求，先确定施工时间和工作班制，再确定施工班组人数或机械台数，计算公式如下：

$$R_i = \frac{Q_i}{S_i \times T_i \times N} = \frac{Q_i \times H_i}{T_i \times N} = \frac{P_i}{T_i \times N} \tag{5-14}$$

5．编制施工进度计划的初始方案

在上述内容确定后，即可编制初步的施工进度计划，一般采用流水施工的组织方式，在满足工艺和工期要求的前提下，先安排主导施工过程的施工进度，使其施工班组尽可能连续施工，而其余施工过程尽可能与主导施工过程最大限度地合理搭接，配合施工或平行施工，使其相互联系，形成施工进度计划的初步方案。例如，混合结构房屋施工中，主体工程的墙体砌筑是主导施工过程，在安排施工进度时，应先考虑墙体砌筑的速度，而主体的圈梁、过梁、现浇板等施工项目的进度均应在保证墙体砌筑的进度和连续性的前提下安排。

另外，也可按照施工工艺的合理性，在工序间用尽量穿插、搭接或平行作业的方法，将各施工阶段流水作业用横线在表的右侧最大限度地搭接起来，即可得到施工进度计划的初步方案。

6．施工进度计划的检查与调整

对于初步编制的施工进度计划要进行全面地检查，先检查各个施工过程的施工顺序、平行搭接及技术间歇是否合理；然后检查编制的工期能否满足合同规定的工期要求；再检查劳动力及物资资源方面是否能均衡；然后进行调整，直至满足要求，编制出正式施工进度计划。

（1）施工顺序的检查和调整　施工进度计划安排的施工顺序应符合建筑施工的客观规律，应从技术上、工艺上、组织上检查各施工顺序是否正确，流水施工的组织方法应用得是否正确，从质量上、安全上检查平行搭接施工及施工中的技术间歇是否合理。例如，屋面工程中的第一个施工项目应在主体结构屋面板施工完毕之后开始，混凝土浇筑后的拆模时间应满足技术要求等。

（2）施工工期的检查和调整　施工进度计划安排的计划工期应满足施工合同的要求，其次应具有较好的经济效益，即安排的工期要合理，但不是越短越好，一般在分析施工进度计划经济效益时，使用的指标有提前时间和节约时间。

提前时间=上级要求或合同规定工期–计划工期

节约时间=定额工期–计划工期

当工期不符合要求时，应进行必要的调整，首先看各施工过程的持续时间、起止时间是否合理，应特别注意对施工项目起控制作用的主导施工过程，要缩短这些工作的施工时间，并注意施工人数、机械台班的重新确定。

（3）施工机械的利用　施工机械是指主要施工机械，通常是指混凝土搅拌机、灰浆搅拌机、自行式起重机、塔式起重机等。在编制施工进度计划中，机械利用是通过机械利用程度来反映的，以便于充分发挥机械的效率。

课题5　各种资源配置计划

5.5.1　主要劳动量计划

劳动力需要量计划，主要是反映工程施工所需的各种工种的人数，是控制施工现场的劳动力平衡与调配的主要依据，也是安排现场临时生活、福利设施的依据。其编制方法是：将各施工过程每天所需的工人按工种分别统计，得出每天的工种和人数，然后按施工进度进行汇总，其表格形式见表 5-4。

表 5-4　劳动力需要量计划表

序号	工种名称	需用总工日数	需用人数及时间								
			×月			×月			×月		
			上	中	下	上	中	下	上	中	下

5.5.2　施工机械需要量计划

施工机械需要量计划主要用于确定施工机械的名称、类型、型号、数量、使用时间，可作为落实机械来源，组织进场的依据，其表格形式见表 5-5。

表 5-5　施工机械需要量计划

序号	机械名称	类型、型号	需要量		货源	使用起止时间	备注
			单位	数量			

5.5.3　主要材料、构件、配件需要量计划

主要材料需要量计划是用作施工备料、供料、确定仓库和材料堆场的面积及做好运输组织的依据，编制时应提出材料的名称、规格、数量、使用时间等要求，其表格形式见表 5-6。

表 5-6　主要材料需要量计划

序号	材料名称	规格	需用量		需用量及时间														
			单位	数量	×月			×月			×月			×月			×月		
					上	中	下	上	中	下	上	中	下	上	中	下	上	中	下

加工构件和半成品需要量计划主要用于落实加工定货单位，并按照所需规格、数量、时间，组织加工、运输和确定仓库或材料堆场，它是根据施工图、施工方案、施工方法及施工进度计划编制的。一般按钢构件、门窗构件、钢筋混凝土构件等不同种类分别编制，提出构件名称、规格、数量及使用时间等，其表格形式见表 5-7。

表 5-7　加工构件和半成品构件需要量计划

序号	构件、半成品名称	规格	图号、型号	需要量		使用部位	加工单位	供应日期	备注
				单位	数量				

5.5.4　施工准备工作计划

施工准备工作既是单位工程的开工条件，也是施工中的一项重要内容，开工之前必须为开工创造条件，开工以后必须为作业创造条件，因此，它贯穿于施工过程的始终。施工准备工作应有计划地进行，为便于检查、监督施工准备工作的进展情况，使各项施工准备工作的内容有明确的分工，有专人负责并规定期限，可编制施工准备工作计划，并拟在施工进度计划编制完成后进行，其表格形式见表 5-8。

表 5-8　施工准备工作计划表

序号	准备工作项目	工程量		简要内容	负责单位或负责人	起止日期		备注
		单位	数量			年/月/日	年/月/日	

施工准备工作计划是编制单位工程施工组织设计时的一项重要内容。在编制年度、季度、月度生产计划中也应一并考虑并做好贯彻落实工作。

课题 6　单位工程主体施工阶段施工平面布置

5.6.1　施工平面图设计的内容、依据和基本原则

1．施工平面图设计的内容

施工平面图中规定的内容要因时间需要，结合实际情况来决定。工程施工平面图一般应表明以下内容：

1）建筑总平面图上已建和拟建地上、地下的一切建筑物、构筑物和管线位置或尺寸。

2）测量放线标桩、杂土及垃圾堆放场地。

3）垂直运输设备的平面位置，脚手架、防护棚位置。

4）材料、加工成品、半成品、施工机具设备的堆放场地。

5）生产、生活用临时设施（包括搅拌站、钢筋棚、木工棚、仓库、办公室、临时供水、供电、供暖线路和现场道路等），并附一览表，一览表中应分别列出名称、规格、数量及面积大小。

6）安全、防火设施。

7）必要的图例、比例尺，方向及风向标记。

2．施工平面图设计的依据

一般可根据建筑总平面图、现场地形地貌、现有水源、电源、热源、道路、四周可以利用的房屋和空地、施工组织总设计、本工程的施工方案与施工方法、施工进度计划及各临时设施的计算资料来绘制。其中，较为重要的包括如下几点：

（1）建筑总平面图　在设计施工平面布置图前，应对施工现场的情况做深入详细的调查

研究，掌握一切拟建及已建的房屋和地下管道的位置。如果对施工有影响，则需考虑提前拆除或者迁移。

（2）单位工程施工图　要掌握结构类型和特点，建筑物的平面形状、高度，材料、做法等。

（3）已拟订好的施工方法和施工进度计划　了解单位工程施工的进度及主要施工方法，以便布置各阶段的施工现场。

（4）施工现场的现有条件　掌握施工现场的水源、电源、排水管沟、弃土地点以及现场四周可利用的空地；了解建设单位能提供的原有可利用的房屋及其他生活设施（如食堂、锅炉房、浴室等）的条件。

3．施工平面图的设计原则

（1）布置紧凑，占地要省，不占或少占农田　在满足施工的条件下，要尽可能地减少施工用地。少占施工用地除了在解决城市场地拥挤和少占农田方面有重要意义外，对于建筑施工而言也减少了场内运输工作量和临时水电管网，既便于管理又减少了施工成本。为了减少占用施工场地，常可采取一些技术措施予以解决。例如，合理地计算各种材料现场的储备量，以减少堆场面积，对于预制构件可采用叠浇方式，尽量采用商品混凝土，采用多层装配式活动房屋作临时建筑等。

（2）尽量降低运输费用，保证运输方便，减少二次搬运　最大限度地减少场内材料运输，特别是减少场内二次搬运。为了缩短运距，各种材料尽可能按计划分期、分批进场，充分利用场地。合理安排生产流程，施工机械的位置及材料、半成品等的堆场应根据使用时间的要求，尽量靠近使用地点。要合理地选择运输方式和铺设工地的运输道路，以保证各种建筑材料和其他资源的运距及转运次数为最少。在同等条件下，应优先减少楼面上的水平运输工作。

（3）在保证工程顺利进行的前提下，力争减少临时设施的工程量，降低临时设施费用　为了降低临时工程的施工费用，最有效的办法是尽量利用已有或拟建的房屋和各种管线为施工服务。另外，对必须建造的临时设施，应尽量采用装拆式或临时固定式。尽可能利用施工现场附近的原有建筑物作为施工临时设施等。临时道路的选择方案应使土方量最小，临时水电系统的选择应使管网线路的长度为最短。

（4）要满足安全、消防、环境保护和劳动保护的要求，符合国家有关规定和法规　为了保证施工的顺利进行，要求场内道路畅通，机械设备所用的缆绳、电线及有关排水沟、供水管等不得妨碍场内交通。易燃设施（如木工房、油漆材料仓库等）和有碍人体健康的设施（如化灰池等）应满足消防要求，并布置在空旷和下风处。主要的消防设施（如灭火器等）应布置在易燃场所的显眼处并设有必要的标志。

（5）要便于工人生产与生活　正确合理地布置行政管理和文化、生活、福利临时用房的相对位置，使工人因往返而消耗的时间最少。

5.6.2　施工平面图设计步骤

单位工程施工平面图设计的一般步骤是：熟悉、分析、研究有关资料→确定起重机械的位置→确定搅拌站、加工厂、仓库及材料和构件堆场的位置、尺寸→布置运输道路→布置行政管理、文化、生活、福利用临时设施→布置水电管线→布置安全消防设施→评价技术经济指标及优化→绘制施工平面布置图。

以上各个步骤在设计时，往往相互关联，相互影响，并不是一成不变的。但掌握一个合理的设计步骤有利于设计者节约时间，减少矛盾。此外，除考虑在平面上布置是否合理外，还必须考虑它们的空间是否可能和合理，特别要注意安全问题，如空中输电线和通讯线路等。

1．确定起重机械的位置

起重机械的位置直接影响仓库、料堆、砂浆和混凝土制备站的位置及道路和水、电线路的布置等，因此要首先予以考虑。

固定式垂直运输设备，例如井架、龙门架、施工电梯等，其布置主要根据机械性能、建筑物的平面形状和大小、施工段划分的情况、材料和已有运输道路情况而定，其目的是充分发挥起重机械的能力并使水平运距最小。但有时为了运输方便，运距稍大些也是可取的。一般来说，当建筑各部位的高度相同时，布置在施工段的分界线附近；当建筑物各部位的高度不同时，布置在高低分界线处。这样布置的优点是楼面上各施工段水平运输互不干扰，若有可能，井架的位置布置在有窗口之处为宜，以避免砌墙留槎和减少井架拆除后的修补工作。固定式起重运输设备中卷扬机的位置不应距离起重机过近，一般距离为10m以上，以便操作司机的视线能看到整个升降过程。

固定式塔式起重机的布置除了应注意安全上的问题以外，还应着重解决布置的位置问题，要结合建筑物的形状及四周的场地情况布置。起重高度、回转半径及起重量要满足要求，建筑物的平面尽可能处于吊臂回转半径之内，使材料和构件可达建筑物的任何使用地点，尽量避免出现“死角”。如图5-4所示，如果确实不能避免“死角”，则“死角”越小越好。塔式起重机离建筑物的距离应考虑脚手架的宽度、建筑物悬挑部位的宽度、安全距离和回转半径等内容。

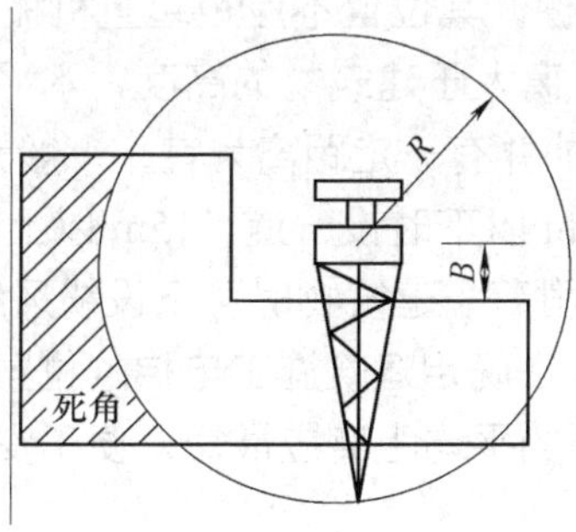

图5-4　塔式起重机布置方案

（1）塔吊的平面布置

1）单侧布置。当建筑物宽度较小时，可在场地较宽的一面沿建筑物的长向布置。

2）双侧布置（或环形布置）。当建筑物较宽，构件重量较重时，可采用双侧布置（或环形布置）。

3）复核塔吊的工作参数。主要参数包括工作幅度、起重高度、起重量和起重力矩。

4）绘出塔吊服务范围。在塔吊服务范围内应考虑有较宽的施工场地，以便安排构件堆放、搅拌设备出料后能直接起吊，主要施工道路也应处于塔吊服务范围内。塔吊服务范围图如图 5-5 所示。

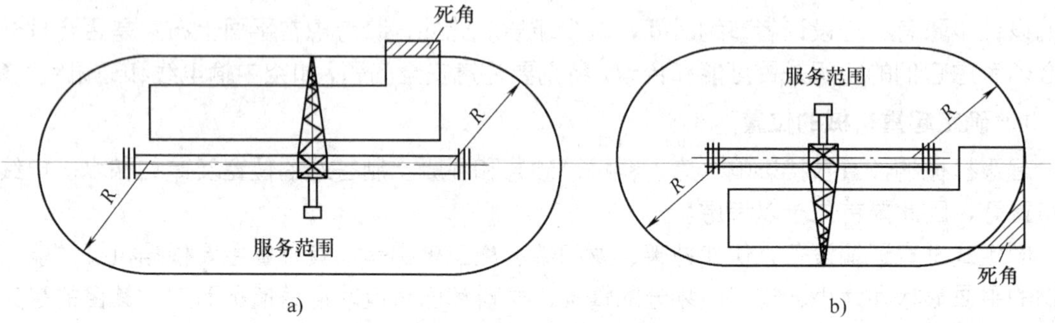

图 5-5　塔吊服务范围图

（2）井字架、龙门架的布置　井字架和龙门架布置的原则是充分发挥起重机械的能力，并使地面和楼面的水平运输距离最短，布置时应考虑以下几个方面的因素：

1）当建筑物呈长条形，层数、高度相同时，一般布置在流水段分界处或长度方向居中位置。

2）当建筑物各部位高度不同时，应布置在高低分界线较高部位一侧。

3）其布置位置以窗口处为宜，以避免砌墙留槎和减少井架拆除后的修补工作。

4）一般考虑布置在现场较宽的一面，因为这一面便于堆放材料和构件，以达到缩短运距的要求。

5）井字架、龙门架的数量要根据施工进度、提升的材料和构件数量、台班工作效率等因素计算确定，其服务范围一般为 50～60m。

6）卷扬机应设置安全作业棚，其位置不应距起重机械太近，以便操作人员的视线能看到整个升降过程，一般要求此距离大于建筑物的高度，水平距外脚手架 3m 以上。

7）井架应立在外脚手架之外并有一定距离为宜，一般为 5～6m。

8）缆风绳设置。高度在 15m 以下时设一道，15m 以上时每增高 10m 增设一道，宜用钢丝绳，并与地面夹角成 45°，当附着于建筑物时可不设缆风绳。

（3）建筑施工电梯的布置　在确定建筑施工电梯的位置时，应考虑便于施工人员上下和物料集散，由电梯口至各施工处的平均距离应最短，便于安装附墙装置，接近电源，有良好的夜间照明。

（4）自行无轨式起重机械　自行无轨式起重机械分履带式、汽车式和轮胎式三种，它移动方便灵活，能为整个工地服务，一般专作构件装卸和起吊之用，适用于装配式单层工业厂房主体结构的吊装。

（5）混凝土泵和泵车　高层建筑施工中，混凝土的垂直运输量十分巨大，通常采用泵送方法进行，其布置要求如下：

1）混凝土泵设置处的场地应平整坚实，具有重车行走条件，且有足够的场地，道路畅通，使供料调车方便。

2）混凝土泵应尽量靠近浇筑地点。

3）其停放位置接近排水设施，供水、供电方便，便于泵车清洗。

4）混凝土泵作业范围内，不得有障碍物、高压电线，同时要有防范高空坠物的措施。

5）当高层建筑采用接力泵泵送混凝土时，其设置位置应使上、下泵的输送能力匹配，且验算其楼面结构部位的承载力，必要时采取加固措施。

2．确定搅拌站、仓库和材料及构件堆场的位置

材料及构件堆场、仓库和搅拌站的位置应尽量靠近使用地点或在起重能力范围内，并考虑到运输和装卸料的方便，底层以下用料可堆放在基础四周，但不宜离基坑、槽边太近，以防止基槽塌方。

1）根据施工阶段、施工部位和使用先后的不同，材料、构件等堆场位置一般有以下几种布置方式：

① 建筑物基础和第一层施工所用的材料，应该布置在建筑物的四周。材料堆放位置应根据基槽（坑）的深度、宽度及其坡度确定，与基槽边缘保持一定距离，以免造成基槽（坑）土壁的塌方事故。

② 第二层以上建筑物的施工材料，布置在起重机附近或处于塔吊吊臂回转半径之内。

③ 砂、石子等大宗材料尽量布置在搅拌站附近。

④ 多种材料同时布置时，对大宗的、重量大的和先期使用的材料，尽可能靠近使用地点或起重机附近布置；而少量的、轻的和后期使用的材料，则可布置得稍远一些。

⑤ 按不同施工阶段，使用不同材料的特点，在同一位置上可先后布置几种不同的材料。

2）根据起重机的类型，搅拌站、仓库和材料、构件堆场位置又有以下几种布置方式：

① 当采用固定式垂直运输设备时，尽可能靠近起重机布置，以减少运距或二次搬运。

② 当采用塔式起重机进行垂直运输时，应布置在塔式起重机有效起重半径内。

③ 当采用无轨自行式起重机进行水平或垂直运输时，应沿起重机运行路线布置，且其位置应在起重臂的最大外伸长度范围内。

当混凝土基础的体积较大时，混凝土搅拌站可以直接布置在基坑边缘附近，待混凝土浇筑完后再转移，以减少混凝土的运输距离。施工场地狭窄时可采用商品混凝土。

此外，木工棚和钢筋加工棚的位置可考虑布置在建筑物四周以外的地方，但应有一定的场地用来堆放木材、钢筋和成品。

3）材料、构件堆场、仓库和搅拌站的尺寸、面积计算。

① 材料、构件堆场和仓库面积计算。

a．计算材料储备量 P：

$$P=\frac{Q}{T}nk \tag{5-15}$$

式中 Q——计划期内需要的材料数量；

T——需要该项材料的时间；

n——储备天数（见表 5-9）；

k——材料消耗量不均匀系数（见表 5-10），k=日最大消耗量/日平均消耗量。

b．计算材料堆场面积 A：

$$A = P / u \quad (5\text{-}16)$$

式中　u——每 m^2 面积上堆放材料数量。

材料堆场面积计算所需数据指标参考值见表 5-9。

c．按系数计算仓库面积 F：

$$F = b \times M \quad (5\text{-}17)$$

式中　b——系数；

M——计算基数。

按系数计算仓库面积表见表 5-11。

② 确定现场作业棚面积。主要包括各种料具仓库、加工棚等，现场作业棚所需面积参考指标见表 5-12。

③ 搅拌站面积。搅拌站平面尺寸参考数据如下：砂浆搅拌机 10～15m^2/台，冬期施工时 25m^2/台；混凝土搅拌机 20～25m^2/台，冬期施工时 50m^2/台。

表 5-9　材料堆场面积计算所需数据指标参考值

序号	材料名称	单位	每 m^2 储备量 v	储备天数 n/d	堆置高度/m	仓库类别
1	钢筋（直筋） 钢筋（盘圆）	t	1.8～2.4 0.8～1.2	40～50 40～50	1.2 1.0	露天棚约占　20%
2	槽钢	t	0.8～0.9	40～50	0.5	露天
3	角钢	t	1.2～1.8	40～50	1.2	露天
4	钢板	t	2.4～2.7	40～50	1.0	露天
5	铸铁管	t	0.6～0.8	20～30	1.2	露天
6	暖气片	t	0.5	40～50	1.5	露天或棚
7	水暖零件	t	0.7	20～30	1.4	库或棚
8	五金	t	1.0	20～30	2.2	库
9	钢丝绳	t	0.7	40～50	1.0	库
10	电线、电缆	t	0.3	40～50	2.0	库或棚
11	木材	m^3	0.8	40～50	2.0	露天
12	胶合板	张	200～300	20～30	1.5	库
13	水泥	t	1.4	30～40	1.5	库
14	生石灰（块状） 生石灰（袋装）	t t	1.0～1.5 1.0～1.3	20～30 10～20	1.5 1.5	棚 棚
15	石膏	t	1.2～1.7	10～20	2.0	棚
16	砂、石子（人工堆置） 砂、石子（机械堆置）	m^3 m^3	1.2 2.4	10～30 10～30	1.5 3.0	露天 露天
17	块石	m^3	1.0	10～20	1.2	露天
18	粘土砖	千块	0.5	10～30	1.5	露天
19	耐火砖	t	2.5	20～30	1.8	棚
20	粘土瓦、水泥瓦	千块	0.25	10～30	1.5	露天
21	石棉瓦	张	25	10～30	1.0	露天
22	水泥瓦、陶土管	t	0.5	20～30	1.5	露天
23	玻璃	箱	6～10	20～30	0.8	棚或库

（续）

序号	材料名称	单位	每 m^2 储备量 v	储备天数 n/d	堆置高度/m	仓库类别
24	油漆料	桶或 t	50～100 或 0.3～0.6	20～30	1.5	库
25	卷材	卷	15～24	20～30	2.0	库
26	沥青	t	0.8	20～30	1.2	露天
27	小型预制构件	m^3	0.3～0.4	10～20	0.9	露天
28	钢筋混凝土板	m^3	0.14～0.24	3～7	2.0	露天
29	钢筋混凝土梁、柱	m^3	0.12～0.18	3～7	1.2	露天
30	钢筋骨架	t	0.12～0.18	3～7	—	露天
31	金属结构	t	0.16～0.24	3～7	—	露天
32	铁件	t	0.9～1.5	10～20	1.5	露天
33	钢门窗	t	0.6	10～20	2.0	棚
34	木门窗	m^2	30	3～7	2.0	棚
35	木屋架	m^3	0.3	3～7	—	露天
36	模板	m^3	0.7	3～7	—	露天
37	刨花板	张	50	3～7	1.5	棚
38	大型砌块	m^3	0.9	3～7	1.5	露天
39	轻质混凝土制品	m^3	1.1	3～7	2.0	露天
40	水、电及卫生设备	套	0.35	20～30	1.0	棚、库各约占 1/4
41	脚手板	m^3	1.5～1.8	30～40	2.0	露天
42	杉槁	根	15～20	30～40	1.5	露天
43	排木	根	30～40	30～40	1.5	露天

表 5-10　材料消耗量不均匀系数表

序号	材料名称	材料消耗量不均匀系数 k		备注
		季度	月份	
1	砂子	1.2～1.4	1.5～1.8	
2	碎石、卵石	1.2～1.4	1.6～1.9	
3	石灰	1.2～1.4	1.7～2.0	
4	砖	1.4～1.8	1.6～1.9	
5	瓦	1.6～1.8	2.2～2.5	
6	块石	1.5～1.7	2.5～2.6	
7	炉渣	1.4～1.6	1.7～2.0	
8	水泥	1.2～1.4	1.3～1.6	
9	型钢及钢板	1.3～1.5	1.7～2.0	
10	钢筋	1.2～1.4	1.6～1.9	
11	木材	1.2～1.4	1.6～1.9	
12	沥青	1.3～1.5	1.8～2.1	
13	卷材	1.5～1.7	2.4～2.7	
14	玻璃	1.2～1.7	2.7～3.0	

表 5-11 按系数计算仓库面积表

项次	名称	计算基础 M	单位	系数 b
1	仓库（综合）	按工地全员	m^2/人	0.7～0.8
2	水泥库	按当年工作量的 40%～50%	m^2/t	0.7
3	其他仓库	按当年工作量	m^2/万元	2 或 3
4	五金杂品库	按年建安工作量	m^2/万元	0.2～03
		按在建建筑面积	$m^2/100m^2$	0.5～1
5	土建工具库	按高峰年（季）平均人数	m^2/人	0.10～0.20
6	水暖器材库	按年在建建筑面积	$m^2/100m^2$	0.2～0.4
7	电器器材库	按年在建建筑面积	$m^2/100m^2$	0.3～0.5
8	化工油漆危险品库	按年建安工作量	m^2/万元	0.1～0.15
9	三大工具堆场（脚手架、跳板、模板）	按在建建筑面积	$m^2/100m^2$	1～2
		按年建安工作量	m^2/万元	0.5～1

表 5-12 现场作业棚所需面积参考指标

序号	名称	单位	面积/m^2	备注
1	木工作业棚	m^2/人	2	
2	电锯房	m^2	80	
		m^2	40	
3	钢筋作业棚	m^2/人	3	
4	搅拌机棚	m^2/台	10～18	
5	卷扬机棚	m^2/台	6～12	
6	烘炉房	m^2	30～40	
7	焊工房	m^2	20～40	
8	电工房	m^2	15	
9	油漆工房	m^2	20	
10	机、钳工修理房	m^2	20	
11	立式锅炉房	m^2/台	5～10	
12	发电机房	m^2/kW	0.2～0.3	
13	水泵房	m^2/台	3～8	
14	空压机房（移动式）	m^2/台	18～30	
15	空压机房（固定式）	m^2/台	9～15	

3. 布置运输道路

场内道路的布置，主要是满足材料构件的运输和消防的要求。应使道路通到各材料及构件的堆放场地，并离材料越近越好，以便装卸。消防对道路的要求，除了消防车能直接开到消火栓处之外，还应使道路靠近建筑物、木料场，以便消防车能直接进行灭火抢救。

布置道路时还应考虑下列几方面的要求：

1）尽量使道路布置成直线，以提高运输车辆的行车速度，并应使道路形成环形，以提高车辆的通过能力。消防通道宽度不小于 3.5m。

2）应考虑第二期开工的建筑物位置和地下管线的布置，要与后期施工结合起来考虑，以免临时改道或道路被切断影响运输。

3）布置道路应尽量把临时道路与永久道路相结合，即可先修永久性道路的路基，作为临时道路使用，尤其是当需修建场外临时道路时，要着重考虑这一点，这样可节约大量投资。在有条件的地方，应把永久性道路路面也事先修建好，这样更有利于运输。

道路的布置还应满足一定的技术要求，如路面的宽度、最小转弯半径等，可参考表 5-13。

表 5-13　施工现场道路宽度及最小转弯半径

车辆、道路类别	道路宽度/m	最小转弯半径/m
汽车单行道	≥3.5	9
汽车双行道	≥6.0	9
平板拖车单行道	≥4.0	12
平板拖车双行道	≥8.0	12

4．临时设施的布置

为服务建筑工程的施工，工地的临时设施应包括行政管理用房、料具仓库、加工间及生活用房等几大类。现场原有的房屋，在不妨碍施工的前提下，应加以保留利用；有时为了节省临时设施面积，可先建造小区建筑中的附属建筑的一部分，建后先作施工临时设施使用，待整个工程施工完毕后再进行移交。如所建的工程处在一个大工地，有若干个幢号同时施工，则应统一布置临时设施。行政、生活、福利临时建筑参考指标见表 5-14。

表 5-14　行政、生活、福利临时建筑参考指标

临时房屋名称	指标使用方法	参考指标/（m^2/人）	备注
一、办公室	按干部人数	3～4	1．本表根据全国收集到的有代表性的企业、地区的资料综合而定 2．工区以上设置的会议室已包括在办公室指标内 3．家属宿舍应以施工期长短和离基地情况而定，一般按高峰年职工平均人数的 10%～30%考虑 4．食堂包括厨房、库房，应考虑在工地就餐人数和进餐次数
二、宿舍	按高峰年（季）职工平均人数（扣除不在工地住宿人数）	2.5～3.5	
单层通铺		2.5～3	
双层床		2.0～2.5	
单层床		3.5～4	
三、家属宿舍		16～25m^2/户	
四、食堂		0.5～0.8	
五、食堂兼礼堂		0.6～0.9	
六、其他合计	按高峰年职工平均人数	0.5～0.6	
医务室	按高峰年职工平均人数	0.05～0.07	
浴室	按高峰年职工平均人数	0.07～0.1	
理发室	按高峰年职工平均人数	0.01～0.03	
浴室兼理发室	按高峰年职工平均人数	0.08～0.1	
俱乐部	按高峰年职工平均人数	0.1	
小卖部	按高峰年职工平均人数	0.03	
招待所	按高峰年职工平均人数	0.06	
托儿所	按高峰年职工平均人数	0.03～0.06	
子弟小学	按高峰年职工平均人数	0.06～0.08	
其他公用	按高峰年职工平均人数	0.05～0.1	
七、现场小型设施			
开水房		10～40	
厕所	按高峰年职工平均人数	0.02～0.07	
工人休息室	按高峰年职工平均人数	0.15	

临时设施的种类、大小及位置应根据工程的实际需要来确定。应尽可能地减少新建临时设施面积，大型的新建临时设施还应按规定逐级上报审批。

5．水电管网的布置

一般需要考虑施工现场的生产用水和生活用水。一般由建设单位的干管或自行布置的干管接到用水地点。布置时应力求管网总长度最短，临时供水首先要经过计算、设计，然后进行设置。施工组织设计的供水计算和设计可以简化或根据经验进行安排，一般 5000～10000m^2 的建筑工程施工，施工用水主干管为 100mm，支管为 50mm 或 25mm。

供水管网布置形式如图 5-6 所示。

（1）环形管网　管网为环形封闭形状，优点是能够保证可靠地供水，当管网某一处发生故障时，水仍能沿管网其他支管供水。缺点是管线长，造价高，管材耗量大。

（2）枝形管网　管网由干线及支线两部分组成。管线长度短，造价低，但供水可靠性差。

（3）混合式管网　主要用水区及干管采用环形管网，其他用水区采用枝形支线供水，这种混合式管网，兼备两种管网的优点，在工地中采用较多。

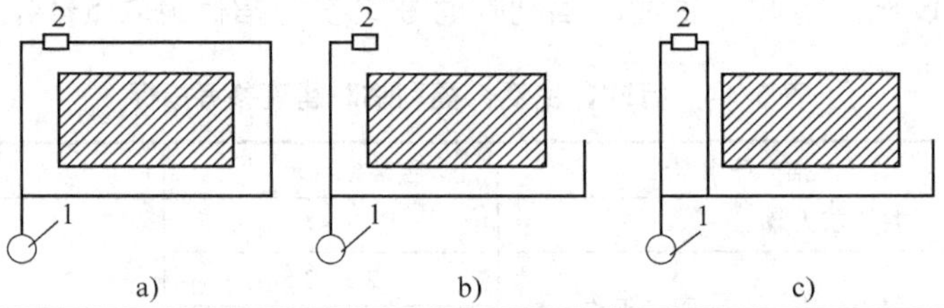

图 5-6　临时供水管网布置图

a）环状布置　b）枝状布置　c）混合布置

1—水源　2—混凝土搅拌站

布置供水管网时还应考虑室外消防栓的布置要求。室外消防栓应沿道路设置，间距不应超过 120m，距房屋外墙为 1.5～5m，距道路不应大于 2m。现场消防栓处昼夜要设有明显标志，配备足够的水龙带，周围 3m 以内，不准存放任何物品。室外消防栓给水管的直径不小于 100mm，高层建筑施工，应设置专用高压泵和消防竖管，消防高压泵应用非易燃材料建造，设在安全位置。

为了防止水的意外中断，可在建筑物附近设置简易蓄水池，储存一定数量的生产和消防用水。如果水压不足时，尚应设置高压水泵，为便于排除地面水和地下水，要及时修通永久性下水道，并结合现场地形在建筑物四周设置排泄地面水和地下水的沟渠。

管线可埋于地下，也可铺设在地面上，由当时的气温条件和使用期限的长短而定。最好埋设在地面以下，以防汽车及其他机械在上面行走时压坏，严寒地区应埋设在冰冻线以下，明管部分应做保温处理。

6．布置临时供电管网

临时供电设计包括用电量计算，电源选择，电力系统选择和配置。用电量包括电动机用电量、电焊机用电量、室内外照明用电等。如果是扩建的单位工程，可计算出施工用电总数供建设单位解决，不另设变压器。独立的单位工程施工，要计算出现场施工用电和照明用电的数量，选用变压器和导线截面及类型。

施工现场临时用电线路布置时，一般有两种形式：

（1）枝状系统　按用电地点直接架设干线与支线。优点是省线材、造价低；缺点是万一线路内发生任何故障断电，将影响其他用电设备的使用。因此，对需要连续供电的机械设备（如水泵等）则应避免使用枝状系统。

（2）网状系统　即用一个变压器或两个变压器，在闭合线路上供电。在大工地及起重机械多的现场，最好用网状系统，既可以保证供电，又可以减少机械用电时的电压降。

施工现场布置用电线路时，既要满足生产用电，还应使线路最短。如工地有吊装机械时，供电线路应布置在吊装机械运行路线的回转半径以外。如确有困难时，在吊装机械回转半径以内的部分线路，必须搭设防护栏，其防护高度应超过线 2m，机械在运转时还应采取必要的措施，以确保吊装时的安全。

施工现场用的变压器，应布置在现场边缘高压线接入处，四周设置铁丝网等围挡。变压器不宜布置在交通要道口；配电室应靠近变压器，便于管理。

现场架空线必须采用绝缘铜线或绝缘铝线。架空线必须设在专用的电杆上，并且要布置在道路一侧，禁止架设在树木、脚手架上。

在实际设计中，各种因素往往互相牵连，互相影响，要求反复酝酿，考虑平面和空间的可能性和合理性。

5.6.3　施工平面图绘制的要求

在实际工程中，施工平面图的内容可根据工程规模、施工条件和生产需要适当增减。例如，当现场采用商品混凝土时，混凝土的制作往往在场外进行，这样施工现场的临时堆场就简单多了，但现场的临时道路则要求相对高一些。当工程规模较大，各施工阶段或分部工程施工较复杂时，其施工平面图应根据情况分阶段地进行设计，现场平面布置图图例见表 5-15。

表 5-15　现场平面布置图图例

序号	名称	图例	备注
1	新建建筑物	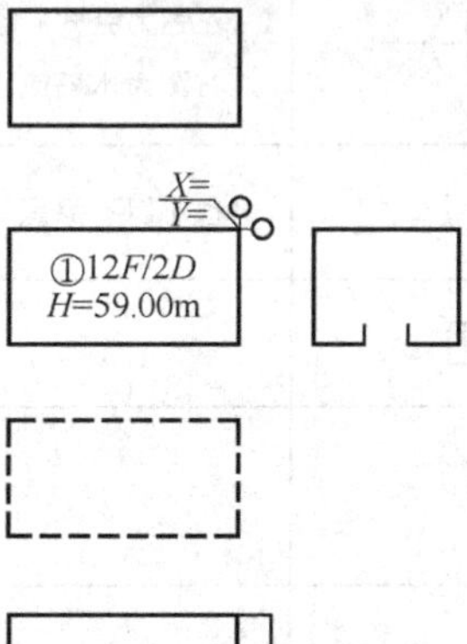	新建建筑物以粗实线表示与室外地坪相接处±0.00 外墙定位轮廓线 建筑物一般以±0.00 高度处的外墙定位轴线交叉点坐标定位。轴线用细实线表示，并标明轴线号 根据不同设计阶段标注建筑编号，地上、地下层数，建筑高度，建筑出入口位置（两种表示方法均可，但同一图纸采用一种表示方法） 地下建筑物以粗虚线表示其轮廓 建筑上部（±0.00 以上）外挑建筑用细实线表示 建筑物上部连廊用细虚线表示并标注位置

（续）

序号	名称	图例	备注
2	原有建筑物	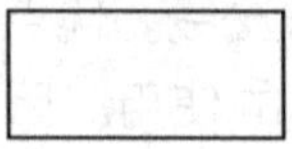	用细实线表示
3	计划扩建的预留地或建筑物		用中粗虚线表示
4	拆除的建筑物	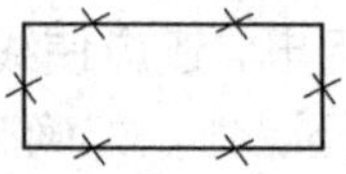	用细实线表示
5	建筑物下面的通道	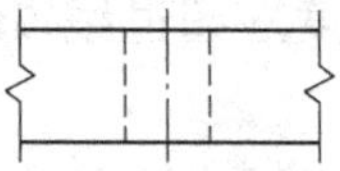	—
6	散状材料露天堆场	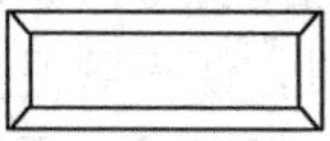	需要时可注明材料名称
7	其他材料露天堆场或露天作业场	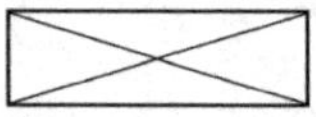	需要时可注明材料名称
8	铺砌场地	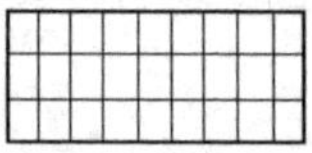	—
9	敞棚或敞廊	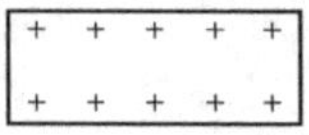	—
10	高架式料仓	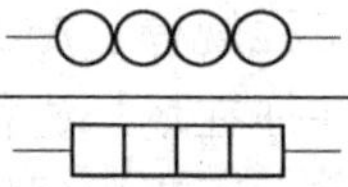	—
11	漏斗式贮仓		左、右图为底卸式 中图为侧卸式
12	冷却塔（池）		应注明冷却塔或冷却池
13	水塔、贮罐	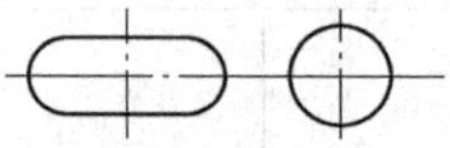	左图为卧式贮罐 右图为水塔或立式贮罐
14	水池、坑槽		也可以不涂黑
15	明溜矿槽（井）	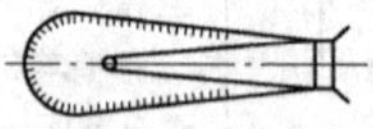	—
16	斜井或平硐	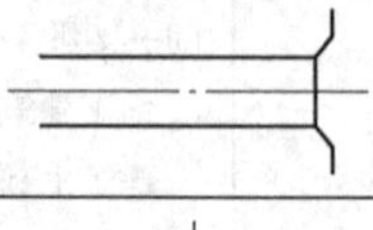	—
17	烟囱		实线为烟囱下部直径，虚线为基础，必要时可注写烟囱高度和上、下口直径

（续）

序号	名称	图例	备注
18	围墙及大门	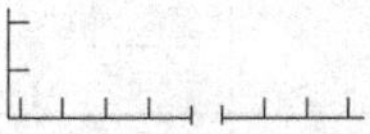	—
19	挡土墙	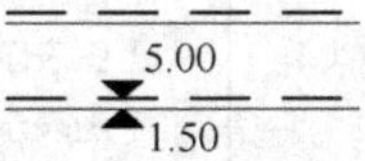	挡土墙根据不同设计阶段的需要标注 $\frac{墙顶标高}{墙底标高}$
20	挡土墙上设围墙		—
21	台阶及无障碍坡道	1. 2. 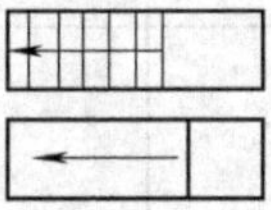	1．表示台阶（级数仅为示意） 2．表示无障碍坡道
22	露天桥式起重机	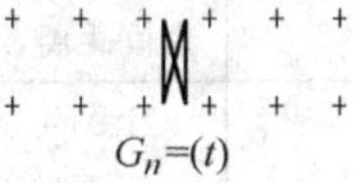	起重机起重量 G_n，以吨计算 “+”为柱子位置
23	露天电动葫芦	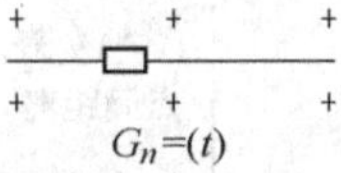	起重机起重量 G_n，以吨计算 “+”为支架位置
24	门式起重机	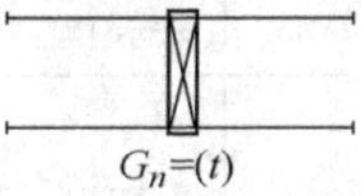 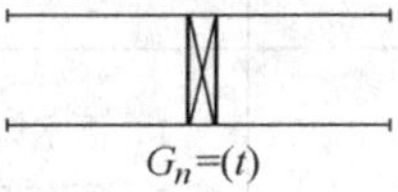	起重机起重量 G_n，以吨计算 上图表示有外伸臂 下图表示无外伸臂
25	架空索道		“|”为支架位置
26	斜坡卷扬机道	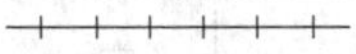	—
27	斜坡栈桥（皮带廊等）	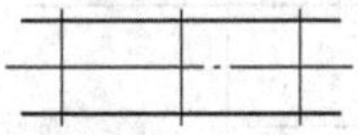	细实线表示支架中心线位置
28	坐标	1. 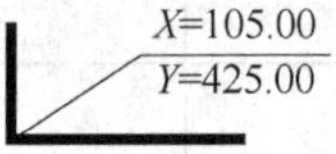 2. 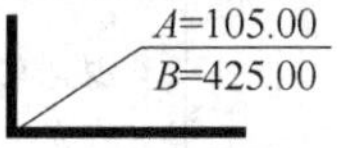	1．表示地形测量坐标系 2．表示自设坐标系 坐标数字平行于建筑标注
29	方格网交叉点标高	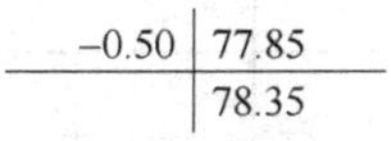	“78.35”为原地面标高 “77.85”为设计标高 “−0.50”为施工高度 “−”表示挖方（“+”表示填方）
30	填方区、挖方区、未整平区及零线	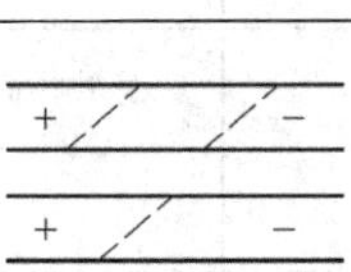	“+”表示填方区 “−”表示挖方区 中间为未整平区 虚线为零点线

（续）

序号	名称	图例	备注
31	填挖边坡	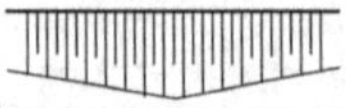	—
32	分水脊线与谷线	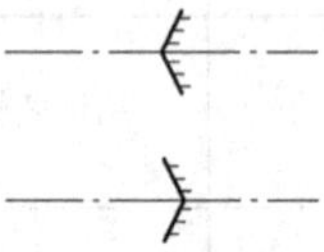	上图表示脊线 下图表示谷线
33	洪水淹没线		洪水最高水位以文字标注
34	地表排水方向		—
35	截水沟		“1”表示 1%的沟底纵向坡度，“40.00”表示变坡点间距离，箭头表示水流方向
36	排水明沟	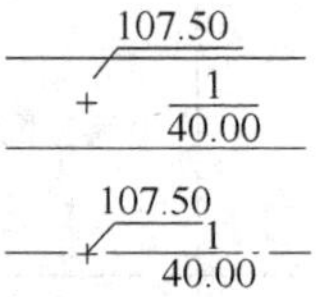	上图用于比例较大的图面 下图用于比例较小的图面 “1”表示 1%的沟底纵向坡度，“40.00”表示变坡点间距离，箭头表示水流方向 “107.50”表示沟底变坡点标高（变坡点以“+”表示）
37	有盖板的排水沟	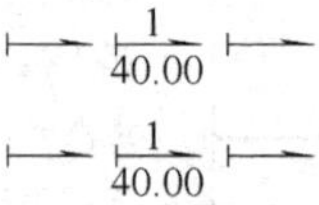	—
38	雨水口	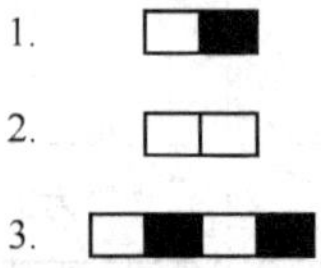	1．雨水口 2．原有雨水口 3．双落式雨水口
39	消火栓井		—
40	急流槽	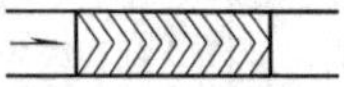	箭头表示水流方向
41	跌水	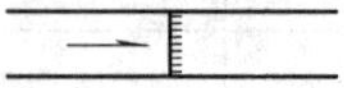	
42	拦水（闸）坝	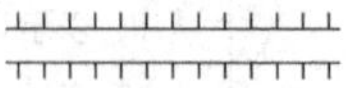	—
43	透水路堤		边坡较长时，可在一端或两端局部表示
44	过水路面		—
45	室内地坪标高	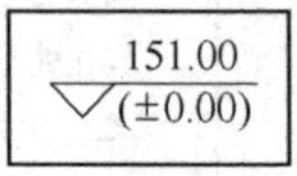	数字平行于建筑物书写
46	室外地坪标高		室外标高也可采用等高线
47	盲道	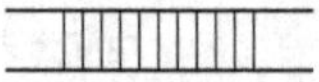	—

（续）

序号	名称	图例	备注
48	地下车库入口	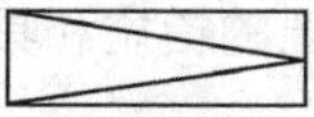	机动车停车场
49	地面露天停车场	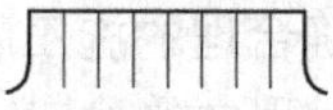	—
50	露天机械停车场	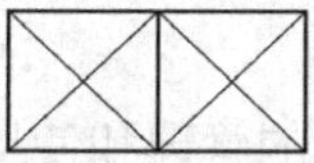	—

课题 7　制定主要施工管理措施与主要技术经济指标

5.7.1　保证工程质量的管理措施

施工组织设计应对工程对象容易发生的质量通病和采用的“四新”（新技术、新材料、新设备、新工艺）制定防治措施，从材料、加工、运输、储存堆放、施工、验收等方面去保证质量。

ISO9000 是保证工程质量的有效质量保证体系，QC 小组活动、工序质量控制点、工序“三检制”都对保证施工质量和改进施工有很大作用，要坚持推广。当工程采用“四新”时，应吸取过去的施工经验，制定有针对性的技术措施来保证工程质量。对于复杂的地基处理、桩基施工、基础结构施工、主体结构施工、施工测量、防水和装饰工程施工等，都要制订施工技术措施，而且要将措施落实，切实保证工程质量。

保证工程质量的措施还应从以下几方面考虑：

1）确保拟建工程定位、放线、轴线尺寸、标高抄测准确无误。

2）保证地基承载能力符合设计规定的有关技术措施。

3）各种基础、地下结构、地下防水工程施工的质量保证措施。

4）主体承重结构的主要施工过程的质量保证措施，预制承重构件的检查措施，材料、半成品、砂浆、混凝土等的检验和使用要求。

5）冬、雨期施工的质量保证措施。

6）防水工程、装饰工程的质量保证措施和成品保护措施。

7）质量通病防治措施。

5.7.2　保证工程安全生产的管理措施

安全施工占有十分重要的地位，在制定施工方案和施工组织设计时，应予以足够的重视。安全技术措施应贯彻安全操作规程，对施工过程中可能发生安全问题的各个施工环节进行预测，并有针对性地提出预防措施，切实加以落实，以保证安全施工。

安全措施应着重考虑下述几个方面：

（1）安全教育　提出安全施工的宣传、教育的具体措施，对新职工和复岗职工做上岗前的安全教育和安全操作培训。

（2）预防自然灾害　针对拟建工程的地形、环境、自然气候、气象等情况，提出防台风、雷电、洪水、滑坡以及防冻、防暑、降温的措施和具体办法，以便减少损失，避免伤亡。

（3）深坑、高空和立体交叉作业　严格明确合理的施工顺序，制定结构吊装、上下垂直平行施工时的安全要求和措施，确保结构施工过程中的稳定，工人在施工过程中应正确使用安全用具。

（4）易燃、易爆、危险品　应制定“三品”的管理和使用的安全技术措施，有毒、有尘、有害气体环境下操作人员的安全要求和措施。

（5）机电设备　包括安全用电、电器设备的管理和使用，机械、机具的安全操作规程，交通、车辆的安全管理。

（6）防火、防爆措施

1）施工前必须制定工地消防方案。

2）施工现场必须建立安全消防组织，明确专人负责，配备义务消防人员，并定期进行安全教育培训。

3）工地内及易燃易爆等重点危险部位附近，应在明显和便于取用的地点，按消防部门的规定要求设置专用灭火水源、灭火器、消防水桶、砂箱、铁锹、火钩等消防器材和灭火工具。

4）易燃易爆物品要在设定的区域内堆（存）放，严禁烟火，并应符合国家防火防爆要求，要远离火源。

5）建筑物、仓库等危险区域的周围必须设有消防通道，保持道路平整畅通。

（7）安全检查　包括对安全检查的规定，安全隐患的处理，安全维护制度。

此外，还要有环境保护、保安措施等，还要明确安全生产目标、安全事故处理程序。

5.7.3　保证工程工期的管理措施

1）配备装饰施工经验丰富、技术实力强的项目管理班子，中标后立即投入人力、物力，及时组织进场施工。

2）由各级管理人员对各道工序进行全过程控制，在做好成品保护的前提下，促使各分部分项工程以最大限度进行合理地交叉施工，保证施工流水能按计划正常运转。

3）加强施工中的过程控制，严格“三检制”，提高一次交验合格率，避免不必要的返工返修，延误工期。

4）加强工厂化施工，门框、造型门、各种木线、石材及其他专业设备均可安排进行工厂化加工，现场安装，这样既可保证质量又可确保施工工期。

5）暖卫、电气、通风、空调等设备安装工程与其他各分部工程配合土建穿插作业，尽可能不占用整体工期。

6）在总体计划控制下，制定月计划、周计划，并按计划每周召开一次现场协调会，及时解决劳动力、施工材料、图纸、资金、成品保护等方面存在的问题。每月报详细计划，认真听取业主及监理工程师的意见，以确保工期。

7）施工进度计划责任落实到人，工种、作业队，实行奖罚制度，在保证质量的情况下，上道工序进度不能影响下道工序进度。

8）生产上要根据进度计划及现场实际情况，合理安排各工种进退场时间及劳动力用量，材料部门做好材料计划并保证材料、工具及时到位，技术、质量各部门也要密切配合，不影响生产。

9）对工程施工的问题和困难做好充分的思想准备和技术准备，做好图纸技术分析、细部分项施工计划、资料管理、施工管理、放线核线、材料确认和定货、场外加工、安全保护等准备工作，及时配合施工计划进行安排，为工程施工顺利进行提供强有力的保障。

5.7.4　保证工程文明施工（环境管理）的管理措施

1．文明生产、文明施工措施

1）施工现场用广告牌作为围墙，局部临街面采用彩钢板作围挡，保持墙面清洁。办公区处“七牌二图”布置整齐。

2）现场根据场地实际情况合理地进行布置，设施、设备按现场布置图规定设置堆放，并随施工不同阶段进行场地布置和调整。

3）道路和场地施工区内道路通畅、平坦、整洁，不乱堆乱放，无散落物；构造物周围应浇捣散水坡，四周保持清洁；场地平整不积水，无散落的杂物及散物；场地排水成系统，且畅通、不堵，施工废料集中堆放，及时处理。

4）班组场地清理。班组必须做好操作后场地清理，随作随清，物尽其用。在施工作业中，应有防止尘土飞扬、泥浆横流、混凝土洒漏、车辆沾带泥土运行等措施，并应有考核制度，定期检查，评分考核，成绩上牌公布。

5）材料堆放。砂石分类堆放成方，砌体分类成垛，堆放整齐。

6）周转设备存放。施工钢模、机具、器材等集中堆放整齐；专用钢模成套放置，零用钢模及零配件、脚手扣件分类、分规格，集中存放。

7）水泥库中袋装、散装不混放，分清强度等级，堆放整齐，目能成数。有制度、有规定，专人管理，限额发放，分类插标挂牌，记录齐全而正确，牌、物、账相符。库容整洁，无“上漏下渗”现象。

8）混凝土构配件分类、分型、分规格堆放整齐。钢材分类集中堆放整齐，支座、垫板、预埋件等分门别类妥善保管。

2．环境保护措施

1）重视环境保护工作。为确保文明施工，促进施工顺利进行，应采取环境保护措施，完善施工组织设计时，把环境保护工作作为施工组织设计的组成部分，并认真贯彻执行于施工的全过程。

2）加强环保教育，组织职工学习环保知识，加强环保意识，使大家认识到环境保护的重要性和必要性。

3）贯彻环保法规，认真贯彻各级政府的有关水土保护、环境保护的方针、政策和法令，结合设计文件和工程特点，及时申报安全环境保护设计，切实按批准的文件组织实施。

4）强化环保管理，定期进行环境检查，及时处理违章事宜，主动联系环保机构，请示汇报环保工作，做到文明施工。

5）美化施工现场，废料、土石方废方应根据设计要求按工程师指定地点处理。保持排水通道畅通，工地干净卫生，施工中还应尽量减少对周围绿化环境的影响和破坏。

6）消除施工污染。施工废水、生活污水要采用渗井或其他措施处理，工地垃圾及时运往指定地点深埋，清洗集料机具或含有沉淀油污的操作水，采用过滤的方法或沉淀池处理，使生态环境受损减到最低程度。

5.7.5 降低施工成本的管理措施

降低成本措施要以施工预算为尺度，以企业或基层施工单位年度、季度降低成本计划和技术组织措施为依据进行编制。要针对工程施工中降低成本潜力大、工程量大、有采取措施可能性和条件的项目，发动技术人员、预算人员开动脑筋，提出措施，计算出经济效益指标，加以评价决策。降低成本措施包括采用先进的技术和设备、节约材料和劳动力、降低机械使用费、降低间接费、节约临时设施费用、节约资金等。降低成本措施应考虑以下几个方面：

1）保持生产力水平先进。

2）有合理的劳动组织和管理组织，保证措施的落实。

3）物资计划管理，在采购、运输、现场管理、竣工材料的回收方面降低成本。

4）采用新技术、新工艺提高功效、降低耗用。

5）保证工程质量，减少返工费用。

6）保证安全生产，避免安全事故带来的损失。

7）提高机械的利用率，减少机械费开支。

8）工程建设提前完工，减少管理费等费用的开支。

需注意，成本、质量、工期三者是相互联系、相互影响的，要综合考虑，不能只强调某一方面，否则最终达不到预期目标。

课题 8　单位工程施工组织设计实例

为便于学习，我们将工程实际中的施工组织设计进行了适于学习的整理简化。

第一部分　编制依据

一、合同及施工图纸

1）施工图纸：某小区 4～6#住宅楼工程设计图纸。

2）施工合同：建设工程施工合同（GF—1999—02012）。

3）勘察报告：岩土工程勘察报告（YKB2009—34）。

二、主要法规、规范、规程、标准条文和图集（略）

第二部分　工程概述

工程概况见表 5-16。

表 5-16　工程概况表

序号	项目	内容
1	工程名称	某小区 4～6#住宅楼工程
2	建设单位	××投资有限公司
3	施工单位	××建筑工程有限公司
4	建筑面积	47338.57m²
5	地理位置	某市××路西侧，××路南侧
6	建设工期	合同工期从 2010 年 4 月 6 日开工（以垫层浇筑之日起），总工期为 487 天
7	质量目标	按《建筑工程施工质量验收统一标准》及相关专业质量验收规范验收，达到合格标准；主体达到"优质结构"
8	合同范围	施工图纸、施工管理及技术要求中所含全部工程内容
9	合同结算	竣工图纸、批复的施工方案、设计交底、设计变更、现场签证等（详见合同）

第三部分　施工部署

一、工程管理目标

1）工期目标：合理穿插工艺，调配劳动力，总工期为 487 天，确保按期竣工。

2）质量目标：保证达到国家质量验收合格标准，确保主体达到"××市优质结构"。

3）安全目标：确保无重大伤亡、火灾和人员中毒事故，一般轻伤事故发生率控制在 0.5‰以下。

4）文明施工目标：确保市级安全文明工地，争创省级安全文明工地。

5）服务目标：建造业主满意工程。

二、工程施工管理组织

经公司研究决定现场由技术素质高，施工能力强的管理人员组成现场施工监督小组，全权负责现场施工管理，并组织各施工队伍按项目经理部施工计划进行施工。同时，项目管理班子应对工期、质量、安全、成本等综合效益进行有效的、有计划的组织、协调和管理。

三、总体施工顺序

本工程按±0.000 以下、结构封顶、15 层以下主体、竣工验收等阶段组织施工及验收。竣工验收按总计划日历天为依据。

四、施工程序

1. 总体施工程序

总体施工程序如图 5-7 所示。

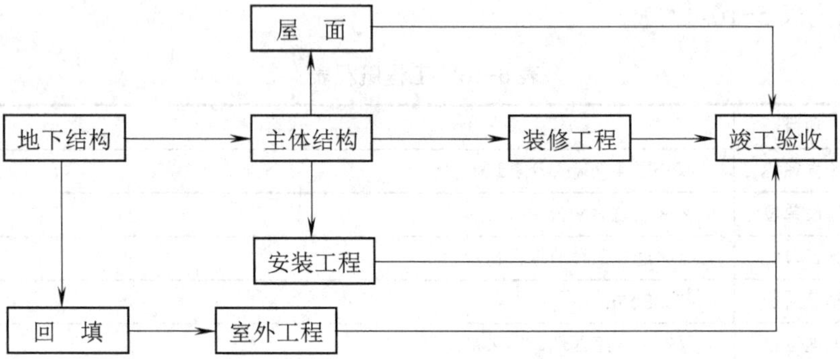

图 5-7 总体施工程序

2. 各阶段施工顺序

1）地下结构阶段施工顺序：基坑降水（边坡支护）→土方开挖→验槽→铺垫层→砌砖胎模→底板防水层（及保护层）→基础钢筋→底板混凝土→地下室结构层（墙、柱钢筋→墙、柱模板→墙、柱混凝土→梁、板、梯模板→梁、板、梯钢筋→梁、板、梯混凝土→养护→拆模）→地下室结构验收→外墙防水工程→回填土。

2）主体结构阶段施工顺序：墙、柱钢筋→墙、柱模板→墙、柱混凝土→梁、板、楼梯模板→梁、板、楼梯钢筋→梁、板、楼梯混凝土→养护→拆模→上层结构→结构砌筑。

3）装修阶段施工顺序（主导工序）：抹灰→楼地面→装饰→油漆、涂料。

五、施工流水段的划分

三栋楼号各划分 2 个施工流水段。

六、工程施工进度计划

工程施工进度计划的编制原则是最优、最快，具体详见施工进度横道图。

工程施工进度应服从业主的合理要求，施工单位应全力配合好业主，按照业主的进度及工艺要求组织施工。

七、关键工序的进度控制点

进度控制点：基础验收、阶段性主体验收（提前进入抹灰）、主体竣工、竣工验收。

第四部分 施工准备工作

一、技术准备

1）合同签订后，技术部门从建设单位领取各专业图纸，由资料员负责施工图纸的收发，并建立管理台账。

2）由技术负责人组织工程技术人员认真审图，作好图纸会审前期工作，针对有关施工技术和图纸存在的疑点做好记录。

3）工程开工前及时与设计单位联系，做好设计交底及图纸交底工作。

4）准备与本工程有关的规程、规范、图集。

5）测量人员根据建设单位提供的水准点高程及坐标位置，做好工程控制网桩的测量定位，同时做好定位桩的闭合复测工作，并做好标识加以保护。

6）工程技术人员认真了解地下管网及周围环境情况，明确其具体位置和深度。

二、技术工作计划

1．施工方案

熟悉施工图，组织图纸会审、编制施工组织设计。本工程将根据工程进度计划，逐步编制主要分部分项工程施工方案，主要方案包括防水工程、模板工程、钢筋工程、季节性施工、脚手架工程、砌体工程、装饰装修工程、屋面工程、门窗工程等施工方案。

2．施工试验工作

1）施工前提前做好砂浆及混凝土站的交底工作，组织各种进场材料的检验及钢筋连接试验工作，准备好各种混凝土试模，选定国家法定实验室，各种测量工具提前送检报验。

2）确定施工过程中的质量检测标准，对施工中的各项质量指标进行严格控制。

三、生产准备及资源配备

1．施工道路及场地

1）按公司 CI 形象设置围墙，并进行美化装饰，做好邻近建筑物、道路等安全防护工作。

2）根据临水、临电设计方案，做好施工现场临时用水、用电管线的敷设工作，修建并硬化场地临时道路，修建办公、生活、生产临时设施，做好工程通讯工作。

2．施工现场临时用水

供水管径为 ϕ100mm 时，完全满足生产和消防用水的要求。沿建筑物周围设管径 *DN*100 的给水管以满足施工及消防用水，办公区及实验室等处选用管径 *DN*50 的给水管，埋深为 800mm。

3．施工现场临时用电

现场临时供电按《工业与民用供电系统设计规范》和《施工现场临时用电安全技术规范》设计并组织施工，供配电采用 TN—S 接零保护系统，按三级配电两级保护设计施工，PE 线与 N 线严格分开使用。接地电阻不大于 4 Ω。开关箱内漏电保护器额定漏电动作电流不大于 30mA，额定漏电动作时间不大于 0.1s。

现场建设单位需提供一台 400kVA 的变压器，同时为保证工程工期及工程质量，建设单位在主体施工期间，施工现场备用一台 60kVA 的发电机，以免在浇筑混凝土时突然停电，影响主体结构混凝土质量而造成隐患及堵塞混凝土输送泵和泵管。

4．各种资源需要量计划

（1）劳动力需要量及进场计划　根据本工程的建筑设计特点和我单位承建类似工程的施工经验，本工程调用施工过多个优质工程的专业队伍，其所有管理人员、技术工人及普工，均具备良好的素质，在施工管理、技术、质量上有很好的保证。本公司各专业施工人员共3000余名，分布在北京、天津、上海、南京、济南、青岛等地，其中本市共有500余人，根据工程施工进度与工程状况按计划、分阶段随时调用专业队伍进出场，保证施工人员的稳定和工程顺利展开。

（2）主要施工机械计划

1）塔吊。本工程在基础及主体结构施工阶段，4#楼选用 QTZ125 型塔吊一台，5#、6#楼选用 QTZ80 型塔吊 1 台，臂长为 55m、45m，满足工程所需模板、钢管、脚手架等材料的垂直和水平运输。

2）混凝土输送泵。选用 2 台 HBT80 型混凝土输送泵，每小时理论最大输送量为 $100m^3$，输送高度为 120m。

3）施工电梯。选用 2 台双笼建筑电梯，型号为 SCD200/200，主体施工至 8 层时安装电梯为后期砌体、装修工程及工人上、下楼提供方便。

4）加工机械。钢筋加工区依据施工现场情况设置对焊机、切割机、弯曲机等钢筋加工机械；木工房配置圆盘机、平刨机等。

第五部分　施工现场总平面布置图

一、施工平面图布置原则

根据本工程的特点及现场的实际情况，考虑小区后续工程开工后场地不足，将生活区及现场办公区设置在施工现场外。

1）施工现场布置紧凑合理。

2）合理布置起重机械和各种施工设施，科学规划施工通道，尽量降低运输费用。

3）采用彩钢板房装配式临建办公设施，提高安装速度，尽快投入使用。减少施工现场的临时用地及临设拆除、垃圾清运等过程，降低工程成本。

4）各项临建设施要本着“有利生产、经济适用、安全防火和保护环境”的要求进行布置。

二、施工平面图布置依据

1）总平面图、基础平面图、各层平面图及立面图。

2）施工部署和主要施工方案。

3）总进度计划及资源需要量计划。

4）水源、电源位置。

5）施工现场安全防火标准。

三、现场通道设置

1．现场通道布置原则

1）施工通道的布置应方便物资运输及装卸，使物资转运量尽量小，转运路径最短。

2）在满足现场需要的情况下，施工道路总长度应尽量减少，以使经济指标满足要求。

2．道路设置

本工程施工道路根据施工现场实际情况在施工现场布置临时硬化道路，采用 6m 宽、厚度为 150mm 的 C20 混凝土道路。

四、现场材料堆放

材料堆场的设置原则：不占正式工程位置，不影响施工；尽量靠近道路，方便材料运输；尽量靠近起重机械，将材料一次运至作业面，减少二次搬运。

五、现场临时建筑

1．现场临时建筑布置原则

1）因施工现场场地相对狭小，所有职工宿舍及办公区域布置在施工现场以外。

2）尽量不占后续工程的场地及道路。

3）尽量采用装配式房屋，可周转，经济实用。

4）满足施工需要。

2．临建设施

根据场地情况，职工生活区及办公区域布置在施工现场以外，施工现场只布置各种材料加工区域、厕所等。

六、水平、垂直运输

本工程结构施工阶段布置 2 台塔式起重机和 3 台施工电梯负责主要建筑材料的水平及垂直运输和人员的上下，能覆盖工程全部工作面和材料堆场。我公司拟在进场后即进行塔吊安装，以便在地下结构开始施工时就能投入使用。

混凝土运输采用混凝土输送泵，沿结构布置竖向、水平泵管，设 2 台 HBT80 型混凝土输送泵即可以满足施工要求。

第六部分　主要分部分项工程的施工方法

一、施工测量工程

1）测量仪器的配备。测量仪器的配备见表 5-17，设备必须经检验合格，以确保测量的精度。

表 5-17 测量仪器表

名称	DJ_2激光经纬仪	水准仪	双面水准尺	50m 钢卷尺
数量	1台	1台	1根	1把

2）建筑物平面控制网的测设。本建筑物的平面布置较规则，采用平面控制网。

二、土方开挖、降水、支护

降水及土方工程由业主直接分包的队伍施工，我单位负责配合。

本工程土方开挖放坡坡度按详细地质资料要求计算后放坡，一般为 1:1。先机械开挖至桩顶 700mm 处，再用小挖掘机配合人工挖至设计标底。

基坑回填每层用环刀法按 20～50m 取样一组，每层均不少于一组，取样部位在每层压实后下半部。填土压实后的干密度应有 90%以上符合设计要求，其余 10%的最低值与设计值之差不得大于 0.08t/m^3，且不得集中。

三、钢筋工程

钢筋工程是主体结构工程质量中的重要一环，要把住材质、焊接、机械连接、加工、绑扎的质量关和成品保护关；要熟悉图纸，跟踪质检，确保钢筋工程的质量。

1. 钢筋的安装与绑扎

（1）基础钢筋的绑扎

1）基础底板绑扎，弹线、验线是关键环节，要求在底板防水保护层上放出墙板、柱、地梁边线位置，专业埋管位置也应用红色线在防水保护层上画出。

2）底板钢筋的布置顺序：先铺板底受力筋，短跨方向先铺（南北放线），板的面筋短跨方向后铺；先铺下层网片，再铺底板上层网片，再绑扎地梁上排钢筋。

3）上层钢筋网根据基础底板的钢筋规格，基础马凳采用 Φ20 通长马凳，每一米设置一道。

（2）墙板筋的绑扎与安装

1）墙板筋施工程序：修整预留搭接筋→安装竖筋→画横筋分档标志→绑二根横筋→画竖筋分档标志→绑横、竖筋。

2）墙板筋上分绑扎线时，应根据水平和垂直基准线来划分。水平筋距板面 50mm 起线。

3）墙筋及暗柱，凡在转角、丁字形连接处，应根据板面弹线，吊好垂线后绑扎，以利立模。

4）双层双向钢筋网间的拉结筋应钩在外侧的钢筋上，拉筋宜布成方格形，以便振捣混凝土。

5）绑扎：按墙筋竖向和横向，钢筋交叉点全部绑扎牢固，不得松动。

6）搭接位置及绑扎接头占受力钢筋的百分率应符合设计或施工规范要求。地下室外墙外侧的水平筋，搭接设置在两横墙中间的 1/3 范围内，外墙内侧水平筋搭接设置在两横墙处。

7）预留洞口加强筋按设计要求安装及加固绑扎。

8）当墙在楼层处设有暗梁时，墙筋拉筋布置在暗梁外侧。

（3）柱筋的安装与绑扎（略）

（4）梁筋的安装与绑扎（略）

（5）楼板筋的绑扎（略）

（6）楼梯钢筋的施工方法（略）

（7）悬臂板钢筋的施工（略）

2．防止钢筋位移的措施（略）

四、模板工程

模板工程的施工质量对整个混凝土工程质量、对下道工序的施工有直接的影响。因此，合理选用模板体系，做好模板接缝和细部处理，严格执行"三检制"，只有保证模板的施工质量，才能确保主体结构达到优良标准。本剪力墙结构模板工程着重抓好楼梯间楼层处接槎、外墙大角、外墙楼层处接槎、楼板与墙的阴角节点接缝；框架工程模板着重抓好柱与梁、梁与梁、梁与板的接缝。

五、混凝土工程

混凝土工程质量是主体结构内在质量中最关键的分项，保证混凝土的强度是重中之重。所以应对原材料的质量、配合比、计量、搅拌、运输、浇筑、养护和拆模，道道工序予以严格控制。本工程所用混凝土均为商品混凝土。

1．商品混凝土的供应

1）混凝土计划申请单上注明强度等级、碎石最大粒径、抗渗等级、防裂、抗冻、缓凝时间、坍落度要求等。

2）混凝土的供应做到及时、连续、保质。

2．商品混凝土质量的现场管理

1）商品混凝土进场时，检查运货单上的混凝土强度等级、抗渗等级、灌装时间、出罐时混凝土是否有离析现象、坍落度是否符合要求，发现问题及时与供应商联系处理。

2）混凝土坍落度测试每一工作班不应少于四次，以浇筑点实测值为准，并做好记录。

3．混凝土的泵送

1）混凝土输送方式。基础采用汽车泵或泵车浇筑，主体结构选用 2 台 HBT80 型拖式混凝土泵车，将混凝土直接泵送到浇筑地点。

2）泵管的选择和布置

① 输送管直径的选择：根据本工程结构高度，最小墙厚 200mm，考虑墙中部分钢筋较密，故混凝土中选用中小粒径碎石，泵管选用直径 125mm。

② 泵管的布置：泵管的布置原则是宜直，转弯缓，管线短，接头严，管架牢固；水平配管接头处设马凳，转弯处必须设井字形支架；垂直配管可用钢管井架和吊架支设，管与楼板间的缝用木楔堵塞；浇筑柱、墙身时，选用半径为 12m 的布料杆。

4．混凝土浇筑

（1）基础混凝土的浇筑　本工程基础为筏板基础，主楼筏板厚度 1600mm，裙楼构造底板厚度 300mm，为大体积混凝土，施工时应按大体积混凝土施工控制（详见大体积混凝土施工方案）。

（2）柱、墙混凝土的浇筑（略）

（3）楼层梁、板混凝土的浇筑（略）

（4）楼梯混凝土的浇筑

1）楼梯混凝土浇筑前将接缝处的杂物清理干净。

2）梯段混凝土比楼板的混凝土提前浇筑 1～1.5h，以免梯段与上部平台板交接处产生下沉缝隙的现象。

六、防水工程

1. 基础防水

防水卷材采用满铺法，将胶粘剂均匀地涂刷在基层面上，涂刷不得露底、堆积，胶粘剂涂刷后应随即铺贴卷材，防止时间过长影响粘结质量。

平面卷材铺贴：本工程铺贴方向为沿短向南北向铺贴，长边和短边应留 100mm 宽的搭接茬。

立面卷材铺贴：立面及转角处卷材铺贴时应自下而上铺贴。

2. 屋面防水

屋面防水做法：1.5mm 厚高分子聚乙烯丙纶防水卷材两道。屋面防水做法基本同基础防水，应注意出屋面管口、地漏按规范粘贴附加层。

3. 卫生间防水

卫生间采用 1.5mm 厚聚氨酯防水层。施工顺序：基层处理→涂刷底层涂料→增强涂布或增补涂布→涂布第一道涂膜防水层→涂布第二道合成高分子防水层→稀撒石渣→面层作业（铺抹水泥砂浆）。应先垂直面，后水平面；先阴阳角及细部，后大面；每层涂抹方向应相互垂直。

七、砌体工程

本工程填充墙采用 200mm 和 120mm 厚加气混凝土砌块砌筑。

1）砌体施工前，应将楼层结构面按标高找平，依据砌筑图放出第一皮砌块的轴线、砌体边线和洞口线。

2）按砌块排列图在墙体线范围内分块定尺、划线，排列砌块按规定方法和要求进行。

① 砌块在砌筑前应根据工程设计施工图，结合砌块的品种、规格，绘制砌体砌块的排列图，经审核无误后，按图排列砌块。

② 砌块排列上、下皮应错缝搭砌，搭砌长度一般为砌块的 1/2，不得小于砌块高的 1/3，也不应小于 150mm，如果搭错缝长度满足不了规定的搭压要求，应采取压砌钢筋网片的措施，具体构造按设计规定。

③ 砌块排列应从地面开始，排列时尽可能采用主规格的砌块，砌体中主规格的砌块应占总量的 75%～80%。

④ 外墙转角及纵横交接处，应将砌块分皮咬槎，交错搭砌，如果不能咬槎时，按设计要求采取其他的构造措施；砌体垂直缝与门窗洞口边线应避开同缝，且不得采用砖镶砌。

⑤ 砌体水平灰缝厚度一般为 15mm，如果加钢筋网片，水平灰缝的厚度应为 20～25mm，垂直灰缝宽度为 20mm，大于 30mm 的垂直缝，应用 C20 细石混凝土灌实。

⑥ 砌块排列尽量不镶砖或少镶砖，必须镶砖时，应用整砖平砌，且尽量分散，镶砌砖的强度不应小于砌块强度等级。

⑦ 砌块墙体与结构构件位置有矛盾时，应先满足构件布置。

3）按设计要求的砂浆品种、强度制配砂浆，配合比应由实验室确定，采用质量比，计量精度为水泥 ±2%，砂、石灰膏控制在±5%以内，应采用机械搅拌，搅拌时间不少于 1.5min。

4）将搅拌好的砂浆，通过料斗等运至砌筑地点，在砌块就位前，用大铲、灰勺进行分块铺灰，较小的砌块最大铺灰长度不得超过 1500mm。

5）砌块砌筑前一天应进行浇水湿润，冲去浮尘，清除砌块表面的杂物后方可吊、运就位。砌筑就位应先远后近、先下后上、先外后内；每层开始时，应从转角处或定位砌块处开始；应吊砌一皮、校正一皮，皮皮拉线控制砌块标高和墙面平整度。

砌块吊装时，起吊砌块应避免偏心，使砌块底面水平下落；就位时由人手扶控制，对准位置，缓慢地下落。

6）用普通粘土砖镶砌前后一皮砖，必须选用无横裂的整砖，顶砖镶砌，不得使用半砖。

7）每砌一皮砌块，就位校正后，用砂浆灌垂直缝，随后进行灰缝的勒缝（原浆勾缝），深度一般为 3～5mm。

8）墙体构造柱、过梁、拉结筋根据要求采用植筋法进行植筋。

八、屋面工程

1．屋面做法

1）细石混凝土屋面（平屋面）：现浇钢筋混凝土屋面板→1:8 水泥膨胀珍珠岩找坡→25mm 厚 1:3 水泥砂浆找平层→HY 高分子聚乙烯丙纶复合防水卷材 2 层（400g/m^2）→60mm 厚挤塑保温板→35mm 厚 C20 混凝土内设ϕ6.5@200 双向钢筋。

2）瓦屋面（坡屋面）：钢筋混凝土板→刷素水泥浆一道→20mm 厚 1:3 水泥砂浆隔离保护层→30mm 厚 1:3 水泥砂浆卧瓦层→红色英红瓦。

3）水泥砂浆面层屋面（檐口、单元入口屋面）：钢筋混凝土板→1:8 水泥珍珠岩找坡→20mm 厚 1:3 水泥砂浆找坡→1.5mm 厚 HY 高分子聚乙烯丙纶复合防水卷材 2 层→红色苯丙烯液保护层一道。

4）水泥砂浆面层屋面（非封闭阳台屋面）：钢筋混凝土板→1:8 水泥珍珠岩找坡→20mm 厚 1:3 水泥砂浆找坡→1.5mm 厚 HY 高分子聚乙烯丙纶复合防水卷材 2 层→25 厚 mm1:2.5 水泥砂浆保护层。

2．水泥珍珠岩找坡

1）水泥膨胀珍珠岩拌合料采用 1:8（体积）配比，拌和必须均匀，颜色一致，加水量要严格控制，在铺设时不至于出现泌水现象，以用手紧握成团不散并稍有水泥浆滴下时为好。

2）水泥膨胀珍珠岩铺设时采用滚筒或振动器压实，平整度偏差不得大于 5mm，且高低平缓变化，压完后注意养护，避免受水浸湿，常温条件下养护不应少于 2 天，待其凝固后方可进行砂浆找平层施工。

3）水泥膨胀珍珠岩找 2%的坡度，坡向雨水管。

3．水泥砂浆找平

1）找平层在铺设前应将基层清理干净。

2）检查雨水管与楼板处的节点是否严密，若发现问题应及时用水泥砂浆将四周堵严，进行密封处理。

3）找平层铺设厚度为 20mm，表面抹平后应二次压光，充分养护，不得有酥松、起砂、起皮现象。

4）找平层应设分格缝，缝宽宜为 20mm，其间距不宜大于 6m，分格缝应嵌填密封材料。

5）转角处应抹成圆弧形，其半径不小于 50mm。

九、楼地面工程

1．工艺流程

基层清理→抹踢脚板→洒水润湿→涂刷水泥砂浆结合层→找标高贴灰饼冲筋→水泥砂浆上杠刮平→木抹子搓平→铁抹子压头遍→第二遍压光→第三遍压光→养护。

2．施工方法

1）基层清理：地面基层、地墙相交的墙面、踢脚处的粘结杂物清理干净，影响面层厚度的凸出部分应剔除平整。

2）抹踢脚板。有墙面抹灰层的踢脚板，底层砂浆和面层砂浆分两次抹成，无墙面抹灰层的只抹面层砂浆。

① 踢脚板抹底层水泥砂浆：清理基层，洒水润湿后，按标高线向下量尺至踢脚板标高，拉通线确定底灰厚度、套方、贴灰饼、抹 1:3 水泥砂浆，用刮板刮平，搓平整，扫毛、浇水养护。

② 踢脚板抹面层水泥砂浆：底层砂浆抹好，硬化后，拉线贴粘靠尺板，抹 1:2 水泥砂浆，抹子上灰，压抹，用刮板紧贴靠尺垂直地面刮平，用铁抹子压光，阴阳角、踢脚板上口用角抹子溜直压光。

3）涂刷素水泥砂浆结合层：宜刷 1:0.5 水泥浆，也可在垫层或楼板基层上均匀撒水后，再撒水泥，经扫涂形成均匀的水泥浆粘结层，及时铺水泥砂浆。

4）贴灰饼冲筋：根据+100cm 标高水平线，在地面四周做灰饼冲筋。

5）铺水泥砂浆压头遍：紧跟贴灰饼冲筋后铺水泥砂浆，配合比为水泥:砂=1:2，稠度应小于 3.5cm；用木抹子赶铺拍实，用木杠按贴灰饼和冲筋标高刮平，上木抹子搓平，待反水后略撒 1:1 干水泥砂子，吸水后用铁抹子溜平，如有分格的地面经分格弹线或拉线，用劈缝溜子开缝，溜压至平、直、光。上述操作均在水泥砂浆初凝前进行。

6）第二遍压光：在压平头遍之后，水泥砂浆地面凝结至人踩上去有脚印但不下陷时，用铁抹子压第二遍。要求不漏压，表面平整出光。有分格的地面压过后应用溜缝抹子溜压，做到缝边光直，缝隙清晰。

7）第三遍压光：水泥砂浆终凝前进行第三遍压光，在人踩上去稍有脚印但不下陷时进行，抹子抹上去不再有抹子纹，压平、压实、压光后，达到交活的程度。压光应在终凝前完成。

8）养护：地面压光交活后 24 小时，铺锯末撒水养护，保持湿润，养护时间不少于 15 天，养护期间不允许压重物和碰撞。

9）冬期施工：宜用 32.5 级硅酸盐水泥，做地面前应将房间保温条件做好，并通暖，使基层温度、操作环境温度、养护温度均不低于+5℃，养护时间和方法与常温相同。

十、内墙装修

卫生间墙面：釉面砖墙面；楼梯间及其他房间：涂料墙面；首层单元入口公共部分：花岗岩墙面。

内墙抹灰的施工要点：

1）抹灰前应清扫墙面，浇水湿润，薄薄地刷一道水泥界面处理浆（1:1 水泥砂浆，内掺 20%107 胶）后再抹底子灰，打底后 6～7 成干抹面层。

2）混凝土基体，首先对墙面隔离剂进行清除，混凝土墙面上采用界面剂（1:1 水泥砂浆，内掺 20%107 胶）刷水泥浆，底层灰要压实，找平层要扫毛，待中层灰 5～6 成干时抹面层。

3）内墙阳角、柱及门窗洞口阳角处均做保护，50mm 宽、2000mm 高，抹 1:2 水泥砂浆。

4）基层处理：将凸出的混凝土剔平，用钢丝刷刷净，浇水湿润。

5）弹线、套方，找规矩：根据+50cm（或+100cm）线，找出靠近顶板的四周的水平线，作为顶板抹灰的水平控制线。

6）抹底灰：底灰采用水泥砂浆，操作时需用力压，以便底灰挤入基层的细小孔隙中，用木抹子搓平搓毛。

7）抹罩面灰：待底灰约六七成干时，用水泥砂浆薄薄地刮一道使其与底灰抓牢，横竖均平顺，用铁抹子压光压实。

十一、外墙聚苯板保温施工

施工工艺流程：抹找平层→弹线→基层湿润→配置粘结砂浆→粘贴 EPS 板→钻孔及安装锚固件→抹底层聚合物砂浆→贴网格布→抹面层聚合物砂浆。

十二、脚手架工程

二层以下及地下室外墙采用双排脚手架，由横杆、竖向立杆、安全栏杆、斜杆、挡脚板、剪刀撑等组成，采用 $\phi 48\times 3.5$ 钢管，并用扣件连接成整体。地上部分脚手架外排内侧挂绿色密目安全网，操作底部满挂大眼网。

十三、门窗工程

根据本工程的特点，结合本公司施工同类工程的施工经验，主要应从制作与安装方面把关。

1）所用材料的规格、型号应符合设计要求，五金配件齐全，必须具有产品的出厂合格证。

2）镀锌连接件、钢钉、膨胀螺栓、橡胶条、防水密封膏、塑料垫、压条等必须合格。

3）应由有生产资质的专业生产厂家，按操作规程加工，符合制作行业标准。

4）安装操作工艺

① 塑钢窗外框与洞口应用弹性件连接牢固，不得将门窗直接埋入墙体，应按照要求预埋钢套，钢套每侧与墙体连接点不少于三处。

② 窗框预埋铁件，一般在土建结构施工时安装，洞口预埋铁件的间距必须与门窗框上设置的铁脚配套，铁脚与窗角的距离不应大于180mm，铁脚间距应不小于600mm。

③ 根据设计图纸和土建提供的洞口中心线和水平标高，找出最高层窗洞口位置，以其窗边线为标准，分别用经纬仪将窗边线引下，并在各层窗口处划线标记，每一层应保持安装标高一致。

第七部分　季节性施工

一、雨季施工措施

雨季施工主要采取防雨措施和加强排水手段，确保雨季的正常施工。

（1）基础工程

1）根据天气预报情况，备好排水设备。

2）施工基础时防止泥砂淌入基坑，以免污染钢筋。

3）在基坑外侧适当位置设置排水沟、集水井，以便集中排水。

（2）混凝土工程　雨水对混凝土的施工影响较大，主要做好以下几点：

1）尽可能避开大、中雨天气施工混凝土，必要连续施工时准备足够的塑料薄膜，并随时减小混凝土的坍落度。

2）大雨被迫中断施工后应做好混凝土的接缝处理。

二、冬期施工措施

工程冬期施工时另行编制方案，主要采取以下措施：

1．准备工作

1）安排专人进行测温工作，注意天气预报，预防寒流袭击造成损失。

2）热水供给系统的准备。

3）防冻混凝土级配的试验。

4）阻燃草帘等防寒材料的准备。

2．混凝土冬期施工措施

混凝土的冬期施工方法主要是控制混凝土的到场和入模温度；加入适量防冻剂，以利于混凝土在负温下增加早期强度，避免混凝土在临界强度前受到冻害。主要的施工措施如下：

1）及时对混凝土搅拌单位进行技术交底。

2）混凝土的运输、浇筑与养护：

① 泵送混凝土的管道必须包裹保温材料。

② 冬季混凝土浇筑应连续作业，避免出现冷缝现象。

③ 混凝土表面搓平后根据气温情况及热工计算要求及时覆盖保温材料，保证混凝土的温度在降至冰点前达到受冻临界强度。

3）测温。派专人做好大气、混凝土出机、混凝土入模和顶板及墙体混凝土的测温记录。对大体积混凝土测温：1～3 天升温时，每 2 小时测一次；3 天以后（即降温时），每 4 小时测一次。

4）拆模

① 适当延长拆模时间，低温情况下，特别是柱、剪力墙模板，必须在柱、墙混凝土的强度达到受冻临界强度后方可拆模。

② 楼板适当加密支撑。

3．装饰装修工程

1）冬期施工期间为保证工程质量，必须为装饰装修施工作业创造现场必要的条件，采取封闭并进行加热、保温的措施。

2）冬期施工前对已完工程进行一次检查。

三、高温季节施工措施

本工程在夏季正好处在主体施工阶段，职工基本在室外作业，因此必须在生活上改善食堂、宿舍、办公室、厕所的环境卫生，定期喷洒杀虫剂，防止蚊、蝇孳生，杜绝常见病的流行。工地医务人员对职工定期检查，发现异常应降低劳动强度，保证职工的身体健康。

夏季施工是用电的高峰期，定期对电气设备逐台进行检查保养，禁止乱拉乱接。加强用电知识教育，做好各种防雷装置接地电阻试测工作，预防雷击事故的发生，保证有足够的茶水和清凉饮料的供应。

第八部分　主要施工管理措施

一、质量目标及保证措施

“百年大计，质量第一”是我国基本建设的方针和宗旨。因此现场的各级管理人员，应按 ISO9002 质量管理要求，强调预控，强调工程施工全过程的控制，把工程质量自始至终要抓紧、抓实、抓好。从本工程的结构特点来看，主体结构的质量取决于钢筋高度有效的控制，取决于混凝土的强度和模板工程质量的控制。

1）明确质量管理目标。遵照本公司的质量管理方针的要求，使全体职工有创精品工程的意识，使全体职工明确认识本工程质量管理的目标为：工程竣工质量验收创优良工程，确保“市优质结构”。

2）健全质量管理体系。为确保工程质量，从组织上给予保证，建立健全以专职质检人员等参加的质量管理体系。

3）保证人员素质。人员素质的保证是工程质量最根本的保证，所以，必须选派从事过类似规模工程施工管理的优秀项目经理、技术人员和熟练的作业工人。

4）服从和配合甲方、监理单位的质量管理。实践证明，优良的建筑产品是与甲方、监理人员严格的质量管理和热忱的技术指导分不开的。所以，要求全体员工必须服从和积极配合甲方和监理人员的质量管理。项目部要把甲方和监理人员的质量管理意见，作为一条重要的质量信息，使不合格品得到及时的纠正和预防。

5）明确责任，实行奖罚制。质量管理方法采用分级管理，责任到人。为促进对工程质量的管理力度，实行公司内部规定的奖罚制，与工资直接挂钩，激励职工尽责尽力。

二、安全生产管理措施

1．安全管理的基本原则

1）管生产必须管安全。国家明文规定经理在“管生产的同时必须管安全”。

2）明确安全管理的目的性。安全管理的目的是对生产中的人、物、环境因素状态的管理，有效地控制人的不安全行为和物的不安全状态，消除或避免事故。

3）必须贯彻预防为主的方针。安全生产的方针是“安全第一，预防为主”。“安全第一”是从保护生产力的角度和高度，肯定安全在生产活动中的位置和重要性。预防是针对生产特点，有效地控制不安全因素，把可能发生的事故消灭在萌芽状态。

4）坚持动态管理。安全管理涉及生产活动的方方面面，涉及从工程开工到竣工交付的全部生产过程、全部的生产时间和一切变化着的生产因素。因此，生产活动中必须坚持全员、全过程、全方位、全天候的动态管理。

2．健全管理体系

建立健全施工项目安全生产管理系统。

3．认真执行各项安全管理制度

对施工项目的安全施工进行经常的、制度化和规范化的管理，通过执行制度，促进安全管理工作。

4．安全管理的工作重点

针对本工程为大单体高层建筑施工，其高处作业多、施工机械多、用电作业多和动火频繁的施工特点，做好以下安全管理的重点工作。

1）安全生产教育。通过安全生产教育，提高职工安全意识，以约束人的不安全行为。

2）防止高空坠落。防止高空坠落是高处安全施工管理的重中之重，一是防止人的不安全行为，二是防止物的不安全状态。

3）防止触电。本工程由于电气设备多、移动性大，临时用电线多、导电物体也多的特点，应严格按施工方案的要求采取防止触电的措施。

4）防止坍塌事故。本工程主要是防止基坑边坡的坍塌，具体措施为：

① 深基础施工挖、填土方，应编制深基坑（槽）安全边坡、土壁支护、桩基工程等专项施工技术方案，并组织专家评审；土壁支护要进行支护计算，并进行施工交底；挖、填土方要按照施工程序组织施工。

② 土方开挖前要在确认地下管线、人防结构等地下物及废井、坑的埋置深度、位置及防护要求后，制定防护措施，经施工技术负责人审批签字后方可作业。土方开挖时，应对相邻建（构）筑物、道路的沉降和位移情况，派专人密切观测，并作记录。

③ 在基坑（槽）、边坡和基础桩孔边堆土、堆物应按规定保持安全距离，堆放数量不大的建筑材料距土壁应不小于1.5m，挖出的余土应堆放在距土壁1m以外，高度不超过1m。

④ 在施工作业中，应经常对基坑（槽）土壁安全状况进行检查，发现土壁裂缝、剥落、位移、渗漏、土壁支护和临近建（构）筑物有失稳等险情，应及时撤出基坑（槽）内危险地带的作业人员，并采取妥善排除措施，当险情排除后方可继续作业。

5）防止机械伤害。本工程使用施工机械较多，为防止机械伤害事故的发生，使用机械时应严格遵照《建筑机械使用安全技术规程》（JGJ33—2012）中的有关规定。

三、确保工期的管理措施

为顺利地、保质保量地按照施工总进度计划完成本工程，本公司把整个工期计划进行阶段目标控制，把施工中的关键部位作为进度控制点，同时对控制点的进度误差进行分析，找出原因，并对后续工程进行调整，以满足施工总进度计划的工期要求，同时组织进行分阶段验收，提前插入初装修施工。

结合本公司的实力和对图纸的工程量以及专业分包队伍的穿插时间进行认真分析和研究对策，同时结合本公司的内部劳动定额标准，发挥本公司职工熟练的操作技能，提高劳动生产率，配置先进的机械设备，实行总部与项目分级的信息化管理系统，进行跟踪控制。

本公司承诺：在合同工期内完成本工程，确保工程如期竣工。

第九部分　成品保护

一、成品保护的组织管理

1）在准备工作阶段，由项目总工程师，配合土建、安装、装饰等专业工程师对施工进行统一协调，合理安排工序，加强工种的配合，正确划分施工段，避免因工序不当或工种配合不当造成的成品损坏。

2）建立成品保护责任制，责任到人，派专人负责各专业所属劳务成品保护工作的监督管理。

3）加强职工的质量和成品保护教育及成品保护人员的岗前教育，树立工人的配合及保护意识，建立各种成品保护临时交接制度，做到层层有人负责。

4）除在施工现场设标语外，在制成品或设备上贴挂成品保护醒目警示标志，引起来往人员的注意。

5）对成品保护不力的单位和个人以及因粗心漠视或故意破坏工程成品者，视不同情况和损失价值，给予处罚。

二、成品保护技术措施

1）制成品保护。制成品即由厂家直接生产出厂运至工地的产品。

2）场地堆放要求：地基平整、排水良好，必要时采用横木搁置，所有成品按指定位置堆放，便于运输。

3）各成品分类、分规格堆放整齐，下垫枕木，堆放高度及搁置部位必须符合图集及规范要求，成品堆放做好防霉、防污染、防锈蚀措施。

4）成品运输时，计算好装车宽度、高度及长度，运输时捆扎牢固，吊运时合理布置吊点，保证吊点不致于变形过大。

第十部分　新技术、新工艺、新材料的应用

一、大模板技术

高层建筑一般为全现浇框剪结构，混凝土量大，为保证在工期紧、质量要求高的情况下高速优质完成，本公司根据结构设计实际情况可配制一套大模板，由 40mm×80mm 空腹方钢与∟40×4 角钢焊接，再背上 6mm 厚钢板组成，大模板基本规格是 1200mm×3000mm，每面墙的大模板按所需长度，从背面用 2×[10 槽钢与 ϕ16 螺栓拼装而成，并在其上编号，容易装拆，垂直度易保证，刚度、强度好，周转次数多，拆模后的混凝土观感质量好，可达到五天周转一次。

二、商品混凝土泵送、布料杆施工技术

结合本工程的特点和场地情况，本公司采用预拌商品混凝土，用泵送工艺施工，在施工中根据楼层高度和施工季节，合理选用混凝土泵送剂、减水剂等外加剂，通过严格配比和质量控制，采用我公司自制的布料杆投料系统与混凝土输送泵相配合，使施工顺利、进展快、操作方便省力。

三、计算机应用和管理技术

计算机技术在我公司已实现全面连网，主要用于资料、预决算，定额管理，计划统计，财务管理，材料管理等方面，项目根据实际情况也应用于仓库管理，使繁琐的工作变得简单、快捷、准确，大幅度提高工作效率，使施工管理水平有了整体提高。

集团公司进行网络监控，对进度、安全、材料等方面实行全面监控管理。

四、钢筋直螺纹连接技术

对基础底板钢筋采用滚轧直螺纹连接技术，以保证施工质量及工期。

第十一部分　附图

附图 1：施工进度计划网络图，如图 5-8 所示。

附图 2：施工进度计划横道图，如图 5-9 所示。

附图 3：主体施工阶段平面布置图，如图 5-10 所示。

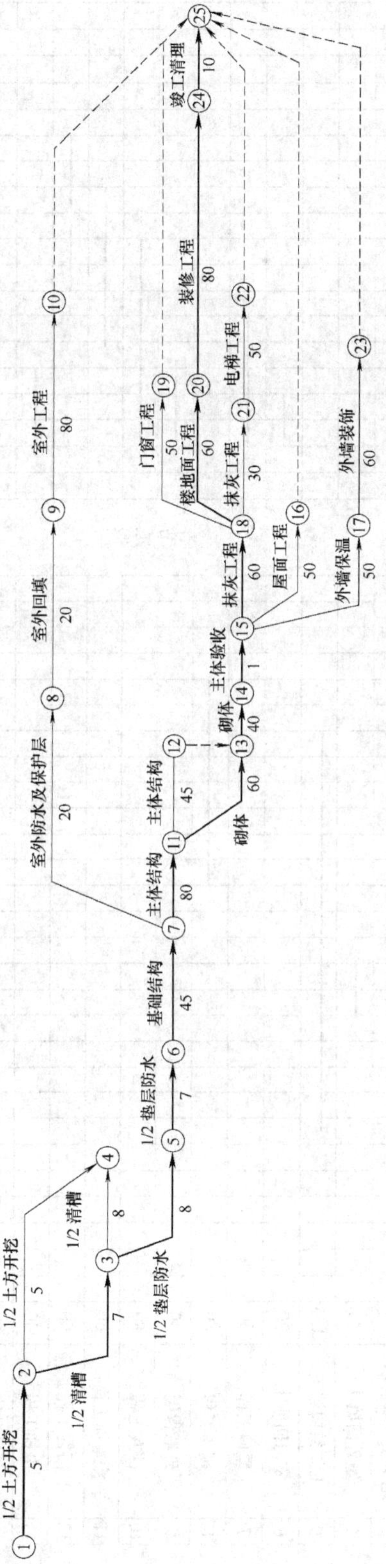

图 5-8　施工进度计划网络图

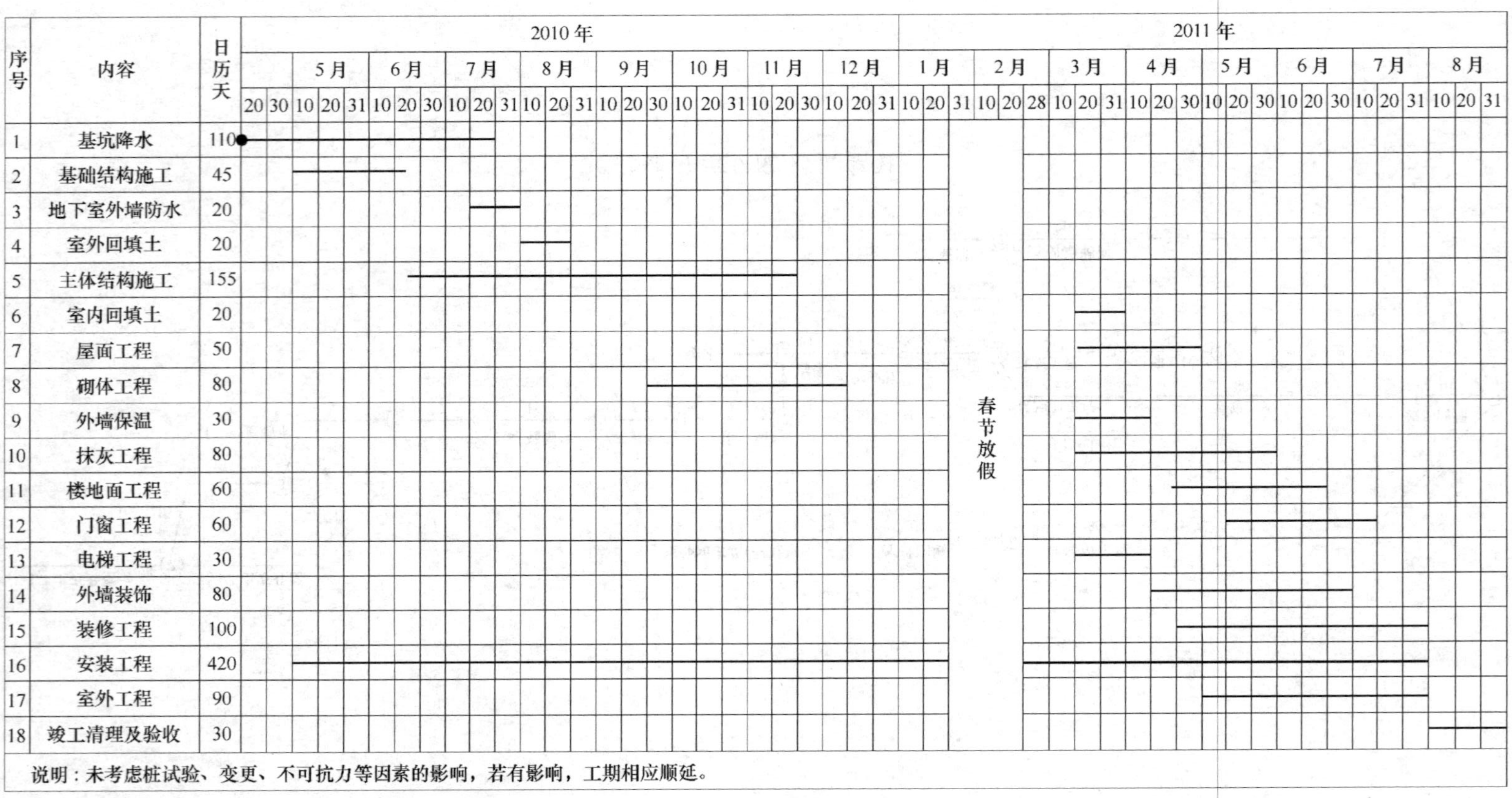

图 5-9　施工进度计划横道图

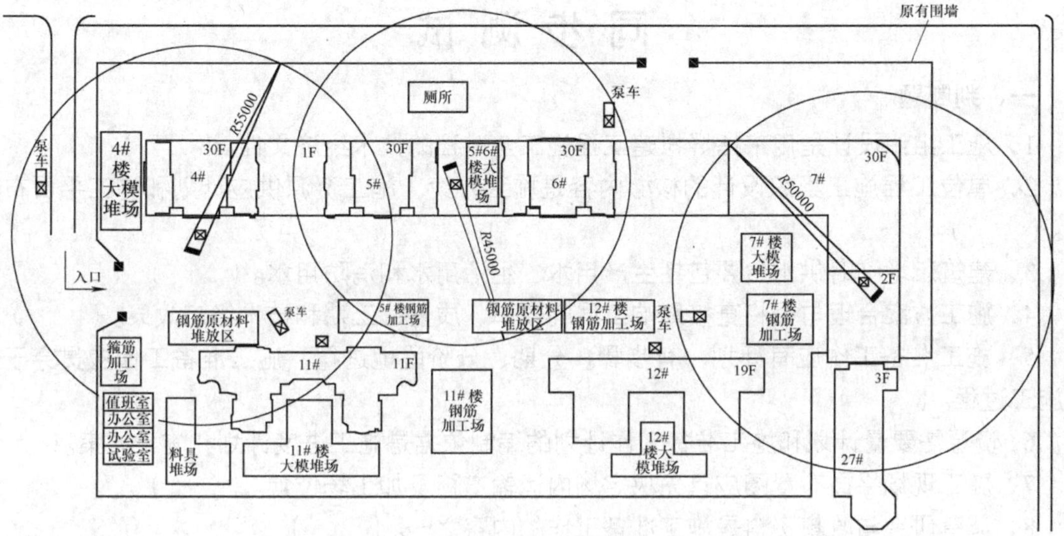

图 5-10　主体施工阶段平面布置图

单元小结

- 单位工程施工组织设计
  - 单位工程施工组织设计概述
    - 作用
    - 分类
    - 编制依据
    - 编制程序
  - 工程概况和施工特点
  - 施工方案的选择
    - 施工顺序和施工流向
    - 施工方法和施工机械
    - 组织流水施工的方法
    - 方案的技术经济比较
  - 施工进度计划
    - 编制依据
    - 表示方法
    - 编制步骤
  - 资源配置计划
    - 主要劳动量计划
    - 施工机械需要量计划
    - 主要材料、构件、配件需要量计划
    - 施工准备工作计划
  - 施工平面布置
    - 确定起重机械的位置
    - 确定搅拌站、仓库和材料、构件堆场的位置
    - 运输道路的布置
    - 临时设施的布置
    - 水电管网的布置
  - 施工管理措施
    - 保证工程质量的管理措施
    - 保证工程安全生产的管理措施
    - 保证工程工期的管理措施
    - 保证工程文明施工（环境管理）的管理措施
  - 单位工程施工组织设计实例

同步测试

一、判断题

1．施工组织设计是用来指导拟建工程施工全过程的技术经济文件。(　　)

2．单位工程施工组织设计的核心内容是施工方案、施工资源供应计划和施工平面布置图。(　　)

3．建筑工地临时供水主要包括生产用水、生活用水和消防用水。(　　)

4．施工方案合理与否将直接影响工程的效率、质量、工期和技术经济效果。(　　)

5．施工准备工作应有计划、有步骤，分期、分阶段地进行，施工准备工作应贯穿于整个施工过程。(　　)

6．资源需要量计划和施工准备工作计划的编制依据是施工进度计划和施工方案。(　　)

7．施工现场平面布置图应首先决定场内运输道路及加工场位置。(　　)

8．调查研究与收集资料是施工准备工作的内容之一。(　　)

9．图纸三方会审后的会审纪要由主持方签字后下发，它与图纸具有同等的效力。(　　)

10．施工方案是否合理，将直接影响施工质量、进度和成本。(　　)

二、单选题

1．单位工程施工组织设计的核心内容是（　　）。

A．确定施工进度计划

B．选择施工方案

C．设计施工现场平面布置图

D．确定施工准备工作计划

2．在确定施工方案时，首先要明确的是（　　）。

A．确定施工流向（顺序）

B．划分施工过程

C．划分施工段

D．选择施工方法

3．单位工程施工方案选择的内容为（　　）。

A．选择施工方法和施工机械，确定工程开展顺序

B．选择施工方法，确定施工进度计划

C．选择施工方法和施工机械，确定资源供应计划

D．选择施工方法，确定进度计划及现场平面布置

4．墙面、地面抹灰与安木门框、安木门扇之间的施工顺序应为（　　）。

A．抹灰——安门框——安门扇

B．安门框——抹灰——安门扇

C．安门框——安门扇——抹灰

D．地面抹灰——安门框——墙面抹灰——安门扇

5．编制施工进度计划的步骤是：收集和熟悉有关资料——划分施工过程——（ ）——计算工程量——（ ）——确定各施工过程的工作天数——设计安排进度计划——根据施工进度计划，分别绘制各种资源需要量计划。

A．套定额，确定劳动量和机械台班数 B．提出施工组织措施
C．划分施工段 D．确定施工流向
E．确定施工方法 F．选择垂直运输机械

6．单位工程施工组织设计中，机械需要量计划的作用主要是（ ）。

A．落实机械来源的依据 B．编制施工进度计划的依据
C．确定施工方案的依据 D．施工总平面图设计的依据

7．单位工程施工平面图设计中，应首先确定（ ）。

A．运输道路的布置 B．搅拌站的位置
C．起重机械的位置 D．材料堆场和仓库的位置

8．各种材料、构件、机具的堆放位置在（ ）中标注。

A．施工方案 B．施工进度计划
C．施工总平面图 D．技术组织措施

三、多选题

1．以下说法正确的是（ ）。

A．在施工顺序安排上，要本着先地下后地上，先深后浅，先地下管线后筑路的原则
B．施工方案是单位工程施工组织设计的核心
C．在施工组织设计中，工程量的计算不必精确
D．施工各项目的持续时间的计算方法一般有经验估计法、定额计算法、倒排计划法
E．在进行单位工程施工平面图设计时，首先应确定垂直运输机械的布置

2．以下关于施工平面图设计说法正确的是（ ）。

A．尽量增大场内运输量
B．要符合劳动保护、技术安全及防火的要求
C．为使场内施工方便，尽可能扩大施工用地
D．方便生产生活
E．少用地

3．施工组织设计文件中的“图、案、表”分别指的是（ ）。

A．施工方法 B．施工平面图
C．网络图 D．施工方案
E．施工进度计划表

4．施工组织设计需要完成的工作是（ ）

A．提出切实可行的施工技术组织措施 B．确定施工方案
C．确定开工前完成的各项准备工作 D．合理布置现场的总平面
E．确定工程造价

5．施工方案是编制（ ）的依据。

A．工程概况　　B．施工准备工作计划

C．施工进度计划　　D．资源供应计划

E．施工平面图

四、问答题

1．单位工程施工组织设计在选择施工方案时，如何确定施工顺序?

2．单位工程施工进度计划的编制程序是什么?

3．简述单位工程的施工程序。

4．什么是单位工程施工的施工起点和流向？一般应考虑哪些因素?

5．确定施工顺序应遵循哪些基本原则?

6．简述施工进度计划的作用。

7．简述单位工程施工进度计划的分类和作用，以及编制程序。

8．施工项目工作持续时间的计算方法有哪几种？都适合哪些情况?

9．单位工程施工平面图的设计原则是什么?

10．简述技术经济分析的目的和主要方法。

单元六 建筑工程进度管理

知识目标：

- 了解进度控制的含义、过程和目标。
- 熟悉项目的进度计划体系的基本内容。
- 熟悉进度计划实施的动态监测和进度控制报告。
- 掌握进度计划的控制方法和调整方法。

能力目标：

- 能运用所学知识，初步具有项目进度管理的技能和对建筑工程进行施工进度计划控制的能力。

导语：

在工程施工中，把实际进度与计划进度进行比较，如在第 12 天末进行施工进度检查时，支模板工作已经完成，绑扎钢筋的工作按计划进度应当完成，而实际进度只完成了90%的任务，已经拖后了 10%，浇筑混凝土工作与计划进度一致。绑扎钢筋工作的拖后对工期是否有影响？如果有影响，应采取什么措施保证工期目标的实现？在本单元将给大家介绍。

课题1 概 述

6.1.1 进度控制的含义

建设工程项目是在动态条件下实施的，在项目建设过程中施工方是工程实施的一个重要参与方，许多工程项目，特别是大型重点建设项目，工期要求往往特别紧迫，施工方的工程进度压力非常大。数百天的连续施工，一天两班制施工，甚至 24 小时连续施工时有发生。如果不是正常有序地施工，而盲目赶工，难免会导致施工质量问题和施工安全问题的出现，并且会引起施工成本的增加。因此施工进度控制不仅关系到施工进度目标能否实现，还直接关系到工程的质量和成本。在工程实践中，必须树立和坚持一个基本的工程管理准则，即在确保工程质量的前提下，控制工程的进度。

1．进度控制的概念

进度控制是指项目进度计划制订后，对工程项目建设各阶段的工作内容、工作程序、持续时间和衔接关系根据进度总目标及资源优化配置的原则编制计划并付诸实施，在计划执行过程中不断检查，并将实际状况与计划安排进行对比，对出现的偏差情况进行分析，通过采取组织、技术、经济和合同等措施，使之能正常实施。如此循环，直到建设工程竣工验收交付使用。

建设工程进度控制的最终目的是确保建设项目按预定的时间动用或提前交付使用，建设工程进度控制的总目标是建设工期。

2．进度控制的分类

进度控制是在项目实施过程中，对实施进展情况进行检查、对比、分析、调整，以保证项目进度计划总目标得以实现的活动。按照不同管理层次对进度控制的要求项目进度控制分为三类：

（1）项目总进度控制　即项目经理等高层管理部门对项目中各里程碑时间的进度控制。

（2）项目主进度控制　主要是项目部门对项目中每一主要事件的进度控制；在多级项目中，这些事件可能是各个分项目；通过控制项目主进度使其按计划进行，就能保证总进度计划的如期完成。

（3）项目详细进度控制　主要是各作业部门对各具体作业进度计划的控制；这是进度控制的基础，只有详细进度得到较强的控制才能保证主进度按计划进行，最终保证项目总进度，使项目目标得以顺利实现。

3．进度控制的主要过程

项目进度控制是一种循环的例行性活动，主要包括以下过程：

1）确定固定的报告期（日、周、双周或月）。

2）关键是定期及时测量实际进程。

3）控制项目的整个执行过程，将实际进程与计划进程相比，如出现项目延误、超出预算或不符合技术要求，必须采取措施使项目回到正常的轨道上。

4）如已根据变更修订了计划，并已经过业主及监理方的批准同意，则必须建立新的基准计划。

如已做出决策，必须采取纠正措施，决策中要涉及如何修订进度计划和预算，经常要涉及时间、成本、进度。

控制的依据包括进度管理计划、进度基准、绩效报告、经批准的变更申请等；控制的方法和工具主要有进度报告、进度变更控制系统、绩效测量、偏差分析、进度对比横道图等；控制的结果有项目进度数据更新、进度基准更新、绩效测量、纠正措施建议、过程资料更新、活动清单更新、活动属性更新和项目管理计划更新。

4. 影响进度控制的因素

影响建设工程进度的不利因素有很多，如人为因素，技术因素，设备、材料及构配件因素，机具因素，资金因素，水文、地质与气象因素，以及其他自然与社会环境等方面的因素。其中，人为因素是最大的干扰因素。从产生的根源看，有的来源于建设单位及其上级主管部门，有的来源于勘察设计、施工及材料、设备供应单位，有的来源于政府、建设主管部门、有关协作单位和社会，有的来源于各种自然条件，也有的来源于建设监理单位。

在工程建设过程中，常见的影响因素如下：

（1）业主因素　如因业主使用要求改变而进行设计变更，应提供的施工场地条件不能及时提供或所提供的场地不能满足工程正常需要，不能及时向施工承包单位或材料供应商付款等。

（2）勘察设计因素　如勘察资料不准确，特别是地质资料错误或遗漏；设计内容不完善，规范应用不恰当，设计有缺陷或错误；设计对施工的可能性未考虑或考虑不周；施工图纸供应不及时、不配套，或出现重大差错等。

（3）施工技术因素　如施工工艺错误，施工方案不合理，施工安全措施不当，不可靠技术的应用等。

（4）自然环境因素　如复杂的工程地质条件，不明的水文、气象条件，地下埋藏文物的保护、处理，洪水、地震、台风等不可抗力等。

（5）社会环境因素　如临近工程施工的干扰，节假日交通、市容整顿的限制，临时停水、停电、断路，以及在国外常见的法律及制度变化，经济制裁，战争、骚乱、罢工、企业倒闭等。

（6）组织管理因素　如向有关部门提出各种申请审批手续的延误；合同签订时遗漏条款、表达失当；计划安排不周密，组织协调不力，导致停工待料、相关作业脱节；领导不力，指挥失当，使参加工程建设的各个单位、各个专业、各个施工过程之间交接、配合上发生矛盾等。

（7）材料、设备因素　如材料、构配件、机具、设备供应环节的差错，品种、规格、质量、数量、时间不能满足工程的需要，特殊材料及新材料的不合理使用，施工设备不配套，选型不当，安装失误，有故障等。

（8）资金因素　如有关方拖欠资金，资金不到位，资金短缺，汇率浮动和通货膨胀等。

6.1.2　进度控制的过程

项目进度控制是项目进度管理的重要内容和重要过程之一，如图 6-1 所示。项目进度计划只是对项目的每项活动进行估算，并做出项目的每项活动进度的安排。然而在编制项目进度计划时，事先难以预料的问题很多，因此在项目进度计划执行过程中往往会发生程度不等的偏差，这就要求项目经理和项目管理人员对计划做出调整、变更，消除偏差，以使项目按合同日期完成。

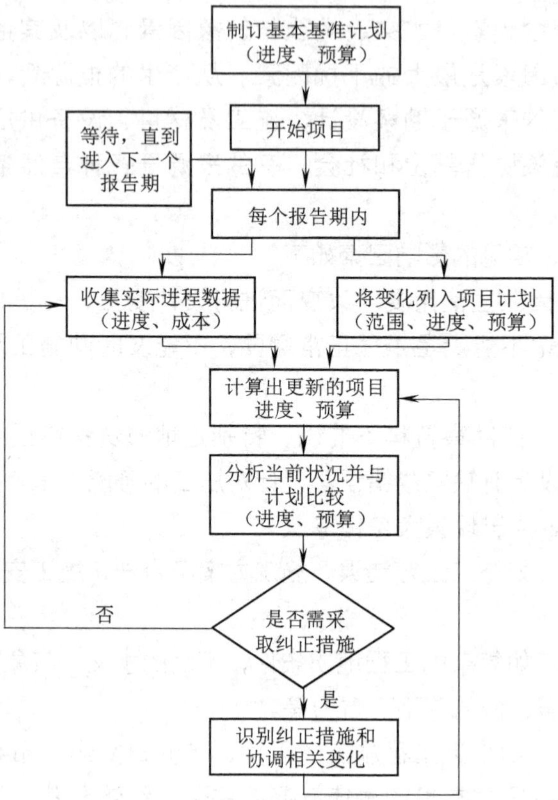

图 6-1　项目进度控制过程

6.1.3　进度控制的目标

项目进度控制的总目标是依据项目总进度计划确定的，然后对项目进度控制总目标进行层层分解，形成实施进度控制、相互制约的目标体系。

项目进度目标是从总的方面对项目建设提出的工期要求，但在项目活动中，是通过对最基础的分项工程的进度控制来保证各单项工程或阶段工程进度控制目标的完成，进而实现项目进度控制总目标的。因而需要将总进度目标进行一系列的从总体到细部、从高层次到基础层次的层层分解，一直分解到可以直接调度控制的分项工程或作业过程为止。在分解中，每一层次的进度控制目标都限定了下一层次的进度控制目标，而较低层次的进度控制目标又是较高一级层次进度控制目标得以实现的保证，于是就形成了一个自上而下层层约束，由下而上级级保证，上下一致的多层次的进度控制目标体系。例如，可以按项目实施阶段、项目所包含的子项目、项目实施单位以及时间来设立分目标，为了便于对项目进度的控制与协调，可以从不同角度建立与施工进度控制目标体系相联系配套的进度控制目标，如图 6-2 所示是一个工程项目的进度控制目标体系示意图。

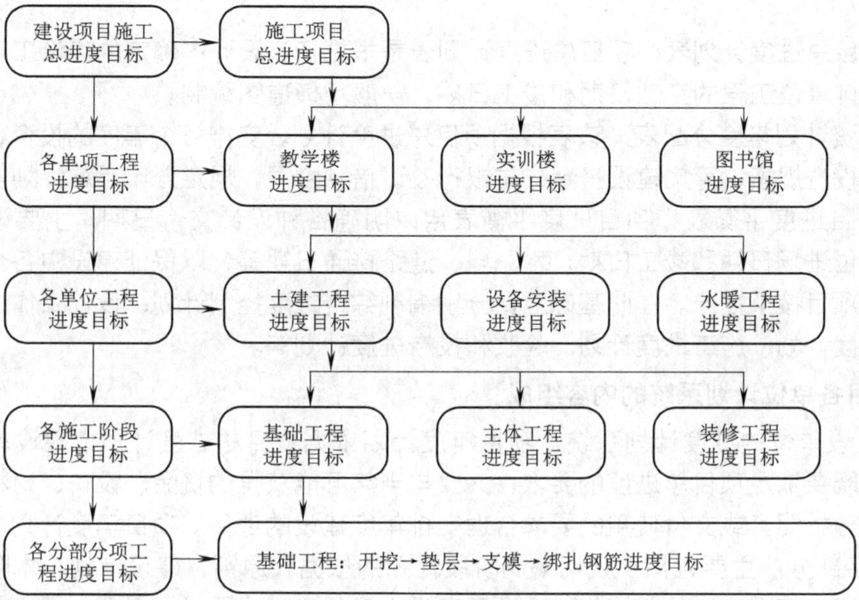

图 6-2　工程项目进度控制目标体系

课题 2　进度控制的计划

6.2.1　项目前期工作计划

项目前期工作计划是指对项目可行性研究、设计任务书及初步设计的工作进度安排。通过这个计划，使建设前期的各项工作相互衔接，时间得到控制。前期工作计划由建设单位在预测的基础上进行编制。

6.2.2　项目总计划与各单位计划系统

1．项目总计划内容组成

项目建设总进度计划是指初步设计被批准后，编制上报年度计划以前，根据初步设计，对项目从开始建设（设计、施工准备）至竣工投产（动用）全过程的统一部署，以安排各单项工程和单位工程的建设进度，合理分配年度投资，组织各方面的协作，保证初步设计确定的各项建设任务的完成。它对于保证项目建设的连续性，增强建设工作的预见性，确保项目按期动工具有重要作用。它是编制上报年度计划的依据，它由以下几部分内容组成。

（1）文字部分　文字部分主要包括项目的概况和特点，安排建设总进度的原则和依据，投资资金的来源和年度安排情况，技术设计、施工图设计，设备交付和施工力量进场时间的安排等方面的协作配合及进度衔接，计划中存在的主要问题及采取的措施以及需要上级及有关部门解决的重大问题等。

（2）项目一览表　将初步设计中确定的建设内容，按照单位工程归类并编号，明确其建设内容和投资额，以便各部门按统一的口径确定工程项目的投资额并以此为依据对其进行管理。

（3）项目总进度计划表　项目总进度计划表是根据初步设计中确定的建设工期和工艺流程，具体安排单位工程的开工日期和竣工日期，一般用横道图编制。

（4）投资计划年度分配表　该表根据项目总进度计划，安排各个年度的投资，以便预测各个年度的投资规模，筹集建设资金或与银行签订借款合同，规定分年用款计划。

（5）项目进度平衡表　项目进度平衡表用以明确各种设计交付日期，主要设备交货日期，施工单位进场日期和竣工日期，水、电、道路接通日期等，以保证建设中各个环节相互衔接，确保项目按期投产。在此基础上，分别编制综合进度控制计划、设计工作进度计划、采购工作进度计划、施工进度计划、验收和投产进度计划等。

2．项目各单位计划系统的内容组成

（1）建设单位的进度计划系统　项目年度计划依据项目总进度计划由建设单位进行编制。该计划既要满足项目总进度的要求，又要与当年可能获得的资金、设备、材料等力量相适应，根据分批配套或交付使用的要求合理安排年度建设的项目。项目年度计划内容如下：

1）文字部分。主要包括：说明编制阶段计划的依据和原则，建设计划、本阶段计划投资额，动用资源情况，对外部协作配合项目建设进度的安排或要求，需要上级主管部门协助解决的问题，计划中存在的其他问题，为完成计划采取的各项措施等。

2）表格部分。主要包括：阶段计划项目表，该计划确定阶段施工投资额，年末形象进度，阐明建设条件；年度竣工投产交付使用计划表，该计划阐明单项工程的投资额，新增固定资产、新增生产能力等的总规模及本阶段计划完成数，并阐明竣工日期；年度建设资金平衡表和年度设备平衡表。

为了确保建设工程进度目标的实现，参与工程项目建设的各有关单位都要编制进度计划，并且控制这些进度计划的实施。

（2）监理单位的进度计划系统　建设监理单位除对前面几种计划进行监控外，本身尚应编制以下几种计划，以便更有效地进行监控。

1）监理总进度计划。在对建设工程实施全过程监理的情况下，监理总进度计划是依据工程项目可行性研究报告、工程项目前期工作计划和工程项目建设总进度计划编制的，其目的是对建设工程进度控制总目标进行规划，明确建设工程前期准备、设计、施工等各个阶段的进度安排。

2）监理总进度分解计划。按工程进展阶段分解包括：设计准备阶段进度计划；设计阶段进度计划；施工阶段进度计划；动用前准备阶段进度计划。按时间分解包括：年度进度计划；季度进度计划；月度进度计划。

（3）设计单位的计划系统　设计单位的计划系统包括设计总进度计划、阶段性设计进度计划、设计作业进度计划。

（4）施工单位的计划系统　施工单位的计划系统包括施工准备工作计划、施工总进度计划、单位工程施工进度计划、分部分项工程进度计划。

1）施工准备工作的主要任务是为建设工程的施工创造必要的技术和物资条件，统筹安排施工力量和施工现场。为落实各项施工准备工作，加强检查和监督，应根据各项施工准备工作的内容、时间和人员，编制施工准备工作计划。

2）施工总进度计划根据施工部署中施工方案和工程项目的开展程序，对全工地所有单位工程做出时间上的安排。其目的在于确定各单位工程及全工地性工程的施工期限及开竣工日期，进而确定施工现场劳动力、材料、成品、半成品、施工机械的需要数量和调配情况，以及现场临时设施的数量、水电供应量和能源需求量等。因此，科学、合理地编制施工总进度计划是保证整个建设工程按期交付使用，充分发挥投资效益，降低建设工程成本的重要条件。

3）单位工程施工进度计划是在既定施工方案的基础上，根据规定的工期和各种资源供应条件，遵循各施工过程的合理施工顺序，对单位工程中的各施工过程做出时间和空间施工进程上的安排，并以此为依据，确定施工作业所必需的劳动力、施工机具和材料供应计划。因此，合理安排单位工程施工进度是保证在规定工期内完成符合质量要求的工程任务的重要前提，同时也为编制各种资源需要量计划和施工准备工作计划提供依据。

4）分部分项工程进度计划是针对工程量较大或施工技术比较复杂的分部分项工程，在依据工程具体情况所制订的施工方案的基础上，对其各施工过程做出的时间安排。

此外，为了有效地控制建设工程施工进度，施工单位还应编制年度施工计划、季度施工计划和月（旬）作业计划，将施工进度计划逐层细化，形成一个旬保月、月保季、季保年的计划体系。

课题 3　进度控制的实施

6.3.1　进度计划实施的动态监测

1．项目计划实施的工作内容

项目计划实施的工作内容是依据系统性、透明性、管理的标准性来制订的，其主要内容如下：

（1）编制月（旬）作业计划和项目任务书　项目作业计划是根据项目经营目标、进度计划和现场情况编制的、确保项目进度按计划实施的月以下具体执行计划。项目进度计划是施工前编制的，虽然是用于具体指导施工，但毕竟还是比较粗的，而且现场情况又在不断变化，因此执行中需要编制作业计划使其具体化和切合实际。

项目任务书是将作业计划下达到班组进行责任承包，并将计划执行与技术管理、质量管理、成本核算、原始记录、资源管理等融合为一体的技术经济文件，是班组进行施工的“法规”，首先必须保证作业计划的实现，所以它是计划和实施两个环节的纽带。

（2）做好记录，掌握现场施工实际情况　“记录”就是如实记载计划执行中每个工序的开始日期、工作进程和结束日期。其要求一是要跟踪记录，二是要如实记录，三是要借助图表形成记录文件。

（3）做好调度工作　调度工作是正确指挥施工的重要手段，是组织施工各环节、各专业、各工种协调动作的核心方法。它的主要任务是掌握计划实施情况，协调协作配合关系，采取措施，排除施工中出现的各种矛盾，克服薄弱环节，实现动态平衡，保证作业计划进度控制目标的实现。

2．项目计划实施的动态监测

在项目的实施过程中，项目进度监测的系统过程要求监理工程师经常、定期地对进度执行情况进行跟踪检查，发现问题及时采取有效措施加以解决。就项目进度的监测过程而言，主要应包括以下一些工作：

（1）进度执行中的跟踪检查　跟踪检查的具体工作主要是定期收集反映实际项目进度的有关数据。收集数据的方式有收集进度报表资料和进行现场实地检查。究竟多长时间进行一次进度检查，这是项目经理应当确定的问题。一般情况下，进度控制的效果与收集信息资料的时间间隔有关，如果不能经常、定期地获得进度信息资料，就难以达到进度控制的效果。此外，进度检查的时间间隔还与项目的类型、规模、监理对象的范围大小、现场条件等多方面的因素有关。

（2）对收集的数据进行整理、统计和分析　收集到有关的数据资料后，要进行必要的整理、统计和分析，形成与计划具有可比性的数据资料。

（3）实际进度与计划进度的对比　这一工作主要是将实际的数据与计划的数据进行对比，通常可利用表格形成各种进度比较报表或直接绘制比较图形来直观地反映实际进度与计划进度的差距。通过比较，了解实际进度是比计划进度拖后、超前还是与计划进度一致。

6.3.2　进度调整过程的内容

在项目进度监测过程中，一旦发现实际进度与计划进度不符，即出现进度偏差时，进度控制人员必须认真寻找产生进度偏差的原因，分析进度偏差对后续工作产生的影响，并采取必要的进度调整措施，以确保进度总目标的实现。具体过程如下：

1．分析产生进度偏差的原因

进度控制人员通常根据所收集的实际数据与计划数据进行比较来发现进度偏差，了解实际进度比计划进度是提前还是拖后，从中能发现产生这种偏差的原因。

2．分析偏差对后续工作的影响

当实际进度与计划进度出现偏差时，在做必要的调整之前，需要分析由此产生的影响，例如对哪些后续工作产生影响，对总工期有何影响以及影响的大小等。

3．确定影响后续工作和总工期的限制条件

在分析了对后续工作的影响以后，需采取一定的调整措施，此时应首先确定进度可调整的范围，而这种允许变化的范围往往与己订立的合同有关，只有通过认真地分析才能确定。

4．采取进度调整措施

此时应以关键控制点以及总工期允许变化的范围作为限制条件，并对原进度进行调整，以保证最终进度目标的实现。

5．实施调整后的进度计划

在后期的项目实施过程中将继续执行经过调整而形成的新的进度计划，在新的进度计划中一些工作的时间会发生变化，因此监控人员要及时协调好后续有关各实施单位的关系，并采取相应的经济措施、技术措施、组织措施与合同措施。

6.3.3　进度控制报告

施工项目进度检查的结果，按照检查报告制度的规定，形成进度控制报告并向有关主管人员和部门汇报。

进度控制报告是把检查比较的结果、有关施工进度现状和发展趋势等，提供给项目经理及各级业务职能负责人的最简单的书面形式报告。

进度控制报告根据报告的对象不同，确定不同的编制范围和内容分别编写，一般分为项目概要级进度控制报告、项目管理级进度控制报告和业务管理级进度控制报告。

1）项目概要级进度控制报告是报给项目经理、企业经理或业务部门以及建设单位的。它是以整个施工项目为对象说明进度计划执行情况的报告。

2）项目管理级进度控制报告是报给项目经理及企业的业务部门的。它是以单位工程或项目分区为对象说明进度计划执行情况的报告。

3）业务管理级进度控制报告是就某个重点部位或重点问题为对象编写的报告，供项目管理者及各业务部门为其采取应急措施而使用。

进度控制报告由计划负责人或进度管理人员与其他项目管理人员协作编写。报告时间一般与进度检查时间相协调，也可按月、旬、周等时间间隔进行编写上报。

业主方项目经理部向上提交的报告，内容通常包括：项目实施情况、管理及监理概况、进度概要，设计进度；材料、生产设备采购供应进度，施工进度；劳务记录及预测，形象进度及概要说明，日历计划，变更指令现状等。

施工项目经理部每月向企业提交的进度报告，内容通常包括：进度执行情况综合描述；实际施工进度图，工程变更、价格调整、索赔及工程款收支情况，进度偏差的状况与导致偏差的原因分析，解决问题的措施；计划调整意见等。

课题 4 进度控制的分析与总结

6.4.1 任务完成程度的分析

现代管理十分重视总结分析，其原因是它对实现管理循环和信息反馈起着重要作用。总结分析是对进度控制进行评价的前提，是提高控制水平的阶梯。

1. 总结分析的主要内容

进度控制总结分析阶段的主要工作内容包括：各项目标的完成情况分析（包括时间目标、资源目标和成本目标），进度控制中的问题及原因分析，进度控制中经验的总结分析，提高进度控制工作水平的措施。

2. 目标完成情况分析

1）时间目标完成情况分析。该项分析可以通过计算以下指标进行分析：

合同工期节约值=合同工期−实际工期

指令工期节约值=指令工期−实际工期

定额工期节约值=定额工期−实际工期

竞争性工期节约值=社会先进水平工期−实际工期

计划工期提前率=（计划工期−实际工期）/计划工期×100%

缩短工期的经济效益=缩短一天产生的经济效益×缩短工期天数

缩短工期的原因大致有以下几种：计划编制得积极可靠，执行认真、控制得力，协调及时有效，劳动效率高等。

2）资源利用情况分析。资源利用情况分析所使用的指标有：

单方用工=总用工数/建筑面积

劳动力不均衡系数=最高日用工数/平均日用工数

节约工日数=计划用工工日−实际用工工日

主要材料节约量=计划材料用量−实际材料用量

主要机械台班节约量=计划主要机械台班数−实际主要机械台班数

主要大型机械费节约率=（各种大型机械计划费之和−实际费之和）/各种大型机械计划费之和×100%

资源节约大致原因有以下几种：计划积极可靠，资源优化效果好，按计划保证供应，认真制订并实施了节约措施，协调及时得力。

3）成本分析。成本分析的主要指标有：

降低成本额=计划成本−实际成本

降低成本率=降低成本额/计划成本额×100%

节约成本的主要原因主要包括：计划积极可靠，成本优化效果好，认真制订并执行了节约成本措施，工期缩短，成本核算及成本分析工作效果好。

6.4.2　进度控制的总结

某些进度控制目标没有实现，或在计划执行中存在缺陷。在总结分析时，可以定量地计算，指标与前项分析相同，也可以定性地分析。进度控制中出现问题的种类大致有以下几种：工期拖后，资源浪费，成本浪费，计划变化太大等。控制中出现上述问题的原因主要有：计划本身的原因，资源供应和使用中的原因，协调方面的原因，环境方面的原因等。

课题5　进度计划的控制方法

6.5.1　前锋线比较法

前锋线比较法是通过绘制检查时刻工程项目实际进度前锋线，进行工程实际进度与计划进度比较的方法，它主要适用于时标网络计划。前锋线比较法就是通过实际进度前锋线与原进度计划中各工作箭线交点的位置来判断工作实际进度与计划进度的偏差，进而判定该偏差对后续工作及总工期影响程度的一种方法。

采用前锋线比较法进行实际进度与计划进度的比较，其步骤如下：

1．绘制时标网络计划图

工程项目实际进度前锋线是在时标网络计划图上标示的，为清楚起见，可在时标网络计划图的上方和下方各设一时间坐标。

2．绘制实际进度前锋线

一般从时标网络计划图上方时间坐标的检查日期开始绘制，依次标定相邻工作的实际进度点位置，将检查时刻正在进行工作的实际进度点依次连接起来，最后与时标网络计划图下方坐标的检查日期相连接，组成一条一般为折线的前锋线。

工作实际进度点位置的标定方法有两种：

（1）按该工作已完任务量比例进行标定　假设工程项目中各项工作均匀速进展，根据实际进度检查时刻该工作已完任务量占其计划完成总任务量的比例，在工作箭线上从左至右按相同的比例标定其实际进度点位置。

（2）按尚需作业时间进行标定　当某些工作的持续时间难以按实物工程量来计算而只能凭经验估算时，可以先估算出检查时刻到该工作全部完成尚需作业的时间，然后在该工作箭线上从右向左逆向标定其实际进度点位置。

3．进行实际进度与计划进度的比较

前锋线可以直观地反映出与检查日期有关的工作实际进度与计划进度之间的关系。对某项工作来说，其实际进度与计划进度之间的关系可能存在以下三种情况：

1）工作实际进度点位置落在检查日期的左侧，表明该工作实际进度拖后，拖后的时间为二者之差。

2）工作实际进度点位置落在检查日期的右侧，表明该工作实际进度超前，超前的时间为二者之差。

3）工作实际进度点位置与检查日期重合，表明该工作实际进度与计划进度一致。

4．预测进度偏差对后续工作及总工期的影响

通过实际进度与计划进度的比较确定进度偏差后，还可根据工作的自由时差和总时差预测该进度偏差对后续工作及项目总工期的影响。由此可见，前锋线比较法既适用于工作实际进度与计划进度之间的局部比较，又可用来分析和预测工程项目整体进度状况。

【例 6-1】某工程项目时标网络计划如图 6-3 所示。该计划执行到第 6 周末检查实际进度时，发现工作 A 和 B 已经全部完成，工作 D 和 E 分别完成计划任务量的 20%和 50%，工作 C 尚需 4 周完成，试用前锋线法进行实际进度与计划进度的比较。

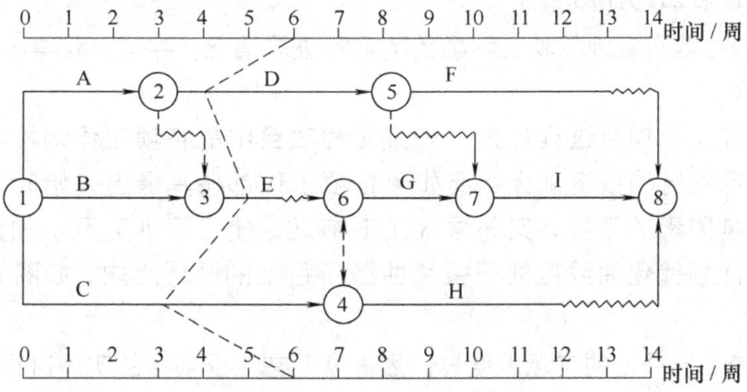

图 6-3　某工程项目时标网络计划

【解】根据第 6 周末实际进度的检查结果绘制前锋线，如图 6-3 中点划线所示，通过比较可以看出：

1）工作 D 实际进度拖后 2 周，将使其后续工作 F 的最早开始时间推迟 2 周，并使总工期延长 1 周。

2）工作 E 实际进度拖后 1 周，既不影响总工期，也不影响其后续工作的正常进行。

3）工作 C 实际进度拖后 3 周，将使其后续工作 G、H、J 的最早开始时间推迟 3 周。由于工作 C 为关键工作，从而使总工期延长 3 周。

综上所述，如果不采取措施加快进度，该工程项目的总工期将延长 3 周。

6.5.2 香蕉曲线法

香蕉曲线是由两条 S 曲线组合而成的闭合曲线。工程项目累计完成的任务量与计划时间的关系，可以用一条 S 曲线表示。对于一个工程项目的网络计划来说，如果以其中各项工作的最早开始时间安排进度而绘制 S 曲线，称为 ES 曲线；如果以其中各项工作的最迟开始时间安排进度而绘制 S 曲线，称为 LS 曲线。两条 S 曲线具有相同的起点和终点，因此，两条曲线是闭合的。在一般情况下，ES 曲线上的其余各点均落在 LS 曲线的相应点的左侧。由于该闭合曲线形似“香蕉”，故称为香蕉曲线，如图 6-4 所示。

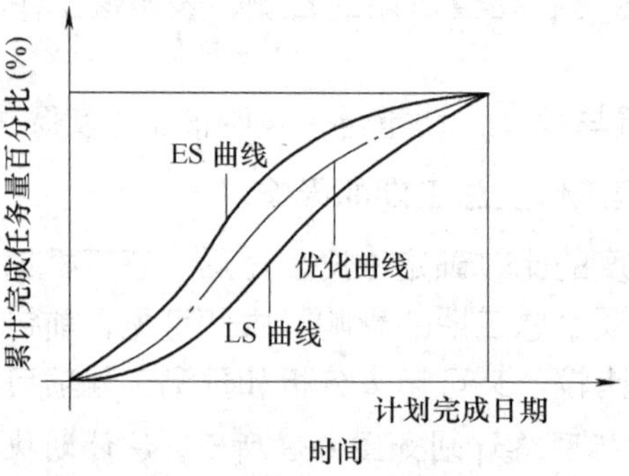

图 6-4　香蕉曲线比较图

1．香蕉曲线比较法的作用

香蕉曲线比较法能直观地反映工程项目的实际进展情况，并可以获得比 S 曲线更多的信息，其主要作用有：

（1）合理安排工程项目进度计划　如果工程项目中的各项工作均按其最早开始时间安排进度，将导致项目的投资加大；而如果各项工作都按其最迟开始时间安排进度，则一旦受到进度影响因素的干扰，又将导致工期拖延，使工程进度风险加大。因此，一个科学合理的进度计划优化曲线应处于香蕉曲线所包络的区域之内，如图 6-4 中的点画线所示。

（2）定期比较工程项目的实际进度与计划进度　在工程项目的实施过程中，根据每次检查收集到的实际完成任务量，绘制出实际进度 S 曲线，便可以与计划进度进行比较。工程项目实施进度的理想状态是任一时刻工程实际进度点均落在香蕉曲线图的范围之内。如果工程实际进度点落在 ES 曲线的左侧，表明此刻实际进度比各项工作按其最早开始时间安排的计划进度超前；如果工程实际进度点落在 LS 曲线的右侧，则表明此刻实际进度比各项工作按其最迟开始时间安排的计划进度拖后。

（3）预测后期工程进展趋势　利用香蕉曲线可以对后期工程的进展情况进行预测。例如在图 6-5 中，该工程项目在检查日实际进度超前。检查日期之后的后期工程进度安排如图中虚线所示，预计该工程项目将提前完成。

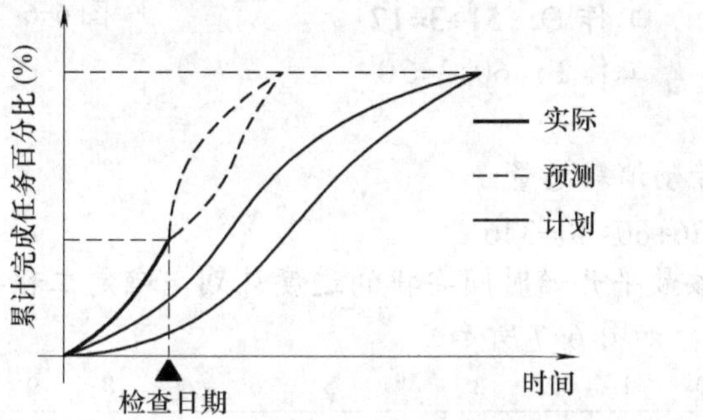

图 6-5　工程进展趋势预测图

2．香蕉曲线的绘制方法

香蕉曲线的绘制是以工作按最早开始时间安排进度和按最迟开始时间安排进度分别绘制的两条 S 曲线组合而成，其具体步骤如下：

1）以工程项目的网络计划为基础，计算各项工作的最早开始时间和最迟开始时间。

2）确定各项工作在各单位时间的计划完成任务量，如工时消耗、材料消耗、完成产量等，分别按以下两种情况考虑：

① 以工程项目的最早时标网络图为准，确定各工作在各单位时间的计划完成任务量。

② 以工程项目的最迟时标网络图为准，确定各工作在各单位时间的计划完成任务量。

3）计算工程项目总任务量 Q，即对所有工作在各单位时间内计划完成的任务量累加求和。

4）分别根据各项工作最早开始、最迟开始时间安排进度计划，确定工程项目在各单位时间计划完成的任务量，即对各项工作在某一单位时间内计划完成的任务量求和。

5）分别根据各项工作按最早开始、最迟开始时间安排进度计划，确定不同时间累计完成的任务量或任务量的百分比。

6）绘制香蕉曲线。分别根据各项工作按最早开始、最迟开始安排的进度计划而确定的累计完成任务量或任务量的百分比描绘各点，并连接各点得到 ES 曲线和 LS 曲线，由 ES 曲线和 LS 曲线组成香蕉曲线。

在工程项目实施过程中，根据检查得到的实际累计完成任务量，在原计划香蕉曲线图上绘出实际进度曲线，便可以进行实际进度与计划进度的比较。

【例 6-2】某工程项目网络计划如图 6-6 所示，图中箭线上方括号内数字表示各项工作计划完成的任务量，以劳动消耗量表示；箭线下方数字表示各项工作的持续时间（周）。试绘制其香蕉曲线。

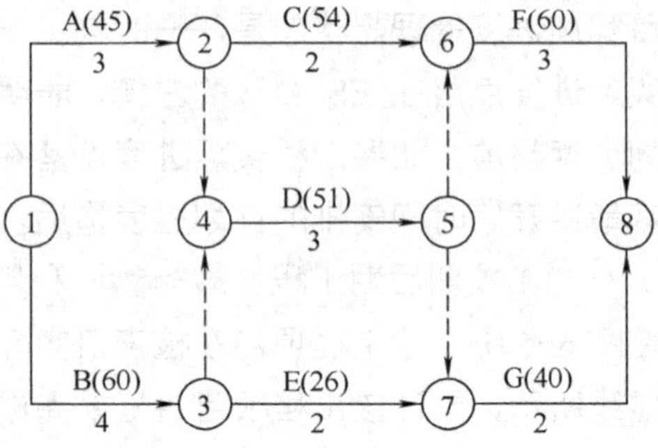

图 6-6　某工程项目网络计划

【解】假设各项目工作都匀速进展，即各项工作每周的劳动消耗量相等。

1）确定各项工作每周的劳动消耗量：

工作 A：45÷3=15　　工作 B：60÷4=15

工作 C：54÷2=27　　工作 D：51÷3=17

工作 E：26÷2=13　　工作 F：60÷3=20

工作 G：40÷2=20

2）计算工程项目劳动消耗总量：

Q=45 +60+54+51+26+60+40=336

3）根据各项工作按最早开始时间安排的进度计划，确定工程项目每周计划劳动消耗量及各周累计劳动消耗量，如图 6-7 所示。

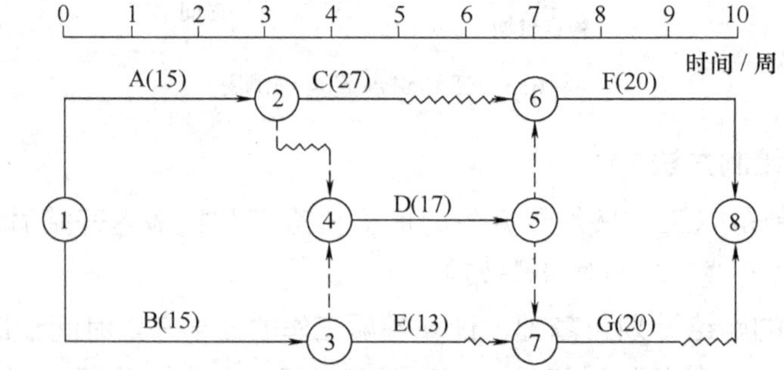

每周劳动消耗量	30	30	30	42	57	30	17	40	40	20
累计劳动消耗量	30	60	90	132	189	219	236	276	316	336

图 6-7　按工作最早开始时间安排的进度计划及劳动消耗量

4）根据各项工作按最迟开始时间安排的进度计划，确定工程项目每周计划劳动消耗量及各周累计劳动消耗量，如图 6-8 所示。

5）根据不同的累计劳动消耗量分别绘制 ES 曲线和 LS 曲线，便得到香蕉曲线，如图 6-9 所示。

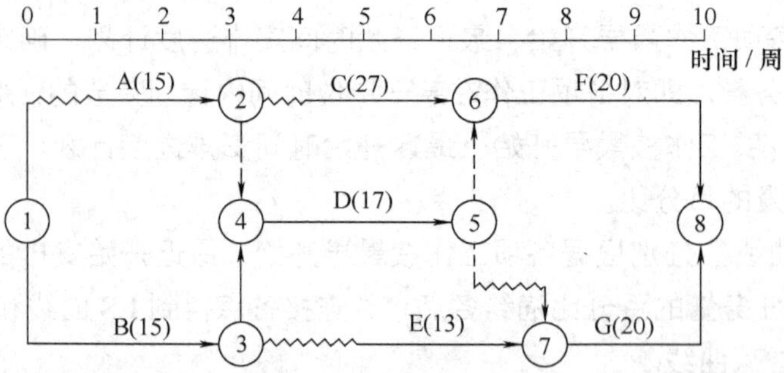

每周劳动消耗量	15	30	30	30	17	44	57	33	40	40
累计劳动消耗量	15	45	75	105	122	166	223	256	296	336

图 6-8　按工作最迟开始时间安排的进度计划及劳动消耗量

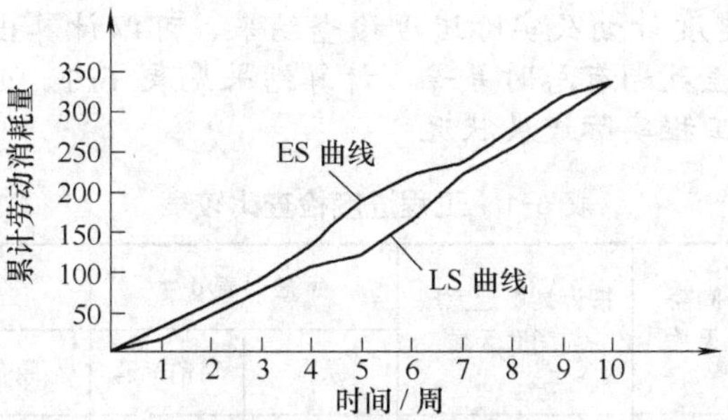

图 6-9 香蕉曲线图

6.5.3 列表比较法

当工程进度计划用非时标网络图表示时，可以采用列表比较法进行实际进度与计划进度的比较。这种方法是记录检查日期应该进行的工作名称及其已经作业的时间，然后列表计算有关时间参数，并根据工作总时差进行实际进度与计划进度的比较。

采用列表比较法进行实际进度与计划进度的比较，其步骤如下：

1）对于实际进度检查日期应该进行的工作，根据已经作业的时间，确定其尚需作业时间。

2）根据原进度计划计算检查日期应该进行的工作从检查日期到原计划最迟完成日期尚余的时间。

3）计算工作尚有总时差，其值等于工作从检查日期到原计划最迟完成时间尚余时间与该工作尚需作业时间之差。

4）比较实际进度与计划进度，可能有以下几种情况：

① 如果工作尚有总时差与原有总时差相等，说明该工作实际进度与计划进度一致。

② 如果工作尚有总时差大于原有总时差，说明该工作实际进度超前，超前的时间为二者之差。

③ 如果工作尚有总时差小于原有总时差，且仍为非负值，说明该工作实际进度拖后，拖后的时间为二者之差，但不影响总工期。

④ 如果工作尚有总时差小于原有总时差，且为负值，说明该工作实际进度拖后，拖后的时间为二者之差，此时工作实际进度偏差将影响总工期。

【例 6-3】某工程项目进度计划如图 6-10 所示，在第 5 天检查计划执行情况时，发现 A 已完成，B 已工作 1 天，C 已工作 2 天，D 尚未开始工作，试用列表比较法进行实际进度与计划进度的比较。

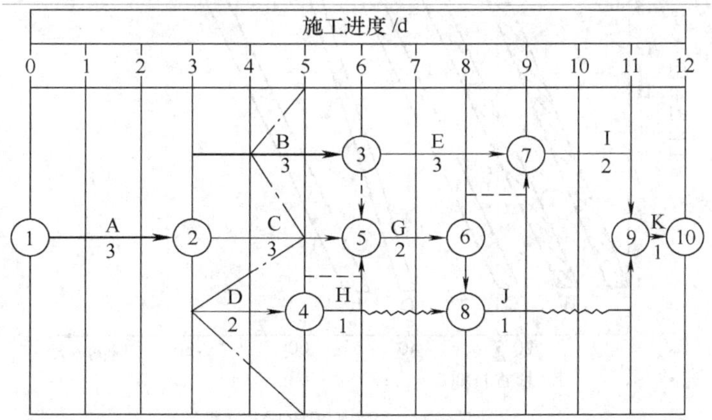

图 6-10 某工程项目进度计划

【解】根据工程项目进度计划及实际进度检查结果，可以计算出检查日期应进行工作的尚需作业时间、原有总时差及尚有总时差等，计算结果见表 6-1。通过比较尚有总时差和原有总时差，即可判断目前工程实际进展状况。

表 6-1　工程进度检查比较表

工作编号	工作名称	检查尚需作业天数	按计划最迟完成前尚有天数	总时差/d		自由时差		情况分析
				原有	目前尚有	原有	目前尚有	
2—3	B	2	1	0	–1	—	—	影响工期 1 天
2—5	C	1	2	1	1	—	—	正常
2—4	D	2	2	2	0	—	—	正常

6.5.4　垂直图比较法

垂直图是进度计划的另一种表现形式，特别适用于具有重复性工作的建设项目的进度管理，如铁路、公路、隧道、管线等线性工程以及高层建筑工程项目。垂直图比较法的基本原理是：首先绘制出计划进度垂直图，在项目实施进程中，经常、定期地对进度执行情况进行跟踪检查，并绘制实际进度垂直图。通过对计划进度与实际进度的比较，可掌握实际进度的动态。例如从图 6-11 中可知，进度检查日期在第 24 天进行，工作 A、B、C 的实际完成情况已标于图中（见图中阴影部分），图中表明工作 A、C 的实际进度与计划进度一致，而工作 B 的实际进度比计划进度超前，如果照此继续进行，由于工作 B 的速度比工作 A 的速度快，则 A、B 工作可能出现碰撞现象。了解到这一实际状况后，可以通过加快工作 A 的速度或减慢工作 B 的速度来避免碰撞现象的发生。

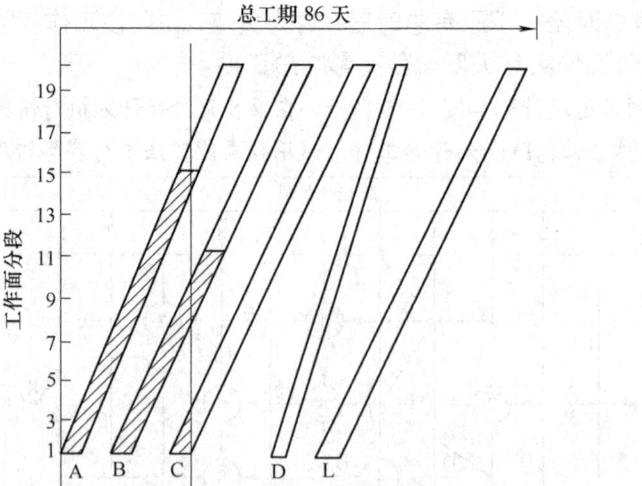

图 6-11　垂直图比较法

课题 6 进度计划的更新调整

工程项目实施过程中，通过实际进度与计划进度的比较，发现有进度偏差时，需要分析该偏差对后续工作及总工期的影响，从而采取相应的调整措施对原进度计划进行调整，以确保工期目标的顺利实现。进度偏差的大小及其所处的位置不同，对后续工作和总工期的影响程度是不同的，分析时需要利用网络计划中工作总时差和自由时差的概念进行判断。分析步骤如下：

（1）分析出现进度偏差的工作是否为关键工作 如果出现进度偏差的工作为关键工作，则无论其偏差有多大，都将对后续工作和总工期产生影响，必须采取相应的调整措施；如果出现偏差的工作是非关键工作，则需要根据进度偏差值与总时差和自由时差的关系作进一步分析。

（2）分析进度偏差是否超过总时差 如果工作的进度偏差大于该工作的总时差，则此进度偏差必将影响其后续工作和总工期，必须采取相应的调整措施；否则，则此进度偏差不影响总工期。至于对后续工作的影响程度，还需要根据偏差值与其自由时差的关系作进一步分析。

（3）分析进度偏差是否超过自由时差 如果工作的进度偏差大于该工作的自由时差，则此进度偏差将对其后续工作产生影响，此时应根据后续工作的限制条件确定调整方法；如果工作的进度偏差未超过该工作的自由时差，则此进度偏差不影响后续工作，因此原进度计划可以不作调整。

通过分析，进度控制人员可以根据进度偏差的影响程度，制订相应的纠偏措施进行调整，以获得符合实际进度情况和计划目标的新进度计划。

当实际进度偏差影响到后续工作、总工期而需要调整进度计划时，其调整方法主要有两种。

1. 改变某些工作间的逻辑关系

当工程项目实施中产生的进度偏差影响到总工期，且有关工作的逻辑关系允许改变时，可以改变关键线路和超过计划工期的非关键线路上的有关工作之间的逻辑关系，达到缩短工期的目的。例如，将顺序进行的工作改为平行作业、搭接作业以及分段组织流水作业等，都可以有效地缩短工期。

【例 6-4】某工程项目基础工程包括挖基槽、做垫层、砌基础、回填土 4 个施工过程，各施工过程的持续时间分别为 14 天、10 天、12 天和 6 天，如果采取顺序作业方式进行施工，则其总工期为 42 天。为缩短该基础工程的总工期，在工作面及资源供应允许的条件下，将基础工程划分为工程量大致相等的 2 个施工段组织流水作业，试绘制该基础工程流水作业网络计划，并确定其计算工期。

【解】该基础工程流水作业网络计划如图 6-12 所示。通过组织流水作业，使得该基础工程的计算工期由 42 天缩短为 28 天。

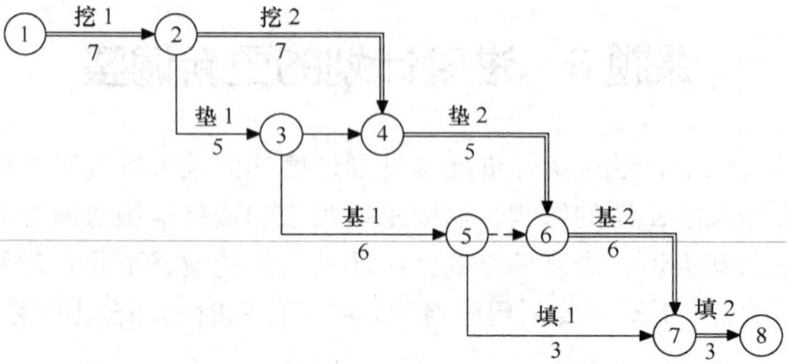

图 6-12　某基础工程流水作业网络计划

2. 缩短某些工作的持续时间

这种方法是不改变工程项目中各项工作之间的逻辑关系，而通过采取措施来缩短某些工作的持续时间，以保证按计划工期完成该工程项目。这些被压缩持续时间的工作是位于关键线路和超过计划工期的非关键线路上的工作。同时，这些工作又是其持续时间可被压缩的工作，这种调整方法通常可以在网络图上直接进行。其调整方法视限制条件及对其后续工作的影响程度的不同而有所区别，一般可分为以下三种情况：

（1）网络计划中某项工作进度拖延的时间已超过其自由时差但未超过其总时差　如前所述，此时该工作的实际进度不会影响总工期，而只对其后续工作产生影响。因此，在进行调整前，需要确定其后续工作允许拖延的时间限制，并以此作为进度调整的限制条件。该限制条件的确定常常较复杂，尤其是当后续工作由多个平行的承包单位负责实施时更是如此。后续工作如不能按原计划进行，在时间上产生的任何变化都可能使合同不能正常履行，而导致蒙受损失的一方提出索赔。因此，必须寻求合理的调整方案，把进度拖延对后续工作的影响减少到最低程度。

（2）网络计划中某项工作进度拖延的时间超过其总时差　如果网络计划中某项工作进度拖延的时间超过其总时差，则无论该工作是否为关键工作，其实际进度都将对后续工作和总工期产生影响。此时，进度计划的调整方法又可分为以下三种情况：

1）项目总工期不允许拖延。如果工程项目必须按照原计划工期完成，则只能采取缩短关键线路上后续工作持续时间的方法来达到调整计划的目的。

2）项目总工期允许拖延。如果项目总工期允许拖延，则此时只需以实际数据取代原计划数据，并重新绘制实际进度检查日期之后的简化网络计划即可。

3）项目总工期允许拖延的时间有限。如果项目总工期允许拖延，但允许拖延的时间有限，则当实际进度拖延的时间超过此限制时，也需要对网络计划进行调整，以便满足要求。

具体的调整方法是以总工期的限制时间作为规定工期，对检查日期之后尚未实施的网络计划进行工期优化，即通过缩短关键线路上后续工作持续时间的方法来使总工期满足规定工期的要求。

以上三种情况均是以总工期为限制条件调整进度计划的。值得注意的是，当某项工作实际进度拖延的时间超过其总时差而需要对进度计划进行调整时，除需考虑总工期的限制条件外，还应考虑网络计划中后续工作的限制条件，特别是对总进度计划的控制更应注意这一点。

因为在这类网络计划中，后续工作也许就是一些独立的合同段，时间上的任何变化，都会带来协调上的麻烦或者引起索赔。因此，当网络计划中某些后续工作对时间的拖延有限制时，同样需要以此为条件，按前述方法进行调整。

（3）网络计划中某项工作进度超前 对建设工程实施进度控制的任务就是在工程进度计划的执行过程中，采取必要的组织协调和控制措施，以保证建设工程按期完成。在建设工程计划阶段所确定的工期目标，往往是综合考虑了各方面因素而确定的合理工期。因此，时间上的任何变化，无论是进度拖延还是超前，都可能造成其他目标的失控。例如，在一个建设工程施工总进度计划中，由于某项工作的进度超前，致使资源的需求发生变化，而打乱了原计划对人、材、物等资源的合理安排，也将影响资金计划的使用和安排；特别是当多个平行的承包单位进行施工时，由此引起后续工作时间安排的变化，势必给监理工程师的协调工作带来许多麻烦。因此，如果建设工程实施过程中出现进度超前的情况，进度控制人员必须综合分析进度超前对后续工作产生的影响，并同承包单位协商，提出合理的进度调整方案，以确保工期总目标的顺利实现。

单元小结

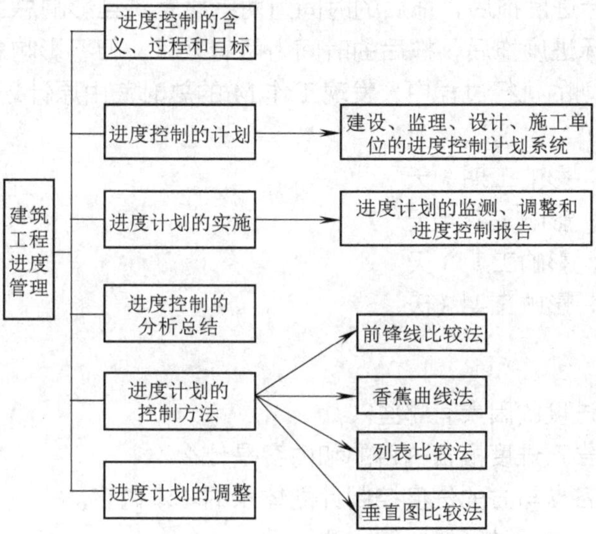

同步测试

一、判断题

1．进度控制的过程是一个静态的过程。（ ）

2．建设工程进度控制的目标是建设工期。（ ）

3．香蕉曲线法能预测后期工程进度对工期的影响。（ ）

4．网络计划中某项工作进度拖延的时间超过其总时差时，对工期没有影响。（ ）

5．单方用工为总用工数除以建筑面积。（ ）

二、单选题

1．在工程施工实践中，必须树立和坚持一个最基本的工程管理原则，即在确保（　　）的前提下，控制工程的进度。

A．工程质量　　B．投资规模
C．设计标准　　D．经济效益

2．在建设工程进度控制计划体系中，具体安排单位工程的开工日期和竣工日期的计划是（　　）。

A．工程项目进度平衡表　　B．单位工程施工进度计划
C．工程项目前期工作计划　　D．工程项目总进度计划

3．香蕉曲线是由（　　）绘制而成的。

A．ES 和 LS　　B．EF 和 LF
C．ES 和 EF　　D．LS 和 LF

4．在列表比较法中，如果工作尚有总时差大于原有时差，则说明（　　）。

A．该工作实际进度超前，超前的时间为两者之差
B．该工作实际进度拖后，拖后的时间为两者之差
C．该工作实际进度拖后，拖后的时间为两者之差，且影响总工期
D．该工作实际进度拖后，拖后的时间为两者之差，但不影响总工期

5．在工程网络计划的执行过程中，发现工作 M 的总时差由原计划的 4 天变为–3 天，说明工作 M 的实际进度（　　）。

A．拖后 7 天，影响工期 3 天
B．拖后 7 天，影响工期 4 天
C．拖后 4 天，影响工期 3 天
D．拖后 3 天，影响工期 3 天

三、简答题

1．影响工程项目进度的因素有哪些?
2．什么是进度报告? 进度报告的目的和内容是什么?
3．简述建设项目各参与方的进度控制计划体系的基本内容。
4．简述实际进度与计划进度的比较方法。
5．简述施工进度计划的调整方法。

四、分析题

1．某项目的网络计划如图 6-13 所示，在第 5 天完成时发现工作 A 已完成，工作 B 进行了 1 天，工作 C 进行了 2 天，工作 D 还未开始，试用前锋线法和列表比较法分析实际进度与计划进度的关系。

2．已知某工程中的某段网络计划如图 6-14 所示，图中箭线上方括号内数字表示各项工作计划完成的任务量，以生产产值（万元）表示；箭线下方数字表示各项工作的持续时间（天）。试绘制其香蕉曲线。

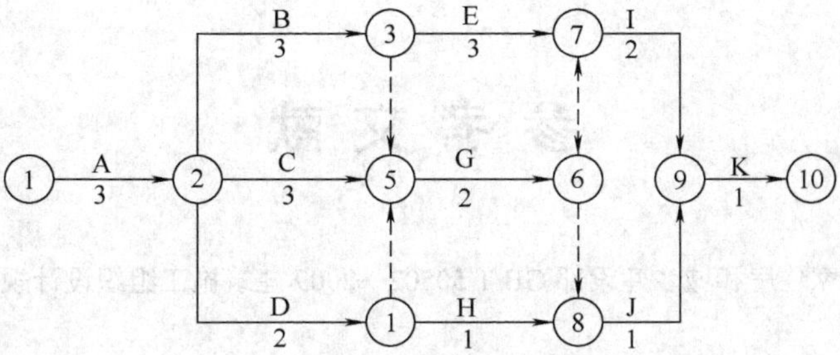

图 6-13　某项目的网络计划

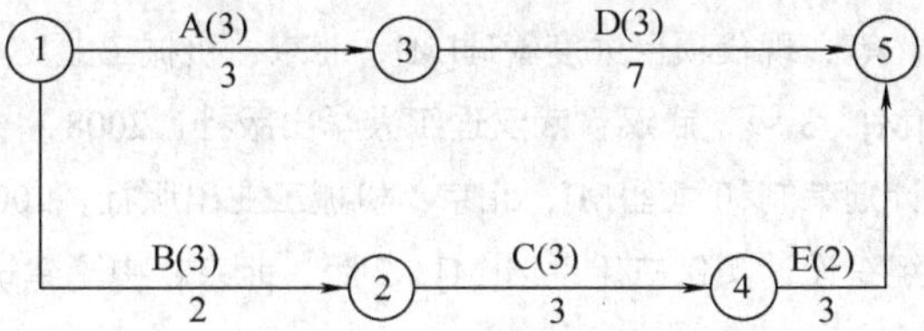

图 6-14　网络计划图

参 考 文 献

[1] 中华人民共和国国家住房和城乡建设部 GB/T 50502—2009 建筑施工组织设计规范[S]．北京：中国建筑工业出版社，2009．

[2] 危道军．建筑施工组织[M]．2 版．北京：中国建筑工业出版社，2011．

[3] 周建国，张焕．建筑施工组织[M]．北京：中国电力出版社，2004．

[4] 李建平，王书平，宋娟，等．现代项目进度管理[M]．北京：机械工业出版社，2008．

[5] 蔡雪峰．建筑施工组织[M]．3 版．武汉：武汉理工大学出版社，2008．

[6] 张玉祥．建筑工程施工计划编制和管理[M]．北京：机械工业出版社，2005．

[7] 彭圣浩．建筑工程施工组织设计实例应用手册[M]．2 版．北京：中国建筑工业出版社，2008．